# 行走世界

DISCOVER THE WORLD IN 500 WALKS

## 500条国家公园徒步路线

［美］玛丽·卡普顿·莫顿 / 著

桂彬　周琦 / 译

科学普及出版社
·北京·

#### 图书在版编目（CIP）数据

行走世界：500条国家公园徒步路线 /（美）玛丽·卡普顿·莫顿著；桂彬，周琦译. —北京：科学普及出版社，2024.2

书名原文：The World's Best National Parks in 500 Walks

ISBN 978-7-110-10663-1

Ⅰ.①行… Ⅱ.①玛… ②桂… ③周… Ⅲ.①旅游指南—世界 ②国家公园—介绍—世界 Ⅳ.① K919 ② S759.991-49

中国国家版本馆 CIP 数据核字（2023）第 241158 号

版权登记号：01-2022-5571
审图号：GS（2016）1611 号
© 2020 Quarto Publishing plc
All rights reserved.
Conceived, designed and produced by The Bright Press, an imprint of The Quarto Group.
1 Triptych Place, London, SE1 9SH, United Kingdom.
This Simplified Chinese edition arranged by Inbooker Cultural Development (Beijing) Co., Ltd.
本作品中文简体字版权由中国科学技术出版社有限公司所有

| | |
|---|---|
| 总 策 划 | 秦德继 |
| 策划编辑 | 高立波　赵　佳 |
| 责任编辑 | 赵　佳 |
| 责任校对 | 焦　宁 |
| 责任印制 | 徐　飞 |
| 封面设计 | 智慧柳 |
| 正文设计 | 中文天地 |

| | |
|---|---|
| 出　　版 | 科学普及出版社 |
| 发　　行 | 中国科学技术出版社有限公司发行部 |
| 地　　址 | 北京市海淀区中关村南大街 16 号 |
| 邮　　编 | 100081 |
| 发行电话 | 010-62173865 |
| 传　　真 | 010-62173081 |
| 网　　址 | http://www.cspbooks.com.cn |

| | |
|---|---|
| 开　　本 | 787mm×1092mm　1/16 |
| 字　　数 | 532 千字 |
| 印　　张 | 25 |
| 版　　次 | 2024 年 2 月第 1 版 |
| 印　　次 | 2024 年 2 月第 1 次印刷 |
| 印　　刷 | 北京华联印刷有限公司 |
| 书　　号 | ISBN 978-7-110-10663-1 / K·217 |
| 定　　价 | 196.00 元 |

（凡购买本社图书，如有缺页、倒页、脱页者，本社发行部负责调换）

# 目 录

序
4

引言
5

第一章
北美洲
9

第二章
南美洲
123

第三章
欧洲
150

第四章
非洲和中东地区
262

第五章
亚洲
304

第六章
大洋洲
355

索引
394

图片致谢
400

# 序

我去过的第一个国家公园是"睡熊沙丘"。那时,十几岁的我并不理解国家公园的意义所在。几年后,在大峡谷国家公园,我第一次切身感受到了大自然的震撼,也开始明白,如果没有国家公园,没有对这些区域的保护,我们将失去什么。

后来,我在冰川国家公园成为一名巡护员,直到这时,我才真正明白,保护这些山水有多重要,安居在全世界各个国家公园里的一草一木,本身有多重要。于是,我开始徒步,先是喜欢,然后是热爱,最后成为一个终身爱好,我也因此走过无数的步道。在我曾徒步过的国家公园里,有几十个也收录在了这本《行走世界:500 条国家公园徒步路线》当中。我完成过一些 1000 千米以上的长距离徒步,其中一些在用时上还打破了纪录。我获得过《国家地理》"年度探索者"的称号,还把自己的经历记录在书中。

在这本书中,作者莫顿整理收集了大量的徒步线路,从美国西部的国家公园,到非洲大陆的火山地貌,再到新西兰的绝美步道。踏上这些线路,便是开启了探索之旅,随着对大自然的感知一点点加深,也会更多地关注对于自然和环境的保护。

大卫·布罗尔曾经完美地诠释了人与自然的关系:"自然是人类开始的地方,如果自然走向终结,人类也将走向灭亡。"

海瑟·安德森
*Heather Anderson*

# 引 言

　　每天清晨，美国怀俄明州西北部，太阳爬上沉睡的超级火山，照亮五光十色的地热湖和喷涌的间歇泉。草甸上开满了小花，成群的野牛和麋鹿正在享用早餐，远处还能看到狼群和一头头北美灰熊。我们今天可以领略到如此别样的风景，看到安居于此的各种野生动物，都要感谢 1872 年 3 月 1 日通过的一项法案，成立了世界上第一个国家公园——黄石国家公园。

　　150 年后，这一理念从美国走向全世界，人们保护大自然，欣赏自然风光，在七大洲设立了总计超过 4000 个国家公园和自然保护区。每年，数百万游客来到这些国家公园，尽情欣赏大自然的宏伟壮丽。

　　这本书中，收录了大量全彩照片，生动地描绘了那些令人叹为观止的步道。无论是腿脚不灵便的普通游客，还是经验丰富的徒步者，都可以从中找到适合自己的路线。我们从位于西半球的北美洲出发，一路向南来到南美洲，然后飞越大西洋，探寻欧洲和非洲，最后来到亚洲和大洋洲。那些位于岛屿上的国家公园，主要依据其所处地理位置来划分，而非属于某国领土，比如西属加那利群岛，因位于非洲西北海域，所以被划分到了非洲，而非西班牙所在的欧洲[1]。

　　书中所收录的 500 条徒步线路，分布在 336 个国家公园。其中一些国家公园，收

---

[1] 对于地处两个大洲的国家，本书作者按其国家公园分布的位置有所调整。——编者注

黄石公园里的徒步者。这里是北美大陆上最远离人类纷扰的地方

录了多条不同强度的路线,有短途步道、观景步道,也有耗时数天、中途需要露营的线路。请根据自己的体力和经验,选择合适的路线,决定是否走完全程。每条步道都记录了具体的徒步路线,其中一些附带简单的地图,但是出发之前,别忘了一定要找一份详细的地图。

出发前最好向公园的工作人员了解一下近期路况、当地习俗,以及是否需要通行证和向导。请一定要遵守"无痕山林七原则",尽可能减少对自然的破坏。请提前了解当地的历史,有些地方在成为国家公园前曾有人居住,他们是这片土地的守护者,却因为当地旅游业的发展而被驱逐出自己的家园。这段黑历史直到最近一段时间才得到承认,有些公园和当地的部落合作,帮助他们找回属于自己的权利,回归家园。然而,若想修复与这些部落的关系,还有很长的一段路要走。很多徒步线路走的是过去的古道,尊重沿途的历史和享受沿途的风景同样重要。

上大学的时候,我收养了一只边境牧羊犬,狗狗刚来的时候年纪还小,活泼好动,每天遛狗给我和狗狗带来很大好处,就这样我开始了徒步。接下来的 15 年里,我从马路边走上了步道,成为一名背包客,并开始登山。书中所收录的北美路线,大多数我都走过,也走过一些跨国路线。现在,我平均每周徒步 40 千米,或者每个月 160 千米。按照这个速度,在 40 岁之前,我所走过的步道将能够绕赤道一周。

每次徒步,我都会打包"十件套"带在身上——导航(地图、GPS、指南针)、急救包、防晒品、遮蔽物(防水布或急救毯)、刀具、头灯、打火石、充足的食物、饮用水(便携净水器)、保暖防水的衣物。越是远离人烟,越要做好万事靠自己的准备。我还接

瓦努瓦斯山,位于法国东南部,西阿尔卑斯山脉

受过野外求生和野外医护的培训，持有野外急救证，每次我也会带上卫星通信设备，以防万一。

对于徒步，要敬畏，但是也别恐惧。徒步其实就是走，每座山都是一步一步走上去的。在我近万千米的徒步经历中，从来没有受过重伤，也没有走丢过，或者生命受到威胁。我也曾是蒙大拿州的一名搜救队员，从这段经历中，我总结出徒步安全最重要的一课，就是在出发前一定要把自己的行程告诉给一个自己信任的人。

无论你是想散散步，在黄石公园栈道的尽头，凝望深不见底、有着绿松石色泽的深渊池，还是想历经数天，徒步穿过北美灰熊的栖息地，这本书中都将激励着你系好鞋带，去探索大自然，像我一样，用双脚丈量地球。

玛丽·卡珀顿·莫顿
*Mary Caperton Morton*

摄于云栖峰顶

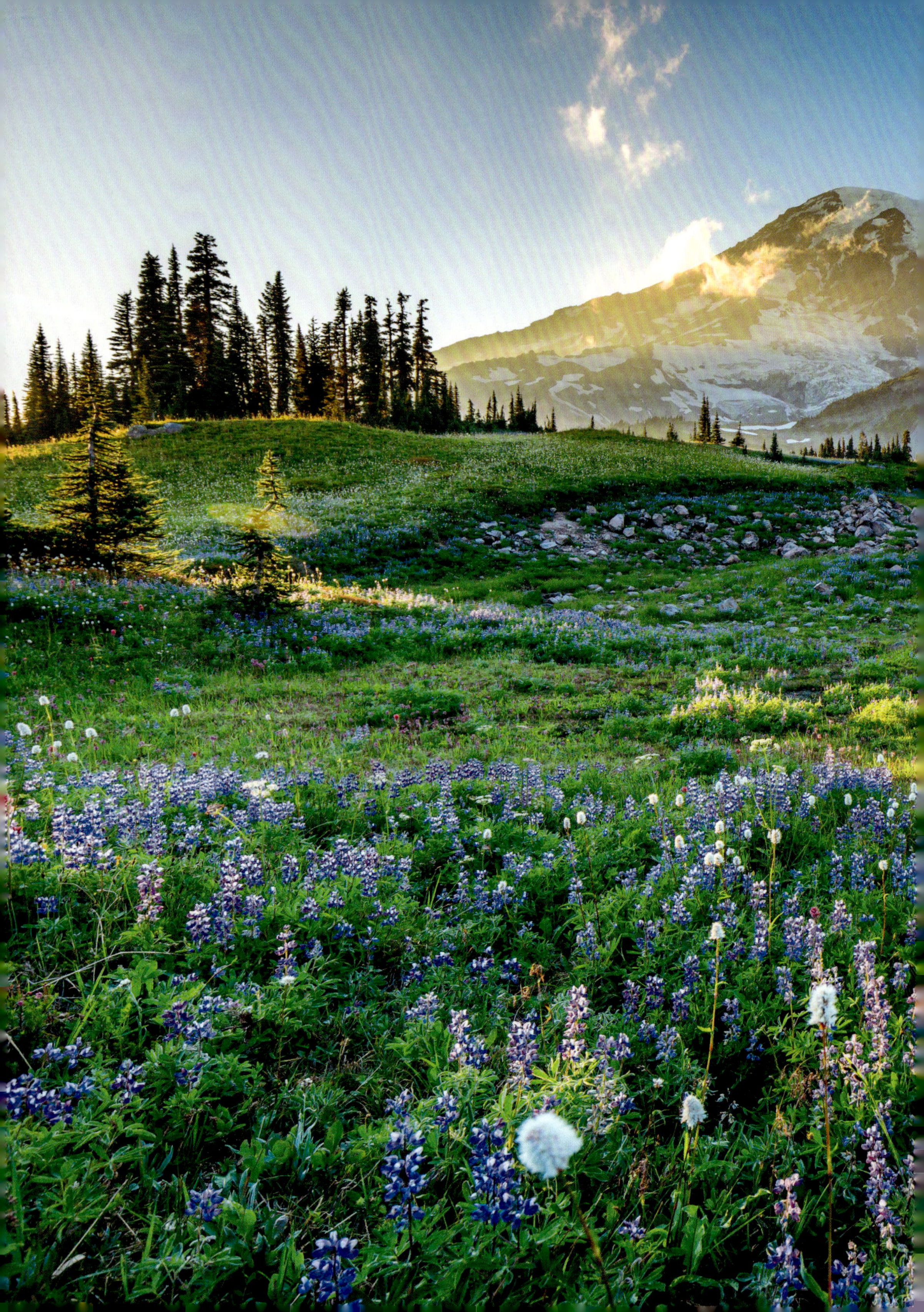

# 第一章
# 北美洲

　　作为国家公园的发源地，这里不乏全球最经典最老牌的国家公园。从美国最北端的"北极之门"，到佛罗里达州南部的"大沼泽地"，等你来探索！

## 1

### 王座峰步道
**克卢恩国家公园和自然保护区**
加拿大育空地区

克卢恩国家公园和自然保护区（Kluane National Park and Reserve）以群峰著称，其中包括加拿大境内的最高峰洛根山（Mount Logan），海拔5959米。如此的高度最好还是留给专业选手，而旁边的王座峰（King's Throne）是普通人就可以征服的。步道的起点位于凯特琳湖畔（Kathleen Lake），单程约6.5千米登顶，爬升1400多米，顶峰海拔1990米。途中会走到一片三面环山的平地，形似山地冰斗，也就是所谓的"王座"。

## 2

### 雨林8字步道
**环太平洋国家公园和自然保护区**
加拿大不列颠哥伦比亚省

环太平洋国家公园和自然保护区（Pacific Rim National Park and Reserve）位于温哥华岛（Vancouver Island）沿岸，年降水量超过2500毫米。虽然气候潮湿，但是只要备好雨具，便可以好好体验。这条步道难度不高，全程3.2千米，由两个环线组成，形似阿拉伯数字"8"。走在栈道上，不用担心会踩到泥，还可以从栈道旁的牌子上了解当地的动植物。一些小到不起眼儿的植物反而最吸引眼球，比如那些爬满枝头的苔藓和地衣，像是给雨林披上了一件绿色的毛毡大衣。

### 3

## 西海岸步道
**环太平洋国家公园和自然保护区**
加拿大不列颠哥伦比亚省

如果你是经验丰富的背包客，想要来一次经典的加拿大西部探索，一定不能错过这条西海岸步道（West Coast Trail）。全程75.6千米，耗时1周，连接伦弗鲁港（Port Renfrew）和班菲尔德（Bamfield）。这条步道难度较高，以前是一条通往灯塔的电报线路，一路上在海边礁石和雨林里穿梭，要多次过河、攀爬木梯。步道每年5月至9月开放。

### 4

## 冰线步道
**幽鹤国家公园**
加拿大不列颠哥伦比亚省

这条环线步道的起点位于塔卡考瀑布（Takakkaw Falls），在克里语中，"塔卡考"用来表达惊叹、崇敬。来自戴利冰川（Daly Glacier）的冰川融水从这里喷涌而出，飞流直下，将近400米的落差让塔卡考瀑布成为加拿大境内第二大瀑布。步道全程21千米，一路上，奔腾的流水声几乎不断。沿着步道爬至顶峰，俯瞰幽鹤河谷（Yoho Valley）和小幽鹤河谷（Little Yoho Valley），纵览由冰雪点缀的山峰。

左图：在王座峰步道上，邂逅洛根山和凯特琳湖的美景

上图：带上爱犬，打卡冰线步道，领略冰川河谷的壮美景色

第一章　北美洲　11

# 5

# 沃尔科特化石群
## 幽鹤国家公园
### 加拿大不列颠哥伦比亚省

瓦普塔山（Wapta Mountain）和菲尔德山（Mount Field）：著名的化石区

◆ **距离**
20.1 千米，海拔爬升 823 米

◆ **起点**
幽鹤国家公园游客中心，位于菲尔德镇（Field）

◆ **难度**
中级

◆ **建议游览时间**
7 月至 9 月

自从 1909 年被发现开始，已经从这里开采出数千种来自 5.05 亿年前寒武纪的化石。化石一般由壳、牙齿、骨骼等坚硬的部位形成，然而这里发现的化石中不乏十分罕见的软组织化石。

游览沃尔科特化石群（Walcott Quarry），需要有向导带领，并提供讲解，游客可以向加拿大公园管理局或者伯吉斯页岩基金会预约。这条线路走起来并不容易，但是景色十分壮观，沿途可以欣赏到幽鹤湖（Yoho Lake）、翡翠湖（Emerald Lake）和隐湖（Hidden Lake）的美景，还有冰川覆盖下的总统山脉[①]（Presidential Mountains）。

途中，游客可以在碎石板中翻找化石，但是千万别装进自己的背包哦！目前，已经从这里收集了 15000 多个化石样本，全部收藏在史密森学会的档案馆里，相信未来还会发现更多。

左图：在沃尔科特化石群发现的三叶虫化石

右上图：从伯吉斯山口（Burgess Pass）处远眺的风景

右下图：在沃尔科特寻找化石

---

[①] 总统山脉由幽鹤国家公园内的六座山峰组成，以最高峰总统山（the President，3138 米）命名，其后依次是副总统山（the Vice President，3066 米）、卡那封山（Mount Carnarvon，3046 米）、翡翠峰（Emerald Peak，2701 米）、迈克尔峰（Michael Peak，2696 米）和菲尔德山（Mount Field，2623 米）。——译者注

## 阿斯托汀湖景步道
**麋鹿岛国家公园**
加拿大艾伯塔省

除了"岛主"麋鹿，这里还生活着野牛、驼鹿、黑尾鹿、白尾鹿，是加拿大境内有蹄类哺乳动物最集中的地方。此外，公园里还可以看到黑熊、猞猁、狼，同时也是250多种鸟类的栖息地和迁徙"驿站"。这条环线步道全程4千米，依湖而行，来数一数能够看到多少种动物吧！

第一章　北美洲

### 7

## 天际线步道
### 贾斯珀国家公园
加拿大艾伯塔省

行走在落基山脉风景如画的高山上，来一场 360° 环绕盛宴

◆ **距离**
43.5 千米

◆ **起点**
玛琳湖或信号山

◆ **难度**
中级

◆ **建议游览时间**
7月至9月，花期在8月

全程 43.5 千米，南至玛琳湖（Maligne Lake），北至信号山（Signal Mountain），定期维护，路况平整。行走在山巅之上，少有植被遮挡，将周围的群山迤逦尽收眼底，还可以俯瞰著名的冰原大道（Icefields Parkway）。

走完全程一般需要 2~4 天的时间，途中可在露营点过夜，休整后继续启程。露营点设有食物保险柜、自来水和简易厕所。南北两侧均可作为起点，从南边玛琳湖一侧出发，爬升较为平缓。

### 8

## 五湖谷环线步道
### 贾斯珀国家公园
加拿大艾伯塔省

加拿大一侧的落基山脉，晶莹剔透、波光粼粼，冰川融水将岩石冲刷成极为细小的颗粒，悬浮在山间的湖泊、河流中，在阳光的照射下，映出灵动多变的蓝绿色。这条步道走起来比较容易，一路上可以欣赏到 5 个湖泊的美景，由于湖的深度不同，所呈现的颜色也深浅不一。

下图：贾斯珀国家公园是加拿大落基山脉最大的国家公园

第一章 北美洲

上图：冬季在路易丝湖徒步，需要雪板、雪鞋，必要的话还应准备防滑鞋具

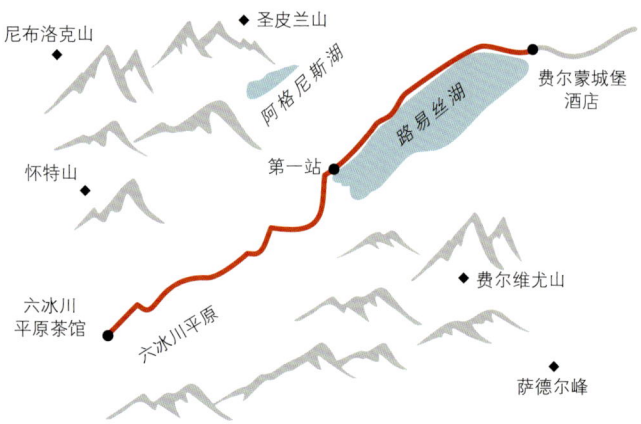

尼布洛克山
圣皮兰山
阿格尼斯湖
路易丝湖
费尔蒙城堡酒店
怀特山
第一站
六冰川平原茶馆
六冰川平原
费尔维尤山
萨德尔峰

16　行走世界：500条国家公园徒步路线

## 9

## 路易丝湖滨步道
### 班夫国家公园
加拿大艾伯塔省

群山峻岭，巍然屹立，山顶是皑皑冰雪，山脚下镶嵌着绿松石般的湖泊

◆ **距离**
到茶馆往返 11 千米，海拔爬升 370 米

◆ **起点**
费尔蒙路易丝湖城堡酒店

◆ **难度**
沿湖路段较容易，部分路段轮椅可通行；通往茶馆的路段难度中等

◆ **建议游览时间**
步道全年开放，茶馆 6 月至 10 月营业

路易丝湖（Lake Louise）形似银河，东侧一端坐落着气派的费尔蒙城堡酒店（Fairmont Chateau），也是步道的起点。这条步道走起来比较容易，有些地方保留了原始的路面，沿着湖的北岸通往西侧的六冰川平原（Plain of Six Glaciers）。这里有一家茶馆，名叫六冰川平原茶馆（Plain of Six Glaciers Teahouse），1924 年开业，让过往的人们在这个远离城市的地方，也能喝上一杯原叶好茶[1]。

这里冬季降雪丰富，因此也是一处滑雪胜地，全年开放。

## 10

## 隧道山步道
### 班夫国家公园
加拿大艾伯塔省

步道的起点位于班夫镇（Banff）中心，往返 4.5 千米，海拔爬升近 270 米，路况平整，呈"之"字形，走起来相对轻松一些。来到步道的终点，俯瞰典雅的班夫镇，群山环绕，风景如画。这条步道冬季也开放，但是需要穿戴防滑鞋具。有意思的是，隧道山其实并没有隧道，铁路公司为了节省开支，重新规划了线路，但是名字却被保留了下来。

---

[1] 在西方文化中，人们平时喝茶以茶包为主，里面装有碾碎的茶叶末，十分方便，但是品质难以保证。而选用完整的茶叶直接冲泡，则完全是另一番体验。——译者注

第一章　北美洲

**11**

## 盐田湖步道
### 伍德布法罗国家公园
加拿大艾伯塔省

伍德布法罗国家公园（Wood Buffalo National Park）是加拿大第一大国家公园，也是世界第二大国家公园，占地面积比整个瑞士还要大。这里生活着全世界最多的森林野牛，它们是生活在北方的一种北美野牛。步道全长7.2千米，经过一个缓坡来到山顶的一处悬崖，从这里远眺北方寒带平原（Northern Boreal Plains），视野开阔，还可以看到野牛、狼群、驼鹿和美洲鹤。

**12**

## 熊背山步道
### 沃特顿湖群国家公园
加拿大艾伯塔省

沃特顿湖群国家公园（Waterton Lakes National Park）位于加美边境，南边相邻的就是美国境内的冰川国家公园（Glacier National Park），两个公园共同组成了沃特顿–冰川国际和平公园（Waterton–Glacier International Peace Park）。如今在沃特顿这一侧，已经看不到冰川了，但是到处都是它曾经存在的痕迹——U形谷、悬谷、冰斗，这些受冰川剥蚀作用形成的地貌，登上"熊背"，便可尽收眼底。这条步道不长，但是比较陡。从游客中心出发，一路沿着克兰德尔山（Mount Crandell）侧面的"之"字形山路，便可来到山顶上一块突起的巨石上，当地人把这块巨石比作北美灰熊肩背部隆起的那块强有力的肌肉。

右图：在熊背山步道上欣赏壮观的冰川地貌

第一章 北美洲

## 大陆分水岭国家步道
### 沃特顿湖群国家公园
#### 加拿大艾伯塔省

踏上这条史诗级步道，在美墨边境线上行走

◆ **距离**
全程4988千米，通常分段完成，若一次走完全程，大约需要6个月

◆ **起点**
沃特顿湖群国家公园（艾伯塔省）

◆ **终点**
疯厨子纪念碑（新墨西哥州大斧头山）

◆ **难度**
高级：位置偏远、山路险峻、补给紧张

◆ **建议游览时间**
3月至10月

每年，有数千人完成太平洋山脊国家步道（Pacific Crest Trail，简称PCT）和阿巴拉契亚国家步道（Appalachian Trail，简称AT），但是能够走完大陆分水岭国家步道（Continental Divide Trail，简称CDT）的人，不超过200个，主要是由于这条路线海拔高，偏僻险峻，对徒步者的综合能力要求非常高[1]。

步道从加拿大沃特顿湖群国家公园开始，一路南下，终点位于美国新墨西哥州，全程4989千米。计划一次走完全程的人，基本都是选择初春从终点出发，反向而行。

这条路线之所以极具挑战，一方面是因为山路险峻，另一方面补给也是个问题。前面提到的另外两条国家级步道（PCT和AT）虽然也难，但是沿途至少可以在附近的小镇上采购一些必需品，而大陆分水岭国家步道还要更偏远一些，很少有机会看到公路。此外，天气也是一个巨大的挑战——南方的沙漠地区酷热干旱，进入科罗拉多州，几乎每天都会赶上雷暴天气，在怀俄明州和蒙大拿州可能会遇上夏季暴风雪，一夜入冬。

既然这么难，为什么还非走不可？因为大陆分水岭国家步道能够带给我们的高度、狂野、跋涉和美景，这在全世界都是数一数二的。

---
[1] 本段提到的这三条步道为美国三大国家级风景步道，合称"远足三冠王"。——译者注

### 14

## 乔治亚湾马尔湖步道
**布鲁斯半岛国家公园**
加拿大安大略省

布鲁斯半岛（Bruce Peninsula）像一根手指一样，伸入休伦湖（Lake Huron），将乔治亚湾的半边围了起来。整个半岛的龙骨是来自尼亚加拉断崖（Niagara Escarpment）的石灰岩——4亿多年前，这里曾是一片温暖的海域，大量的珊瑚礁在此沉积，形成石灰岩。这条步道全长4千米，难度不大，主要看点是乔治亚湾附近的一些断崖景观，其中也包括网红打卡点"岩洞"（the Grotto）。

### 15

## 博索莱伊岛步道
**乔治亚湾群岛国家公园**
加拿大安大略省

乔治亚湾群岛（Georgian Bay Islands）是世界上最大的淡水群岛，总计3万多座大大小小的岛屿，散布在休伦湖中。63座岛屿被规划到这个国家公园中，其中就包括最大的一座——博索莱伊岛（Beausoleil Island）。这条环岛步道全长8千米，沿途可能会看到黑熊、短尾猫、灰狼、豪猪和东部森林狼。

左图：沃特顿国家公园内的红岩峡谷（Red Rock Canyon）

第一章 北美洲

## 16

### 加斯佩角步道
**佛里昂国家公园**
加拿大魁北克省

加斯佩半岛（Gaspé Peninsula）的东南角像蜜蜂的毒针一样刺入大海，在这里，圣劳伦斯河（Saint Lawrence River）流入圣劳伦斯湾（Gulf of Saint Lawrence）。在这小小的一根毒针上，汇集了丛林、盐沼、沙丘和海边断崖等多种地貌。步道从中贯穿而行，一路走到加斯佩角（Gaspé Point），欣赏周围的海边断崖，全程往返8千米。

22　行走世界：500条国家公园徒步路线

# 阿巴拉契亚多国步道
## 佛里昂国家公园
### 加拿大魁北克省

著名的阿巴拉契亚多国步道——加拿大段

◆ **距离**
全长3525千米，一般分段完成

◆ **起点**
美国缅因州巴克斯特州立公园（Baxter State Park）

◆ **难度**
高级：地处偏僻、补给困难、部分路段无标识

◆ **建议游览时间**
6月至9月

加斯佩角是阿巴拉契亚多国步道加拿大段的起点，从这里搭乘轮渡，前往爱德华王子岛（Prince Edward Island），开始徒步之旅。随后继续坐船，前往新斯科舍（Nova Scotia）和纽芬兰（Newfoundland），从这里开始，步道一路延伸至最北端的鲍尔德角（Cape Bauld）。接下来坐船横跨贝尔岛海峡（Strait of Belle Isle），抵达贝尔岛（Belle Isle），这条步道北侧一端到此结束，这里也是北美阿巴拉契亚山脉（Appalachian Mountain）的最北端。

然而，从地质学的角度，阿巴拉契亚山脉到此并没有结束，这条多国步道还在继续。大约2.5亿年前，阿巴拉契亚山脉在盘古大陆的板块挤压中形成。近1亿年后，盘古大陆开始解体，北美大陆与欧洲大陆、非洲大陆逐渐分离，隔海相望。因此，这条古老的山脉，如今在欧洲西部和非洲北部也能见到它的身影。2010年，这条阿巴拉契亚多国步道经过重新规划，把位于格陵兰岛、冰岛、苏格兰、英国和西班牙的路段也纳入其中。

上图：阿巴拉契亚多国步道乔治亚州到缅因州段

左图：加斯佩半岛的尽头——位于圣劳伦斯湾的皮尔斯山岩（Percé Rock）

第一章 北美洲 **23**

## 18

## 芬迪步道
**芬迪国家公园**
加拿大新不伦瑞克省

步道途中有几处潮汐落差非常大，提前看好潮汐表，小心不要被潮水卷走

◆ **距离**
全长 47.5 千米，一般需要 4~6 天的时间

◆ **起点**
阿尔马镇芬迪国家公园管理处

◆ **难度**
高级：路况崎岖，潮汐变化

◆ **建议游览时间**
4 月至 10 月

芬迪湾（Bay of Fundy）是加拿大东北部一个狭长的海湾，两侧分别是新不伦瑞克省和新斯科舍省。芬迪步道从阿尔马镇（Alma）到圣马丁镇（St. Martins），沿海岸线而行，途中可以欣赏到著名的 15 米潮差，芬迪湾地处北半球高纬度，形状细长，海床凹凸不平，造就了这独一无二的景观，12 小时内的一次潮涨潮落，就会有 1000 亿吨海水造访芬迪湾。

这条步道全长 47.5 千米，海拔爬升 2746 米，全程几乎连续上下坡。芬迪徒步协会（Fundy Hiking Trail Association）建议安排 5 天的行程，从阿尔马镇一端出发，把最艰难的一些路段放在前面。提前根据潮汐表安排好时间，有些路段在涨潮时极其危险，无法通行。

## 19

## 海滨步道
**芬迪国家公园**
加拿大新不伦瑞克省

往返 20 千米的单日步道，360° 环绕美景，见证全世界最震撼的涨潮。每 6 个小时，水位变化超过 15 米，退潮后的海床一览无余。

上图:芬迪国家公园内,落潮时露出的大面积海床

## 20

### 梅里麦克奇海滩
**克吉姆库吉克国家公园**
加拿大新斯科舍省

克吉姆库吉克国家公园(Kejimkujik National Park)里有一条原始的水道,可以划船从芬迪湾,经过半岛上的河流湖泊,驶向大西洋。克吉姆库吉克(Kejimkujik)在米克马克语中意为"矮小的精灵",这些"精灵"在米克马克人[①]的文化中极为重要。

在克吉姆库吉克湖(Lake Kejimkujik)的东岸,发现了很多刻有图案的石板,这些就是米克马克人留下的石刻画,如今受到高度保护,目前只面向预约的游客开放并提供讲解。

游览克吉姆库吉克湖,可以从杰克斯兰丁(Jakes Landing)出发,这里有一条往返6千米的步道,简单易行,可能会邂逅北美黑啄木鸟,听到潜鸟的鸣叫。

---

① 米克马克人是加拿大东部沿海各省的原住民,冬季狩猎,夏季捕鱼,善用草药,讲究一切源于自然,按需索取。米克马克人所留下的石刻画,是非常宝贵的文化遗产。——译者注

## 21

### 阿卡迪亚步道
**布雷顿角高地国家公园**
加拿大新斯科舍省

走在这条 9 千米的环线步道上，可以将布雷顿角高地国家公园（Cape Breton Highlands National Park）的全部看点一网打尽。沿着顺时针方向，前半段海拔爬升 365 米，山下是跌宕起伏的海岸线和谢蒂坎普河谷（Chéticamp River Valley），深入高地内部。后半程沿着一条小河一路向下，穿过长满苔藓的丛林。黑熊、灰狼、驼鹿等野生动物常在此出没，因此建议结伴而行，并且制造较大声响吓跑动物。

## 22

### 绿色花园步道
**格罗莫讷国家公园**
加拿大纽芬兰省

虽然名叫绿色花园（Green Gardens），但是刚刚踏上这条步道的时候，会发现这里和绿色没有丝毫关系。步道穿过一片名叫桌地山（Tablelands）的荒原之地，岩石中的有毒物质导致这里几乎寸草不生。穿过这片荒漠之后，海拔下降大约 400 米，来到一片寒带森林，还有开着小花的草甸。最后，走到一片火山岩海滩，大大小小的海蚀柱和海蚀洞映入眼帘。步道往返 11 千米，要注意涨潮时间。

在格罗莫讷国家公园的长距离穿越步道上，灌木丛地像画卷一样展开

## 23

### 长距离穿越步道
**格罗莫讷国家公园**
加拿大纽芬兰省

"格罗莫讷"（Gros Morne）这个名字来自纽芬兰岛（Newfoundland Island）上的第二高峰格罗莫讷山（Gros Morne Mountain），在法语里意为"孤峰"。这条35千米的穿越步道，可以带我们打卡这座"孤峰"。先乘船穿过西溪湖（Western Brook Pond）淡水峡湾，靠岸后从这里开始沿着峡谷一路爬升，途中经过一个名字很奇葩的瀑布——"母驴撒尿瀑布"（Pissing Mare Falls）。上到平台之后，开始高山穿越，一眼望去，周围都是灌木丛，穿越途中，将翻过海拔807米的格罗莫讷山。

## 24

### 特拉诺瓦海海滨步道
**特拉诺瓦国家公园**
加拿大纽芬兰省

特拉诺瓦国家公园（Terra Nova National Park）是加拿大国家公园中最靠东的一个，陡峭嶙峋的悬崖、错落有致的岛屿、连绵起伏的群山、神秘幽邃的岩洞，共同勾勒了博纳维斯塔湾（Bonavista Bay）错综复杂的水路。这条步道全长4.5千米，沿着纽曼峡湾（Newman Sound）蜿蜒而行，穿过寒带森林和潮间带，来到皮萨米尔瀑布（Pissamere Falls）。睁大双眼，找一找沿途的海洋动物、海鸟和驼鹿吧！

# 考友库克河徒步
## 北极之门国家公园和自然保护区
### 美国阿拉斯加州

在与世隔绝的深山中，没有路，就用双脚走出一条路

◆ **距离**
全程 164 千米，耗时两到三周，也可以分段完成

◆ **起点**
阿拉斯加州贝特尔斯市（Bettles），需搭乘私人包机

◆ **难度**
高级：补给困难、路线不清、路况复杂

◆ **建议游览时间**
7月至8月，需要携带防虫喷雾和防虫头罩

北极之门国家公园和自然保护区（Gates of the Arctic National Park and Preserve）绝对不是徒步小白培养兴趣的地方；而经验丰富的老手们，则可以寻着考友库克河的"北叉"（North Fork），穿行在这片荒野之中，饱览沿途的壮丽风景。河流发源于北极分水岭（Arctic Continental Divide），向南流经布鲁克斯山脉中部（Central Brooks Range）的中心地带，在这里，"冷壁"（Frigid Crags）和"北山"（Boreal Mountain）这两座大山，分别位于河的两岸，形似入口，故称"北极之门"。

在这里徒步，需要自己安排飞机接送。被连绵起伏的北极冻原所包围，哪怕是最刻苦的徒步者，平均1天也只能完成不到10千米的路程。走完全程，一般需要2~3周的时间，这期间的食物要一次性带够，或者约好飞机在沿途空投补给；也可以根据自己的情况，选择其中的一段来完成。需要注意的是，一定要把食物保管好，熊经常在这一带出没。

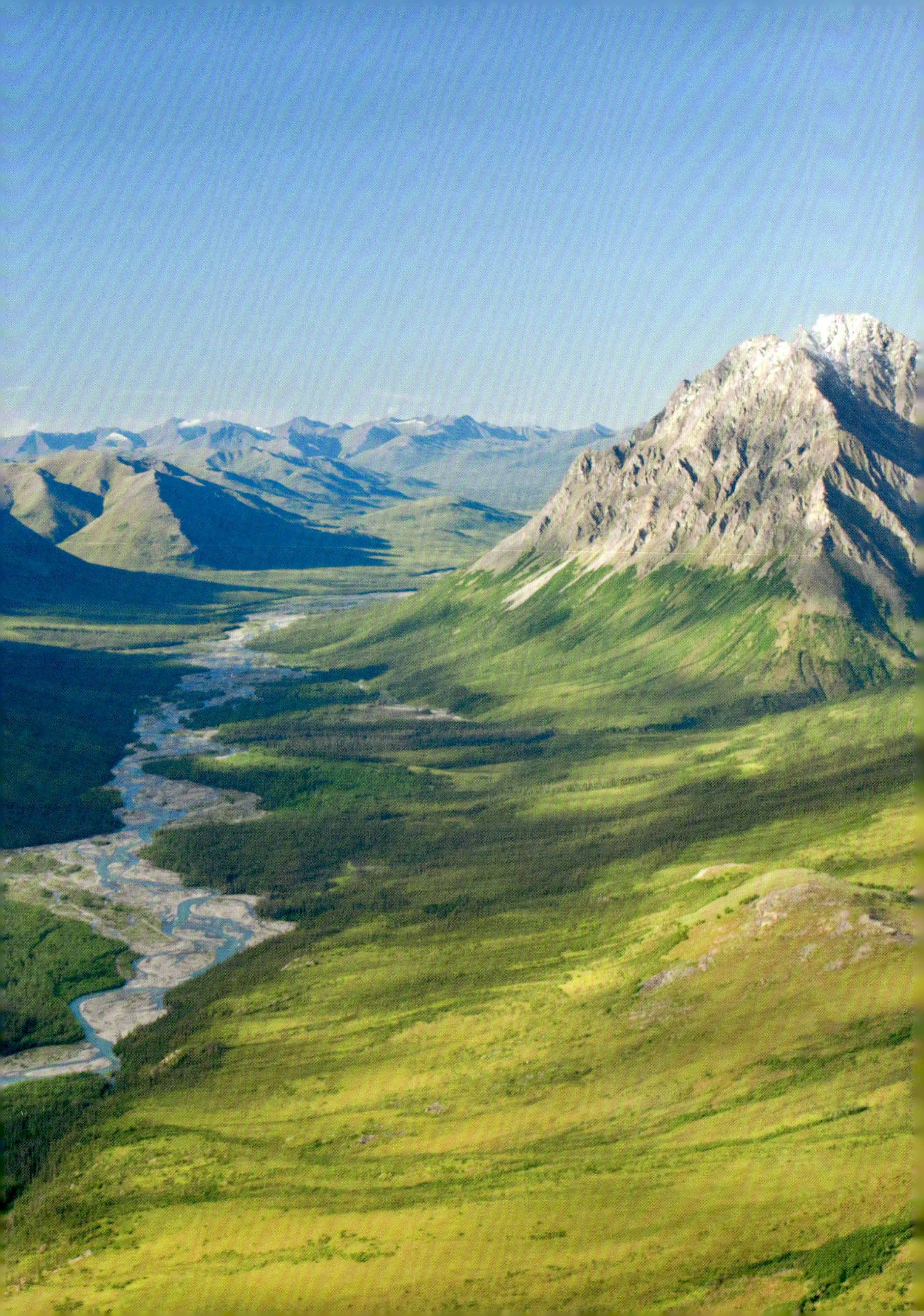

### 26

## 萨维奇高山步道
### 迪纳利国家公园和自然保护区
美国阿拉斯加州

河道宽阔，部分河段有沙石沉积，沿河岸逆流而上，途中可能会偶遇棕熊

◆ **距离**
单程约 6.5 千米，包括园区摆渡车，海拔爬升 427 米

◆ **起点**
萨维奇河露营地

◆ **难度**
中级

◆ **建议游览时间**
5 月至 10 月，9 月可赏最美秋色

从萨维奇河露营地（Savage River Campground）出发，一路爬升，幸运的话也许能看到迪纳利峰（Denali）作为奖励。不过也千万别寄希望于此，这里常年多云，只有大概三分之一的游客能够一睹真容，而看到棕熊、狼、驼鹿或者洛基山山羊的概率要大得多。

夏末初秋，园区里的棕熊开始大量觅食，准备过冬，因此河边的一些路段可能会关闭，请提前向游客中心或者工作人员了解园区开放情况。徒步时，请结伴而行，时不时搞些声响，还要带上防熊喷雾，并且提前了解如何正确使用。对于在途中遇到的所有野生动物，都要给它足够的空间，一定要记住，它们才是这里的主人。

### 27

## 马蹄湖步道
### 迪纳利国家公园和自然保护区
美国阿拉斯加州

无论是养生散步，还是观察野生动物，在迪纳利国家公园和自然保护区（Denali National Park and Preserve）都能找到合适的选择。这条 3.4 千米的环线步道，绕马蹄湖而行，走完全程不到 1 个小时。也可以多花些时间，看看住在这里的河狸啃树建穴的"施工现场"。

## 28

### 希利山步道
**迪纳利国家公园和自然保护区**
美国阿拉斯加州

除了海拔 6190 米的北美最高峰迪纳利峰，公园里还有一座希利山（Mount Healy），正是这条步道的所在。步道从游客中心出发，全长 3 英里（约合 4.8 千米），爬升较陡，经过几处观景平台，来到半山腰的"3 英里"指示牌。公园维护的步道到此结束，但是前面还有路，再往前走大概 2.4 千米便可以登顶，海拔 1905 米，风景绝伦。

左图：一头北美驯鹿正在穿过萨维奇河。受冰川侵蚀的作用，这是一条典型的辫状河

第一章　北美洲　**31**

### 29

### 布鲁克斯瀑布
**卡特迈国家公园和自然保护区**
美国阿拉斯加州

在三文鱼洄游的季节，可以来走一走布鲁克斯瀑布（Brooks Falls）旁边的这条步道，往返4.8千米。运气好的话，你可以看到二三十头棕熊在这里捕鱼。一头经验丰富的棕熊，一天可以捕到30条之多。步道上有三处木制的观景台，从这里观看比较安全，但是也要一直提高警惕——结伴出行、制造声响、备好防熊喷雾，心存敬畏。

# 万烟谷步道
## 卡特迈国家公园和自然保护区
### 美国阿拉斯加州

在"月球表面"徒步，这里曾是 NASA 航天员的训练地

◆ **距离**
单程 58 千米，包括园区摆渡车，海拔爬升 457 米，一般需要 3~5 天完成

◆ **起点**
万烟谷

◆ **难度**
高级：地处偏远，道路不明，多次过河，棕熊出没

◆ **建议游览时间**
6 月至 9 月，6 月至 7 月经过卡特迈山口时可能需要雪鞋

1912 年 6 月 6 日，诺瓦鲁普塔火山（Novarupta Volcano）大爆发，一片茂密繁盛、郁郁葱葱的山谷，从此掩埋在厚厚的火山灰之下。这次火山爆发所喷射出的火山灰是 20 世纪规模最大的一次，比 1980 年的圣海伦火山（Mount Saint Helens）喷发还要多 30 多倍。如今，一个多世纪过去了，这里依然寸草不生，大量的火山灰沉积，宛如月球表面，环绕在巍峨的群山和山顶的冰川之中。

公园管理处安排了一条初级路线，由向导带领，穿越山谷。经验丰富的徒步者也可以挑战这条全长 58 千米的线路，从万烟谷（Valley of Ten Thousand Smokes）开始，穿过卡特迈山口（Katmai Pass），最终到达太平洋沿岸的卡特迈湾（Katmai Bay）。这里也是棕熊季节性途经的路线，一定要把食物装在公园管理处提供的防熊罐里。

左上图：卡特迈国家公园布鲁克斯瀑布，一头棕熊正在捕食三文鱼

左下图：诺瓦鲁普塔火山爆发后，留下的卡特迈破火山口（Katmai Caldera）

## 31

## 哈丁冰原步道
**基奈峡湾国家公园**
美国阿拉斯加州

哈丁冰原（Harding Ice Field）占地1800多平方千米，有38处冰川，互不相连。在这条步道上，可以欣赏阿拉斯加最大的冰原的美景。步道维护得很好，但是极其陡峭，短短不到7千米的路程，海拔爬升1158米。登高远眺，视野所及范围之内，一片冰光闪闪。

## 32

## 七山口步道
**兰格尔—圣伊莱亚斯国家公园和自然保护区**
美国阿拉斯加州

  位于北美洲最大的国家公园，全程约64千米，耗时1周。行走在楚加奇山脉（Chugach Mountains），跨越河流，穿越冰川，与熊共眠。如果难以独自应对这些情况，最好还是请一位专业向导，在向导的带领下，领略这条步道上的绝佳风景。

## 33

## 巴特利特湾—古斯塔夫斯角海滨步道
**冰川湾国家公园和自然保护区**
美国阿拉斯加州

  冰川湾国家公园和自然保护区（Glacier Bay National Park and Preserve）内，冰川像河流一样，静静地"涌入"阿拉斯加湾（Gulf of Alaska）。这条海边步道全长不到10千米，从巴特利特湾（Bartlett Cove），沿着海岸向南，走到古斯塔夫斯角（Point Gustavus），沿途可以看到座头鲸、海獭、美洲雕等各种野生动物。

# 莫纳罗亚观测站步道
## 夏威夷火山国家公园
### 美国夏威夷

在夏威夷最大的岛屿，登顶全球最大的活火山

◆ **距离**
往返 20.8 千米，海拔爬升 823 米

◆ **起点**
莫纳罗亚观测台

◆ **难度**
高级：熔岩表面凹凸不平

◆ **建议游览时间**
4月至10月，避开夏威夷的雨季

右图：在莫纳罗亚观测站步道上，纵览全岛的美景

莫纳罗亚火山（Mauna Loa）有一多半被海水覆盖，从海底到山顶的高度为 9170 米，比珠穆朗玛峰的海拔还要高。

征服莫纳罗亚火山不是一件简单的事。有一条最短的路线，从莫纳罗亚观测台（Mauna Loa Observatory）出发，一路上会看到很多用黑色的火山岩垒起来的石堆，当地人把这种石堆叫作"ahu"，是一种用于仪式的祭台。脚下是一层又一层冷却后的火山熔岩，有表面光滑的绳状熔岩，也有凹凸不平的渣状熔岩。还会看到岩浆曾经流过的熔岩洞，以及岩浆喷射形成的火山堆。

爬上莫库阿韦奥韦奥火山口（Moku'āweoweo）后，会看到整条步道上唯一的"厕所"——一个露天的简易坐便器，下面直通熔岩裂缝的无底深渊。计划当天往返的人可以从这里向海拔 4166 米的最高点继续前行，预订了床位准备在此过夜的人，可以沿着火山口，前往莫纳罗亚小屋（Mauna Lao Cabin）。

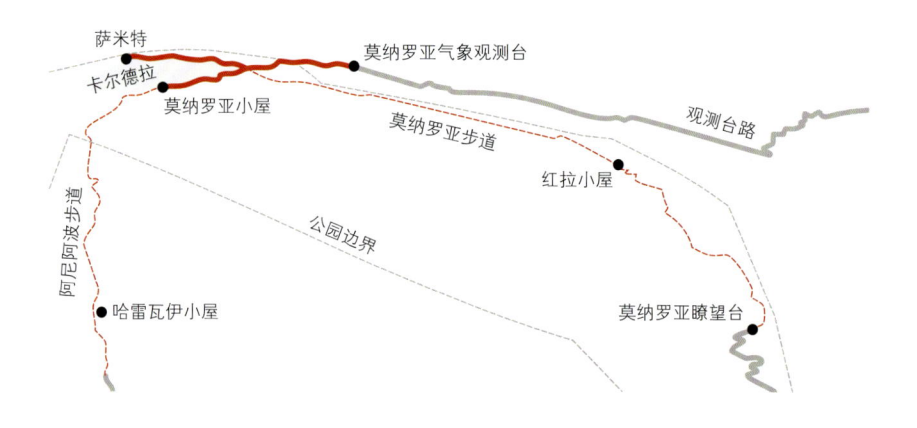

36 行走世界：500条国家公园徒步路线

### 35

## 普乌络阿岩画
**夏威夷火山国家公园**
美国夏威夷

在全世界最活跃的火山上，夏威夷原住民世世代代繁衍生息。岛上有一条约 2.4 千米的步道，可以带着人们轻轻松松领略夏威夷岛的史前文化。这里保留着超过 2.3 万处岩画，主要集中在基拉韦厄火山（Kīlauea）的南侧。这里架设了一条栈道，蜿蜒穿梭在火山上，可以欣赏到两侧的岩画。但是请不要触摸这些岩画，也不要从栈道下来直接走在石头上，因为这些岩画和石头都非常娇贵。

### 36

## 皮皮崴步道
**哈莱阿卡拉国家公园**
美国夏威夷

这条步道的目的地是瓦伊莫库瀑布（Waimoku Falls），然而在进入步道前，探险之旅就已经开始了。在驱车前往步道起点的途中，风景如画的哈那高速（Hāna Highway）像蛇一样曲折盘绕在海岸线上，620 个弯道也是此次瀑布之旅的一部分。这条步道往返约 6.4 千米，穿梭在热带雨林之中，最终来到瓦伊莫库瀑布。这条路线常年泥泞湿滑，需要穿上登山靴。

第一章　北美洲　**37**

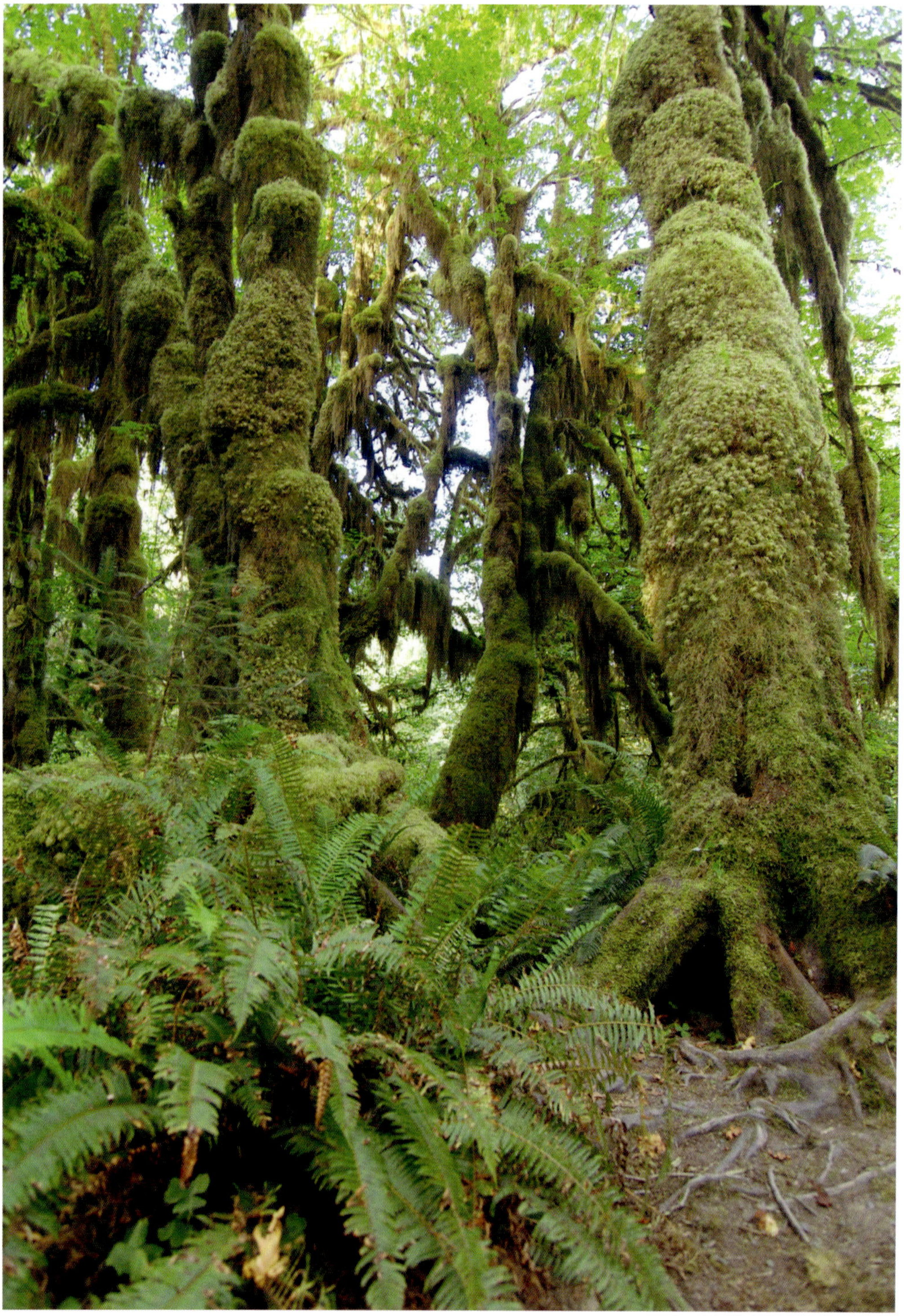

## 37

### 蓝冰川霍河步道
**奥林匹克国家公园**
美国华盛顿州

雨林和冰川似乎从来都相隔甚远，然而在奥林匹克国家公园（Olympic National Park）的这条步道上，可以一次性体验这两种环境。步道全程约60千米，沿霍河（Hoh River）而行，有机会看到北美洲体型最大的马鹿——罗斯福马鹿，秋季还可能会听到野牛求偶的叫声。

步道从雨林开始，大约24千米之后，来到一处非常陡的大坡，需要借助绳索和梯子才能安全下降。向前几千米，便可以看到蓝冰川（Blue Glacier）。再往前走1~2千米，来到冰川侧碛（Lateral Moraine）之上，风景最佳。从这里可以看到整个冰川的走向，从奥林匹斯山顶到其倾泻而下的瀑布。

## 38

### 蓝湖步道
**北喀斯喀特国家公园**
美国华盛顿州

如果想要深度体验蓝湖（Blue Lake）的魅力，那么来走这条往返7千米的步道的时候，别忘了带上鱼竿。在清澈见底的湖水中，生活着大量的野生割喉鳟，这种鱼的下颚有着鲜红的条纹，因此而得名。如果7月到8月来，还可以看到满山遍野的野花。

## 39

### 喀斯喀特山口步道
**北喀斯喀特国家公园**
美国华盛顿州

这条步道虽然陡，但是所能欣赏到的高山地区的风景，着实让人眼前一亮。步道呈"之"字形一路攀升，海拔爬升543米。出发几千米后，便可以到达喀斯喀特山口（Cascade Pass），将山谷的全貌尽收眼底。从这里眺望出去，可以看到常年积雪的花岗岩山峰，以及山上的冰川。计划多日徒步的人还可以选择不同的路线，继续向前。

## 40

### 全景观景台步道
**雷尼尔山国家公园**
美国华盛顿州

观景台位于雷尼尔山（Mount Rainier）南边，从这里可以欣赏到雷尼尔山以及周围的亚当斯山（Mount Adams）、圣海伦斯山（Mount Saint Helens）和胡德山（Mount Hood）的全景。这些山属于层状火山，是一种侧面较陡的圆台状火山，由一层层的岩浆和火山灰堆积而成。这条环线步道全长8.7千米，带上望远镜，可以更好地欣赏尼斯奎利冰川（Nisqually Glacier），可能还会看到远处雪山上的登山者，正在奋力向着顶峰曲折前进。

左图：霍河步道上的雨林植被，布满了嫩绿的苔藓

# 奇境步道
## 雷尼尔山国家公园
### 美国华盛顿州

环雷尼尔山一周，累计爬升相当于登顶两次

◆ **距离**
150千米环线，海拔爬升6160米，通常需要8~14天完成

◆ **起点**
环线上有多处入口，均可作为起点

◆ **难度**
高级：山路起伏，连续上下山

◆ **建议游览时间**
7月至9月

雷尼尔山海拔4392米，风暴、落石、雪崩，使得只有不到一半的登山者成功登顶，每年都有人永远地留在了这里。相比之下，这条环山路线要友好很多。花些时间，走完这条150千米的奇境步道，好好享受雷尼尔山的陪伴。一路连续的爬升和下降，走完全程累计爬升6000多米。

步道环山而行，无论是顺时针还是逆时针，360°的山景都美得令人窒息。多数路段水源丰富，到处都是由火山冰川滋养的溪流。

右图：在奇境步道上穿越幽深的丛林和亚高山草甸

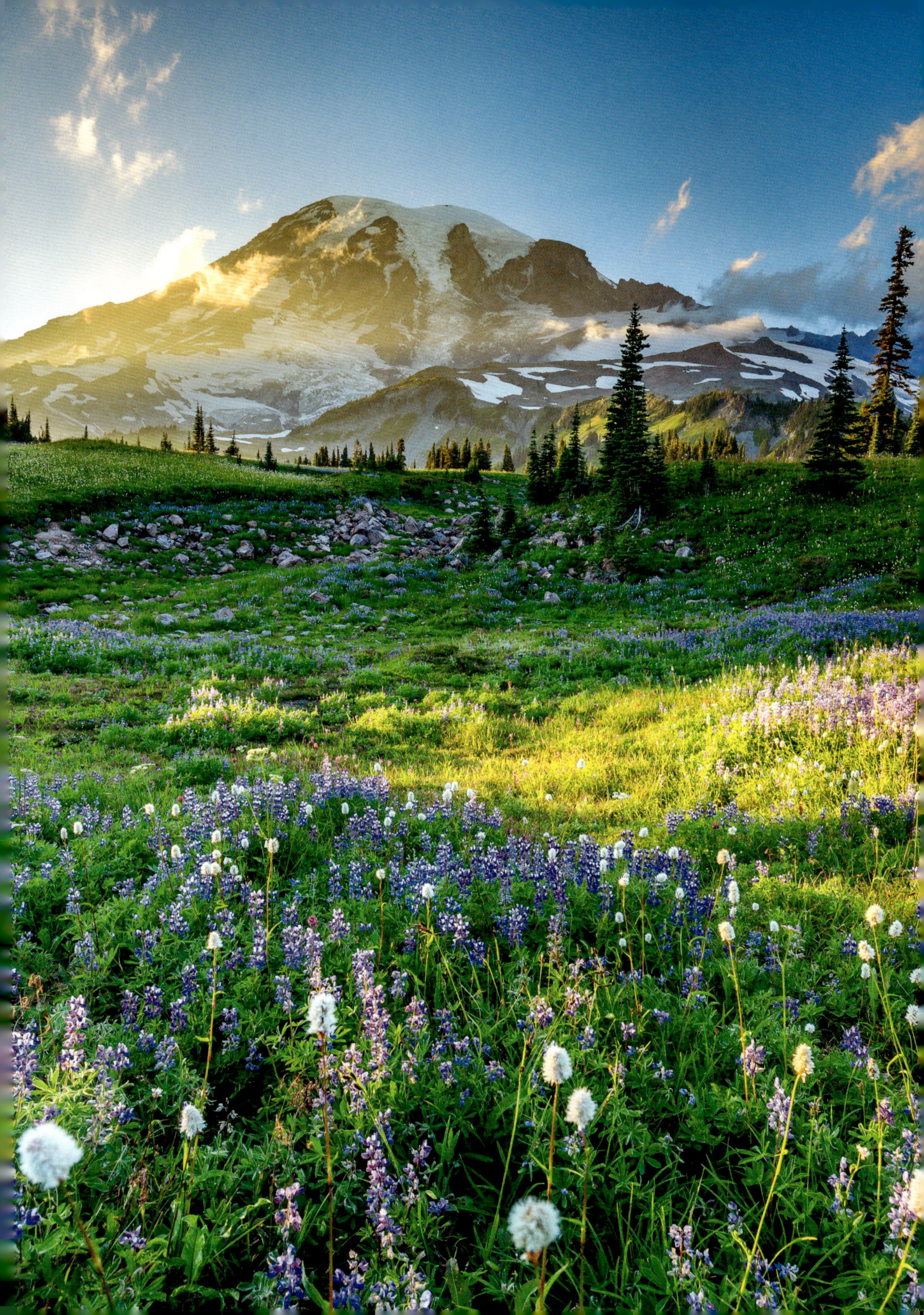

## 42

### 加菲尔德峰步道
**火山口湖国家公园**
美国俄勒冈州

登上海拔 2431 米的加菲尔德峰（Garfield Peak），鸟瞰火山口湖（Crater Lake）。湖中有一处露出水面的岩石，叫作幽灵船（Phantom Ship），还有一个叫作巫师岛（Wizard Island）的小火山。湖面上方是火山口的边缘，远处是喀斯喀特山脉的崇山峻岭。每年 7 月至 8 月，步道两侧的草甸上开满了鲁冰花、火焰草和山金车花。步道往返 5.5 千米，冬季游览需要准备好雪板或者雪鞋。如果遇上暴风雪，短时间内降雪量激增，能见度几乎为零。

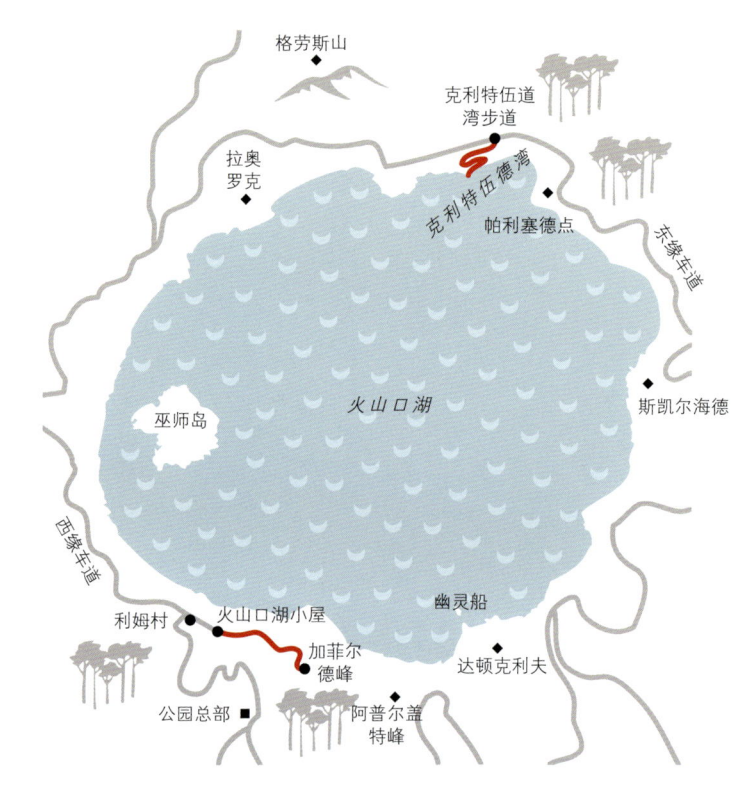

42　行走世界：500条国家公园徒步路线

# 克利特伍德湾步道
## 火山口湖国家公园
### 美国俄勒冈州

通向极致清澈的湖水，是公园里唯一一条可以下到湖边的小路

◆ **距离**
往返 3.5 千米，海拔爬升 213 米

◆ **起点**
位于东环路（East Rim Drive）的克利特伍德湾步道入口

◆ **难度**
中级

◆ **建议游览时间**
6 月中旬至 10 月

左图：火山口湖和湖中突出的岩石"幽灵船"

下图：少有沉积物，免于污染，湖水清澈见底

大约 7700 年前，马札马火山（Mount Mazama）大爆发，其规模是 1980 年圣海伦斯火山（Mount Saint Helens）爆发的 40 倍。此后，整个山体向内坍塌，形成了一个直径近 10 千米的火山口。随后的几百年里，雨水、雪水在这个巨大的火山口里汇集，最终形成了这个火山口湖。

长久以来，火山口湖都是克拉马斯人[①]心中的"圣湖"。人们在火山喷发外缘的火山灰下面发现了一些人造的物品，意味着这里曾有人居住，并且目睹了这里的变迁，这对当地部落的传说有着极其深远的影响。以前，克拉马斯人飞檐走壁般下到湖水旁边；如今，现代人也可以借助这条不到两千米的步道，呈"之"字形迅速下降 213 米，来到湖边。

---

① 英文是 Klamath，是生活在俄勒冈州中南部和加利福尼亚州北部的印第安原住民。——译者注

第一章　北美洲

# 伯德·约翰逊夫人纪念林步道
## 红杉树国家公园
### 美国加利福尼亚州

漫步在全世界最高的树下，头顶是红杉树遮天蔽日的树冠，身旁是红杉树粗壮挺拔的树干

◆ **距离**
2.4千米环线，海拔爬升可忽略不计

◆ **起点**
步道入口位于游客中心附近

◆ **难度**
初级

◆ **建议游览时间**
全年开放

右图：这些红杉树可以长到将近百米高

这片雄伟的树林设立于1969年，为了纪念美国前第一夫人伯德·约翰逊夫人[1]（Lady Bird Johnson）为环境保护事业所作出的贡献。这条环线步道全程2.4千米，简单易行，蜿蜒穿行在高耸入云的树林之中。可以从步道入口领取一本介绍，沿途寻找介绍中提到的那些别致的大树。

想要体验红杉树林真正的美妙之处，最好是能赶上雾气蒙蒙的一天。笔直冲天的大树，在雾气的笼罩下，宛如进入了仙境，这些"仙气"也正是这些庞然大物在此生长的秘密所在。这里海拔将近370米，温和湿润，在干旱的夏季，红杉树便从雾气中吸取水分，努力生长。蒙蒙雾气也给这条步道又增添了几分神秘之美。

---

[1] 美国第36任总统林登·约翰逊（Lyndon B. Johnson）的妻子。——译者注

## 红杉溪步道
**红杉树国家公园**
美国加利福尼亚州

这条步道往返25千米，较为平缓，适合悠闲地漫步。这里生活着目前世界上最高的树——一棵名为"亥伯龙神[1]"的巨型红杉，高约116米，树龄大多在600~800年，矗立在红杉溪（Redwood Creek）某条支流旁边的一个陡坡上[2]。在步道尽头，可以看到高112米的"云层巨人"（the Tall Tree），在2006年发现"亥伯龙神"之前，这棵云杉曾经是世界第一高树。红杉溪两岸有很多露营地，十分适合来个"过夜游"。

---

[1] Hyperion，来自希腊神话，本意为"穿越高空者"。——译者注
[2] 为了保护这棵大树免受侵扰，官方并没有公布它的具体位置。——译者注

左图：伯德·约翰逊夫人纪念林步道，是红杉树国家公园内最热门的步道

第一章 北美洲 **45**

## 46

### 浜帕斯地狱步道
**拉森火山国家公园**
美国加利福尼亚州

虽然"地狱"这个名字听起来有点吓人，但这里其实是北美大陆上仅次于黄石公园的地热之旅。这个特别的名字源于一次意外。多年以前，一位名叫肯德尔·浜帕斯（Kendall Bumpass）的探险家在徒步时不幸坠落到滚烫的泥浆中，并因为严重的烫伤而失去一条腿。后来，公园管理处在此修建了这条往返4.3千米的步道，宽敞平坦，有些路段还铺设了栈道，以保证游客的安全。

## 47

### 拉森峰步道
**拉森火山国家公园**
美国加利福尼亚州

拉森峰（Lassen Peak）上一次爆发是在1915年，当时喷出的火山灰覆盖到距它300多千米的土地。拉森火山国家公园（Lassen Volcanic National Park）的设立，主要是为了研究大规模火山爆发后，当地生态系统的恢复。沿着这条4千米的中级步道，爬升610米，便可登顶拉森峰，在世界最大的穹状火山上俯瞰周围的地貌。

## 秃鹰峡谷等多步道环线[1]
### 石峰国家公园
美国加利福尼亚州

每年，这里独特的地形地貌和栖息在此的"明星"鸟，都会吸引大量游客前来登山观鸟。加州秃鹰是北美最大的食腐鸟类，1987年曾一度濒临灭绝。经过人工抚养和集中繁殖，现已重返它们位于美国西部的家园，其中就包括石峰国家公园（Pinnacles National Park）。这种鸟类长得不怎么好看，好像一只超大号的秃鹫，一身褐色的羽毛，脑袋上光秃秃的。在这条8.9千米的环线步道上，人们经常在高峰步道（High Peaks Trail）这一段看到它们翱翔的身影，尤其是在清晨和傍晚时分。

[1] 由秃鹰峡谷步道、高峰步道和熊峡谷步道三条步道首尾相连形成的环线。——译者注

左图：冬季，厚厚的积雪导致拉森火山国家公园关闭了公路

下图：加州秃鹰有着近3米的翼展，十分惊人

## 云栖峰
**优胜美地国家公园**
美国加利福尼亚州

在这条相对小众的步道上，被河谷、峭壁、湖泊、峻岭包裹其中

◆ **距离**
全长 21 千米，爬升 914 米

◆ **起点**
泰奥加路（Tioga Road）上的特纳亚湖（Tenaya Lake）

◆ **难度**
高级：路程长、爬升陡、山脊暴露感强，不适合恐高的人

◆ **建议游览时间**
6 月至 10 月

右上图：从云栖峰步道上远眺的风景

右下图：狭窄的"刀刃"可能会让一部分人望而却步

这条步道在"优胜美地"的众多路线中，算不上最热门的，也不是海拔最高的，却是最惊艳的。别忘了带上望远镜，"远观"一下对面半圆顶（Half Dome）上爬钢索的人，这可是优胜美地里最热门，也是最没有技术含量的一条线路。

云栖峰（Clouds Rest）的风景美到令人窒息，但是和半圆顶比起来，游人少之又少，主要是由于这条步道 21 千米的长度，以及暴露感极强的"刀刃"——走在狭窄的山脊上，一边是直上直下的悬崖，另一边是令人心惊胆战的陡坡。好在脚下是结实的花岗岩，旁边还修了很多扶手，使得这条步道的安全系数，其实比人挨人的钢索步道还要高，但还是让很多人望而却步。

如果想要绕开"刀刃"，也可以从优胜美地峡谷（Yosemite Valley）出发，但是这样的话需要多绕一些路，全程 32 千米，爬升 1800 多米。这条路线也是非常受欢迎的两日或三日的徒步路线，中途可以在小优胜美地峡谷露营地（Little Yosemite Valley Campground）过夜。

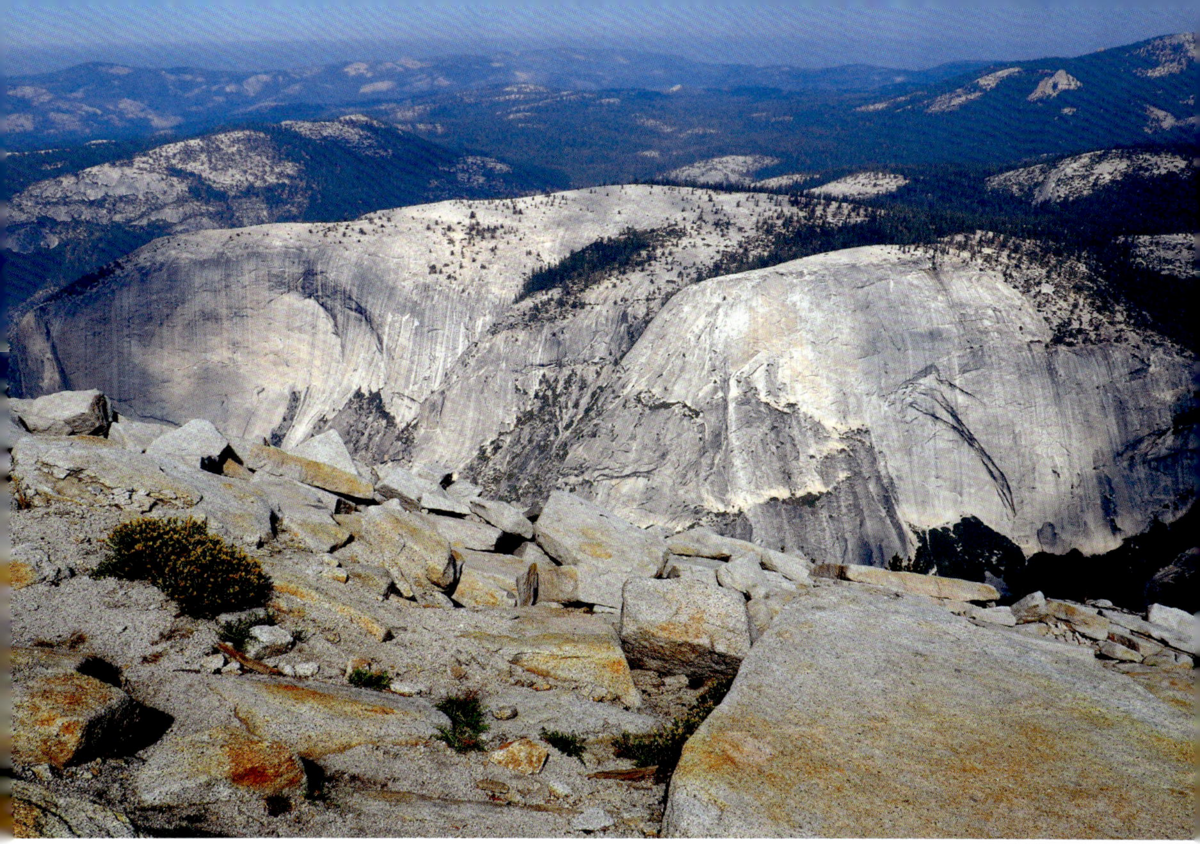

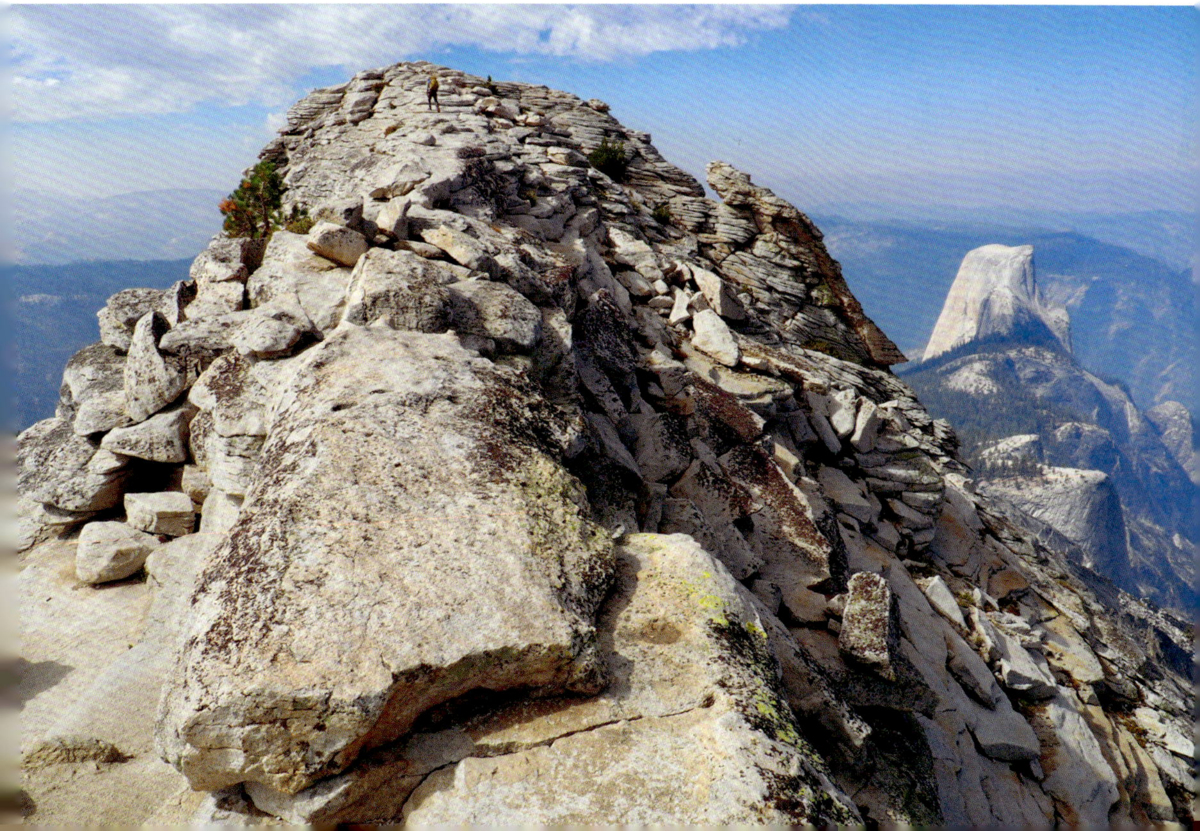

## 下优胜美地瀑布[1]步道
**优胜美地国家公园**
美国加利福尼亚州

在这条 2 千米的环线步道上，可以欣赏到北美最高的瀑布。步道全年开放，但是建议在 12 月到次年 6 月之间游览。每年 7 月中旬，瀑布会枯竭，直至秋季才会慢慢恢复。到了冬天，便结冰形成冰瀑，瀑布脚下聚集成厚厚的冰锥。

---

[1] 优胜美地瀑布分为上、中、下三段，分别是上优胜美地瀑布（Upper Yosemite Fall）、湍流区（Middle Cascades）和下优胜美地瀑布（Lower Yosemite Fall）。——译者注

下图：冬季，在 740 米落差的优胜美地瀑布脚下形成的冰锥

## 教堂湖步道
**优胜美地国家公园**
美国加利福尼亚州

这条单日步道往返 13.7 千米，从图奥勒米草甸（Tuolumne Meadows）的西侧出发，蜿蜒而上，进入优胜美地的高山地区，来到内华达山脉（Sierra Nevada）风景绝美的湖泊——教堂湖。和它同名的还有"教堂峰"（Cathedral Peak），顶部有两个尖锥，受冰川侵蚀作用雕琢而成，形似教堂的尖顶，巍峨神圣。1869 年，约翰·缪尔（John Muir）从南侧徒手攀登上教堂峰陡峭的尖顶，成为第一位完成此举的白种人。

## 约翰·缪尔步道
**优胜美地国家公园**
美国加利福尼亚州

行走在内华达山脉的山巅之上，约翰·缪尔步道（John Muir Trail，简称JMT）的景色在全世界都是首屈一指。步道从位于优胜美地峡谷的"极乐岛"登山口（Happy Isles Trailhead）开始，到惠特尼峰（Mount Whitney）结束，全程约340千米，其中有270多千米的路程与太平洋山脊国家步道重合。然而，无论是约翰·缪尔步道，还是太平洋山脊国家步道，都还太年轻。这条步道曾经是一条叫作Nüümü Poyo的古道，在当地派尤特族印第安人的语言里，意为"人民之路"，是由派尤特人和其他印第安部落历经数千年开荒修建而成。

### 53

## 高山步道
### 美洲杉和国王峡谷国家公园
美国加利福尼亚州

如果想在内华达山脉来一次长距离徒步，但是又腾不出几个星期的时间去走约翰·缪尔步道，那么这条高山步道也许刚好适合你。步道全长 116 千米，耗时 1 周左右，始于国王峡谷国家公园（Kings Canyon），穿过美洲杉国家公园（Sequoia National Park），到达惠特尼峰（Mount Whitney）结束。

### 54

## 国会步道
### 美洲杉国家公园
美国加利福尼亚州

这条环线步道全长 4.8 千米，初级难度，穿梭在美洲杉国家公园的巨木森林（the Giant Forest）当中，轻轻松松就可以观赏到全世界"最魁梧"的树。这棵树名叫雪曼将军（the General Sherman），虽不是最高的一棵，却是体量最大的一棵，高 84 米，底部直径约 11 米，树龄在 2300~2700 年。观赏过这棵大树后，继续向前，进入森林的中央地带。步道全年开放，冬季可能会需要雪鞋或雪板。

## 雾落步道
**国王峡谷国家公园**
美国加利福尼亚州

内华达山脉中有三个主要的国家公园，分别是优胜美地、国王峡谷和美洲杉。其中，国王峡谷的游客最少，因为这里修路有限，公园中的绝大部分都要靠双脚来探索。雾落步道往返约14千米，沿途可以领略到内华达山脉西侧充沛的水量。步道沿着国王河（Kings River）的南支一路爬升，经过几处小瀑布后，来到雾落瀑布（Mist Falls）。瀑布顶端，河水缓缓流过平整的花岗岩，在悬崖处喷涌而出。

11,043 Telescope Peak

## 56

# 望远镜峰步道
## 死亡谷国家公园
美国加利福尼亚州

你不需要借助望远镜在死亡谷最高处欣赏风景，只要有一副强壮的大腿和肺活量

◆ **距离**
往返 22.5 千米，海拔爬升 1 千米

◆ **起点**
马霍加尼平地营地（Mahogany Flat Campground）

◆ **难度**
高级：高海拔，且爬升较大

◆ **建议游览时间**
10 月至次年 4 月，不建议在夏季游览，死亡谷的气温可高达 45℃

左上图：在海拔 3366 米的望远镜峰峰顶，环顾方圆近 200 千米内的风景

左下图：扎布里斯基角色彩斑斓的侵蚀地貌

望远镜峰（Telescope Peak），又译作"特利斯科普峰"，是死亡谷（Death Valley）中的最高峰。"望远镜"这个名字来自山顶令人惊叹的风景。西边矗立着惠特尼峰（Mount Whitney），是美国本土的最高峰；东边是恶水盆地（Badwater Basin），海拔 –84 米，是北美洲的最低点。从恶水盆地到望远镜峰，地势一跃而上，形成 3454 米的垂直落差，这一巨大的落差在整个北美洲都十分罕见。

幸运的是，这条步道的起点海拔也很高，约 2500 米。沿步道爬升约 300 米后，在罗杰斯峰（Rogers Peak）和望远镜峰之间的一处山脊，可以纵观帕纳明特峡谷（Panamint Valley）和死亡谷的迷人风景。

海拔每上升 300 米，气温会下降 2℃ 左右，所以当谷底炽热难耐的时候，山顶的温度却十分宜人。建议在秋季游览，但是要赶在初冬第一场雪将山脊覆盖之前。

## 57

# 扎布里斯基角
## 死亡谷国家公园
美国加利福尼亚州

"死亡谷"这个名字，听起来有点吓人，这里有着各种世界之最，当然也包括最美的风景。想要欣赏这里五彩斑斓的侵蚀地貌，扎布里斯基角（Zabriskie Point）便是不二之选。傍晚时分，在这里来一次几百米的漫步，将会收获一场别样的日落。

第一章 北美洲 **55**

### 58

### 恶水盆地盐滩步道
**死亡谷国家公园**
美国加利福尼亚州

在死亡谷的中心地带，有一处盐度非常高的湖泊，周围是一圈盐滩，这里海拔 −84 米，是整个北美洲的最低点。这里年降水量约 51 毫米，而极端的高温使得年蒸发量高达 3810 毫米。随着水分的蒸发，析出的盐分逐渐堆积，遍布谷底。这条步道难度较低，可以根据自己的情况，走上几米或是几千米，一定要注意高温、脱水和迷路等潜在危险。

## 洞穴角环线步道
### 海峡群岛国家公园
美国加利福尼亚州

在洛杉矶对岸的小岛上，来一场原始徒步

◆ **距离**
  3.2千米环线，海拔爬升91米

◆ **起点**
  洞穴角步道入口，按顺时针方向

◆ **难度**
  初级

◆ **建议游览时间**
  9月至次年5月，躲开夏季高温

左上图：洞穴角环线步道位于风景优美的圣克鲁斯岛

左下图：海峡群岛国家公园里的一只濒危的岛屿灰狐

海峡群岛（Channel Islands）是太平洋海面上的八个岛屿，与洛杉矶隔海相望。其中北侧的五个岛屿被保护起来，成为海峡群岛国家公园的一部分，保持了岛上相对原始的自然环境。由于远离美洲大陆，有至少145个物种得以在此进化繁衍，这里也是它们在地球上唯一的家园，其中包括一种斑臭鼬和岛屿灰狐。

游客可以从文图拉港（Ventura Harbor）乘坐国家公园提供的轮渡服务，经过1个小时的航行，穿过圣芭芭拉海峡（Santa Barbara Channel），抵达海峡群岛。这条3.2千米的环线步道位于圣克鲁斯岛（Santa Cruz Island），沿途可以观赏到风景优美的海岸线，以及只有在岛上才能看到的动植物，甚至还有可能看到在圣芭芭拉海峡徜徉喷水的鲸。

第一章　北美洲

### 60

## 隐谷自然步道
**约书亚树国家公园**
美国加利福尼亚州

约书亚树，学名叫短叶丝兰，属于百合科丝兰属。树叶修长，枝干纤细，只生长在南加利福尼亚州、内华达州和西阿利桑纳州的个别地区。约书亚树国家公园（Joshua Tree National Park）简直就是约书亚树的绝佳布景，在形状各异的巨石的环绕中，约书亚树蓬勃生长。这条步道全程不到两千米，简单易行，可以近距离感受莫哈韦沙漠（Mojave Desert）和科罗拉多沙漠（Colorado Desert）的生态系统。

### 61

## 49 棵棕榈树绿洲步道
**约书亚树国家公园**
美国加利福尼亚州

你没看错，沙漠中那些摇曳的棕榈树，不是幻影，是深藏在国家公园里的盎然生机。这条步道往返 5 千米，步道两旁就是约书亚树、桶形仙人掌和各种沙漠植被。穿过严酷荒凉的沙漠，一片由棕榈树环绕的绿洲，着实让人眼前一亮。出发前自己多准备些饮用水，这里虽然有一个泉眼，但是这个泉眼对生活在这里的加拿大盘羊和其他沙漠动物来说，是非常宝贵的水源。

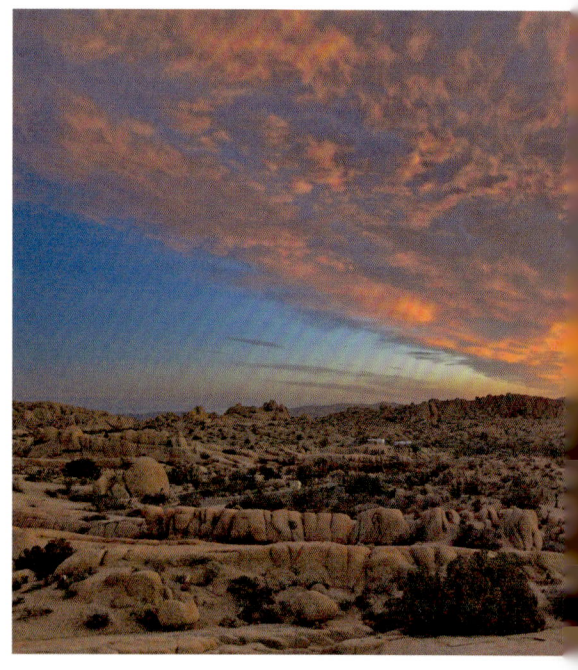

组图：约书亚树国家公园横跨莫哈韦和科罗拉多两片沙漠，为徒步者提供了多种线路的选择

第一章 北美洲

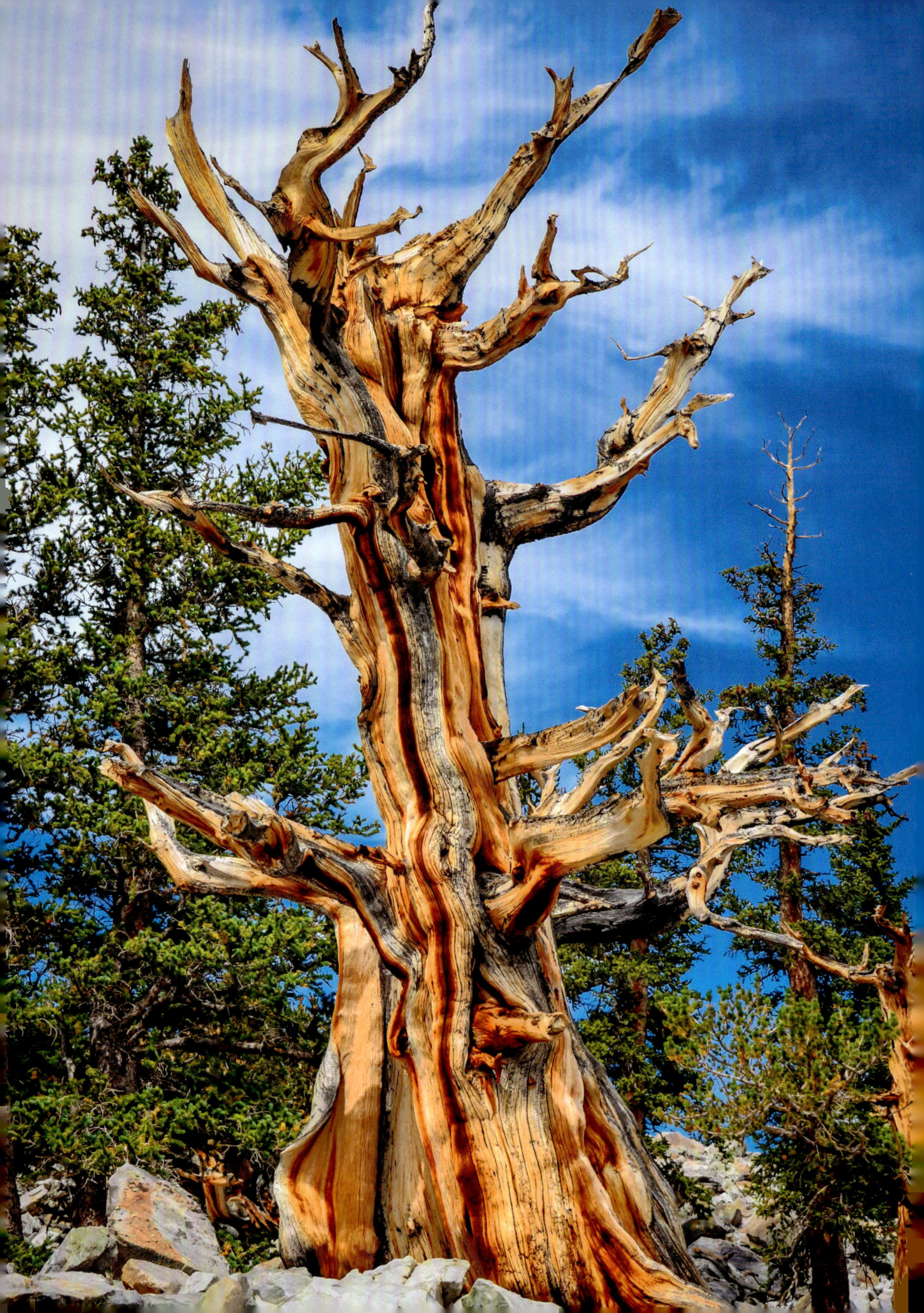

## 62

### 狐尾松冰川步道
**大盆地国家公园**
美国内华达州

内华达州境内唯一的冰川，栖身在海拔 3982 米的惠勒峰（Wheeler Peak）侧翼。这条步道往返 7.3 千米，蜿蜒穿过一片狐尾松林，一路上路标完善，以防迷路。这些狐尾松可是元老级的树木，1964 年，一名研究人员曾在这里砍倒一棵狐尾松，发现这棵树可能已经 5000 多岁了，极有可能是地球上最长寿的生物。然而，随着全球变暖的持续，这里的冰川很有可能在未来的几十年内完全消退。

## 63

### 雷曼溶洞"华殿"之旅
**大盆地国家公园**
美国内华达州

雷曼溶洞（Lehman Caves）位于惠勒峰（Wheeler Peak）的底部，是一个庞大的钟乳石洞群，大大小小的洞室错综复杂。想要参观这些洞室需要提前预约，由公园管理员带队并提供讲解。预约时有三条路线可以选择，其中叫作"华殿"的路线（the Grand Palace Tour）是距离最长、内容最丰富的一条，在地下穿行近 1 千米，沿途参观"哥特殿"（the Gothic Palace）、"乐室"（the Music Room）等岩洞，以及"降落伞盾"（the Parachute Shield）等流石群。

## 64

### 雪松步道
**冰川国家公园**
美国蒙大拿州

冰川国家公园（Glacier National Park）以安全的步道而出名，游客可以轻松深入山区，领略美景。公园里有两条可供轮椅通行的步道，这条雪松步道就是其中之一，全长约 2 千米，不用走太久，就可以欣赏到公园的"主人"——雪松。走在从地面架起的栈道上，蜿蜒穿过一片 500 多岁的雪松，中途还会走过一座小桥，跨过雪崩溪（Avalanche Creek），到达峡谷的另一侧。

## 65

### 高线步道
**冰川国家公园**
美国蒙大拿州

冰川、灰熊、山羊……这条经典的单日步道，将它们统统收入囊中。步道位于向阳大道（Going to the Sun Road）和大陆分水岭（Continental Divide）之间，高山美景无与伦比。建议走单程 19.3 千米的路线，在终点可以搭乘免费的接驳车返回停车场。这条步道最难的部分是一段叫作加德纳墙（Garden Wall）的路段，一侧是山体，另一侧是 30 米的悬崖，最窄的地方宽度不到两米，虽然墙上安装了扶手，但是对于恐高的人来说，仍将是一个巨大的挑战。

左图：在狐尾松冰川步道上，观赏全世界最古老的树木

第一章　北美洲

## 西拇指间歇泉盆地步道
### 黄石国家公园
#### 美国怀俄明州

在超级火山的火山湖和间歇泉间漫步

◆ **距离**
1.6 千米双环线，海拔爬升可忽略不计

◆ **起点**
西拇指间歇泉盆地停车场

◆ **难度**
初级：部分栈道上轮椅可通行

◆ **建议游览时间**
5月至10月

右图：西拇指间歇泉盆地步道旁五颜六色的地热池

　　超级火山的威力是普通火山的数千倍，在过去210万年来的一系列超级喷发中，形成了黄石超级火山。这条入门级难度的双环线步道，可以带我们领略美国首个国家公园的各种地热奇观。西拇指火山口（West Thumb Caldera）最近一次喷发发生在15万年前，这次喷发后形成了黄石湖（Yellowstone Lake）的西岸。在地质学上，15万年并没有听起来那么长，这些地热能量如今还在不断地从湖底渗出。

　　在黄石湖的另一侧，可以看到五颜六色的地热池，这些蓝色、绿色、橙色、黄色，都是一种叫作嗜热菌的微生物的杰作。千万不要触碰这些池子里的水，黄石公园（Yellowstone National Park）里大多数温泉的温度都非常高！

　　中途也不要离开栈道，既是出于安全的考虑，同时也是对这些十分敏感的湖泊池塘的保护。当然，也请不要往水里扔任何东西！

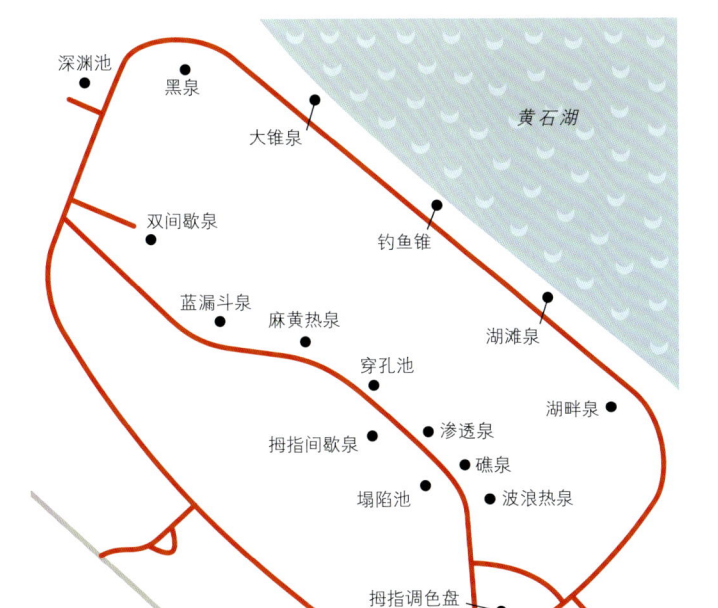

地图标注：
- 深渊池
- 黑泉
- 大锥泉
- 黄石湖
- 双间歇泉
- 钓鱼锥
- 蓝漏斗泉
- 麻黄热泉
- 湖滩泉
- 穿孔池
- 湖畔泉
- 拇指间歇泉
- 渗透泉
- 礁泉
- 塌陷池
- 波浪热泉
- 拇指调色盘
- 地震仪和蓝钟池

# 67

## 猛犸象温泉步道
**黄石国家公园**
美国怀俄明州

如果想走一条稍微长一些的步道，还可以选择这条5.6千米的环线，欣赏黄石公园中最震撼的地热景观——猛犸象温泉（Mammoth Hot Springs）。地热温泉中的矿物质在地表逐渐累积，形成乳白色的巨型石灰石阶梯，光彩夺目。这一区域全年开放，冬季其他区域关闭时，可以从园区西北侧位于加德纳镇（Gardiner）的入口入园。深冬时节，地下的热气透过厚厚的积雪腾腾升起，无疑是冬日里的一幅神来之作。

第一章 北美洲

## 68

### 贝希勒峡谷
**黄石国家公园**
美国怀俄明州

　　这条徒步路线全长 51 千米，穿贝希勒河峡谷（Bechler River Canyon）而行，这片区域河流众多、瀑布成群，因此也被叫作"瀑布角"（Cascade Corner）。野牛在草甸吃草，间歇泉忽起忽落，在河岸边钓鳟鱼，在瀑布下泡温泉——这样的体验也只有在黄石公园才能享受到。这条路线每年 8 月至 9 月开放，8 月以前水势较大，使得途中过河非常危险。建议结伴而行，制造声响，带好防熊喷雾，遵守园内食物储存的相关规定。

## 69

### 喀斯喀特峡谷步道
**大提顿国家公园**
美国怀俄明州

　　提顿山脉（the Tetons）从杰克逊霍尔山谷（Jackson Hole Valley）拔地而起，宛如一道巨石屏障，异常雄伟。这条步道位于喀斯喀特峡谷（Cascade Canyon），绕珍妮湖（Jenny Lake）南岸而行，最远可以走到灵感角（Inspiration Point）并在此折返，全程共计 11.3 千米。园区提供轮渡服务，因此也可以坐船往返灵感角。建议至少徒步单程，感受提顿山脉最大的冰川湖那唯美的湖岸。

## 70

### 斯特林湖步道
**大提顿国家公园**
美国怀俄明州

　　这条 7 千米长的环线是提顿山脉中性价比极高的一条步道，简单好走，景色也是数一数二的。步道的前 800 米路面平整，可供轮椅通行，到达一处野餐地后，路面变成坚实的土路，偶尔会遇到突起的石头和树根。相机里一定要提前腾出足够的空间，路边湛蓝的湖水，对岸巍峨的山脉，一定会让你连连按下快门。

## 71

### 提顿峰山脊步道
**大提顿国家公园**
美国怀俄明州

　　提顿峰山脊步道（Teton Crest Trail）全长 64 千米，穿过提顿山脉的中心地带。游客多是从南端出发，一路北上，穿过杰迪戴亚史密斯无人区（Jedediah Smith Wilderness）、布里杰–堤顿国家森林（Bridger Teton）和卡里布–塔基国家森林（Caribou-Targhee National Forests），几乎全程保持在海拔 2400 米以上的高度。这条步道上的亮点是一处叫作"死亡峡谷岩"（Death Canyon Shelf）的高地平原，仲夏时节开满了野花。熊和驼鹿在这条路线上十分常见，一定要多制造些声响出来。

右图：提顿峰山脊步道是美国国家公园系统中最震撼的徒步路线之一

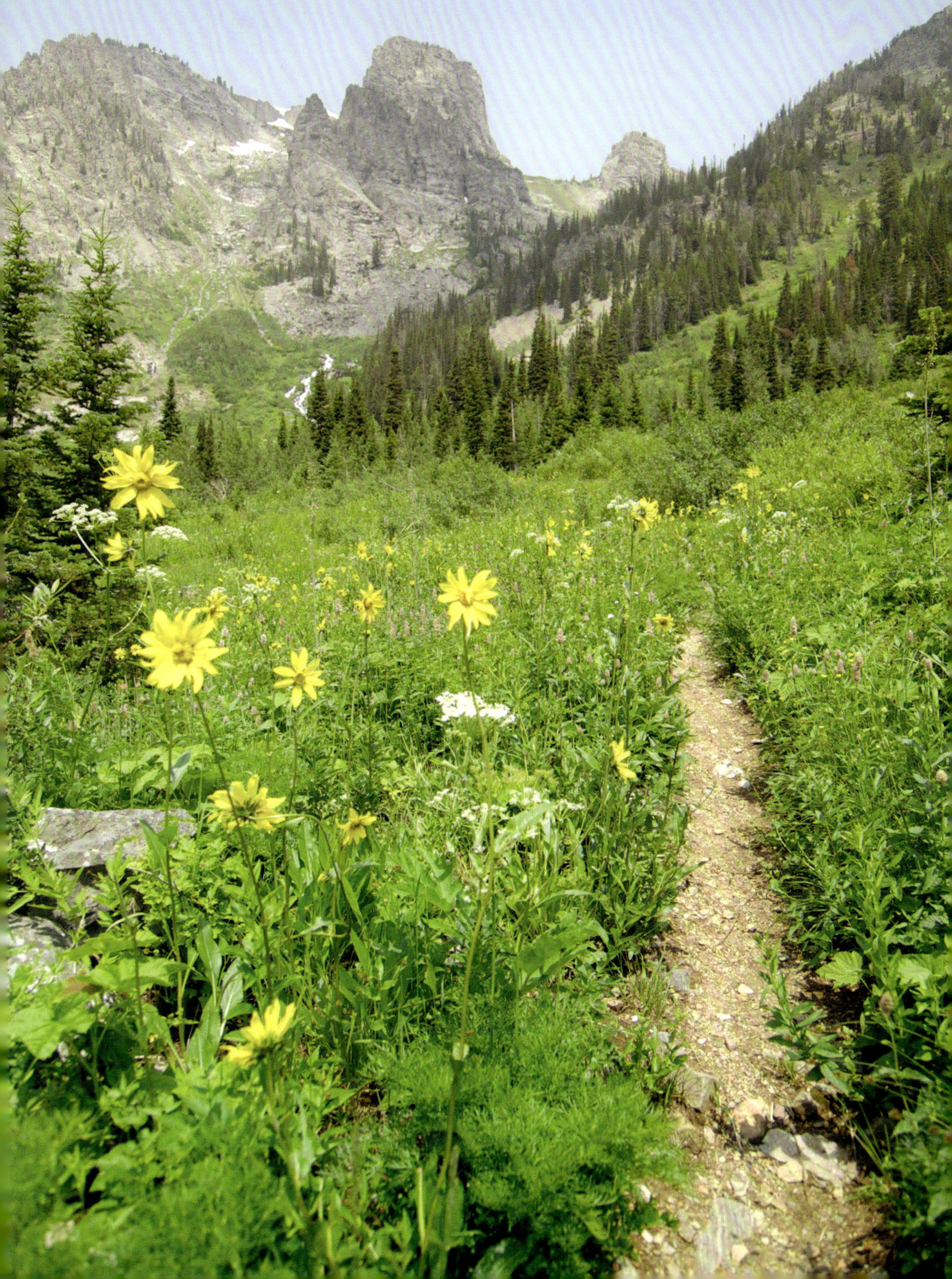

## 观景台步道
**锡安国家公园**
美国犹他州

观景台（Observation Point）正对着的便是锡安峡谷（Zion Canyon），受维珍河（the Virgin River）的北支冲刷而形成。从这里看向由纳瓦霍砂岩构成的细长的彩色峡谷，景色绝伦。2019年8月发生的一次落石，导致另外一条叫作"哭泣岩石"的步道（Weeping Rock Trail）被关闭，而且出于安全考虑，这条昔日前往"观景台"的热门步道可能会永久关闭。现在，可以走东台步道（East Mesa Trail）到达"观景台"，起点位于东台步道入口，往返11千米。这条步道的起点比"哭泣岩石"的海拔高将近610米，所以其实比之前的步道还要容易一些。

## 纳罗斯水道
**锡安国家公园**
美国犹他州

在锡安峡谷的上游，维珍河开出了一条狭窄的"走廊"。走在河床上，脚下是冰凉的河水，两边是600多米的红褐色的砂岩岩壁。在最深可能齐腰的河水中逆流而上，着实不易，但也是一次不一样的体验。

出发前，可以在斯普林代尔镇（Springdale）上租到潜水袜、溯溪鞋、登山杖等装备，提高安全系数。建议至少要走到位于4千米处的"华尔街"（Wall Street），从这里开始，峡谷收窄到只有6米宽。提前查看天气预报，如果预报有雨，建议取消行程，避免在湍急的河水中行走。

下图：锡安峡谷的纳罗斯水道是美国国家公园中一条标志性的步道

## 74

### 地下通道
**锡安国家公园**
美国犹他州

走完了逆流而上的纳罗斯水道（the Narrows），还可以挑战一下这条顺流而下的"地下通道"（the Subway）。这条步道被叫作"地下通道"名副其实，红色的砂岩被北溪（North Creek）的一条支流掏出一条巨大的"管道"。全长 15.3 千米，需要较专业的索降和下攀的技能，还需要游过几处深水区。如果以前没有过相关经验，建议请一位向导。

## 75

### 天使降临岩
**锡安国家公园**
美国犹他州

"天使降临"（Angel's Landing）是一条惊心动魄的步道，同时也是十分热门的步道。往返 8 千米，一开始是一连串"之"字形的爬升，一共 21 个发卡弯，被形象地称为"华特的摆动"（Walter's Wiggles）。随后是一段狭窄的山脊，两边都是令人眩晕的陡坡。到达天使降临岩后，便能欣赏到惊艳的锡安峡谷。

这条步道十分热门，由于没有固定的人数限制，建议在早上人还不多的时候前往，避免途中长时间排队。或者也可以在晴朗的夜晚，来一场真正的月光奇旅。

右图：天使降临步道上那些令人毛骨悚然的路段，设有铁链扶手提供保护

#### 76

## 仙境环线步道
**布莱斯峡谷国家公园**
美国犹他州

布莱斯峡谷（Bryce Canyon）其实并不是峡谷，更像是一个圆形剧场，里面矗立着几千根石柱，当地人把这些石柱看作图腾柱。派尤特印第安人相信，这些石柱都是由人变成的，这里面藏着千千万万的面孔。沿着这条12.6千米的步道，数一数，能看到多少副面孔。

仙境环线步道（Fairyland Loop Trail）穿梭于公园的北侧，夏天这里就是一个大烤箱，炽热难耐；而到了冬季，皑皑白雪又将这里装扮成冰雪仙境，穿上钉鞋，或者带上雪板，来探索吧！

#### 77

## 日落观景点—日出观景点步道
**布莱斯峡谷国家公园**
美国犹他州

往返1.8千米，沿着布莱斯峡谷的边缘，轻松漫步。这里的风景24小时不间断，就算是夜晚，那璀璨的星空也是不可多得的美景。日出和日落时分，太阳不断变换的角度，给地面上的山石带来一场光影盛宴。

上图：布莱斯峡谷是庞沙冈特高原（Paunsaugunt Plateau）遭受侵蚀而形成

右图：峡谷区国家公园宛如由岩层和峡谷构成的彩色纵横迷宫

## 78

### 切斯勒公园环线步道
**峡谷区国家公园**
美国犹他州

峡谷区国家公园（Canyonlands National Park）主要由两个部分构成，其中"空中岛"景区（Island in the Sky）地势较高，俯瞰下面的"针尖"景区（Needles）。这条步道是一条17.7千米的环线，穿梭于狭窄的峡谷之中，时而穿过巨石的裂缝，沿途可以看到千奇百怪的岩石。走到"迷宫"区域（the Maze）的时候，这里游人稀少、错综复杂，一定要跟着路边的石堆路标，以免迷路。

## 79

### 盛景台步道
**峡谷区国家公园**
美国犹他州

从"盛景台"（Grand View Point）望出去的美景，当然是不负盛名。这条2.9千米的步道位于公园北侧的"空中岛"景区，路面平整，轻轻松松就可以走到第一个观景台。从这里可以看到南边的美景，通过标识还可以分辨出远处的拉萨尔山脉（La Sal Mountains）、阿巴乔山脉（Abajo Mountains）和"针尖"景区，还可以看到绿河（Green River）和科罗拉多河（Colorado River）的交汇处。从这里继续向前，沿着土路来到第二个观景台，风景更甚。

## 80

# 霍尔斯溪深谷
## 圆顶礁国家公园
### 美国犹他州

狭长庇荫的峡谷中，溪流给荒漠灌注一片生机

◆ **距离**
往返 36 千米，海拔爬升 853 米，耗时 3~4 天

◆ **起点**
霍尔斯溪观景台（Halls Creek Overlook）

◆ **难度**
高级：沙漠地形，容易迷路

◆ **建议游览时间**
10 月至次年 5 月

圆顶礁国家公园（Capitol Reef National Park）外形狭长，南侧一端夹在霍尔岩顶（Hall Mesa）和单斜层岩的峭壁之间。这里的地貌错综复杂，千奇百怪，琳琅满目，是数千万年前造山运动的杰作，其中就包括水穴褶曲（Waterpocket Fold），也就是岩壁上大大小小的水洼。除了霍尔斯溪（Halls Creek）流经的峡谷主线，也千万不要错过两侧不计其数的支谷，可能会邂逅远古遗迹、岩壁石画，以及加拿大盘羊。

一定要提前查看天气，每年 7 月到 9 月，由于短时间内的强降雨，这里极可能发生暴洪。身处狭长深邃的峡谷之中，如果水位暴涨，两侧陡峭的岩壁，不会给逃生留下任何机会。

## 81

# 卡西迪拱门步道
## 圆顶礁国家公园
### 美国犹他州

"卡西迪"（Cassidy）这个名字，取自美国旧西部时代（Wild West）的江洋大盗布奇·卡西迪（Butch Cassidy），这里山岩起伏、怪石嶙峋、荒无人烟，曾是卡西迪的藏身之地。这条步道往返 4.8 千米，沿着名叫格兰德瓦什（Grand Wash）的干涸的河床而行，随后登上陡峭的峡谷岩壁，穿过一片平滑砂岩之后，跟随步道上的石堆路标，便可以在一处观景台看到卡西迪拱门。

右图：炽热的夏季，霍尔斯溪深谷里荫蔽宜人

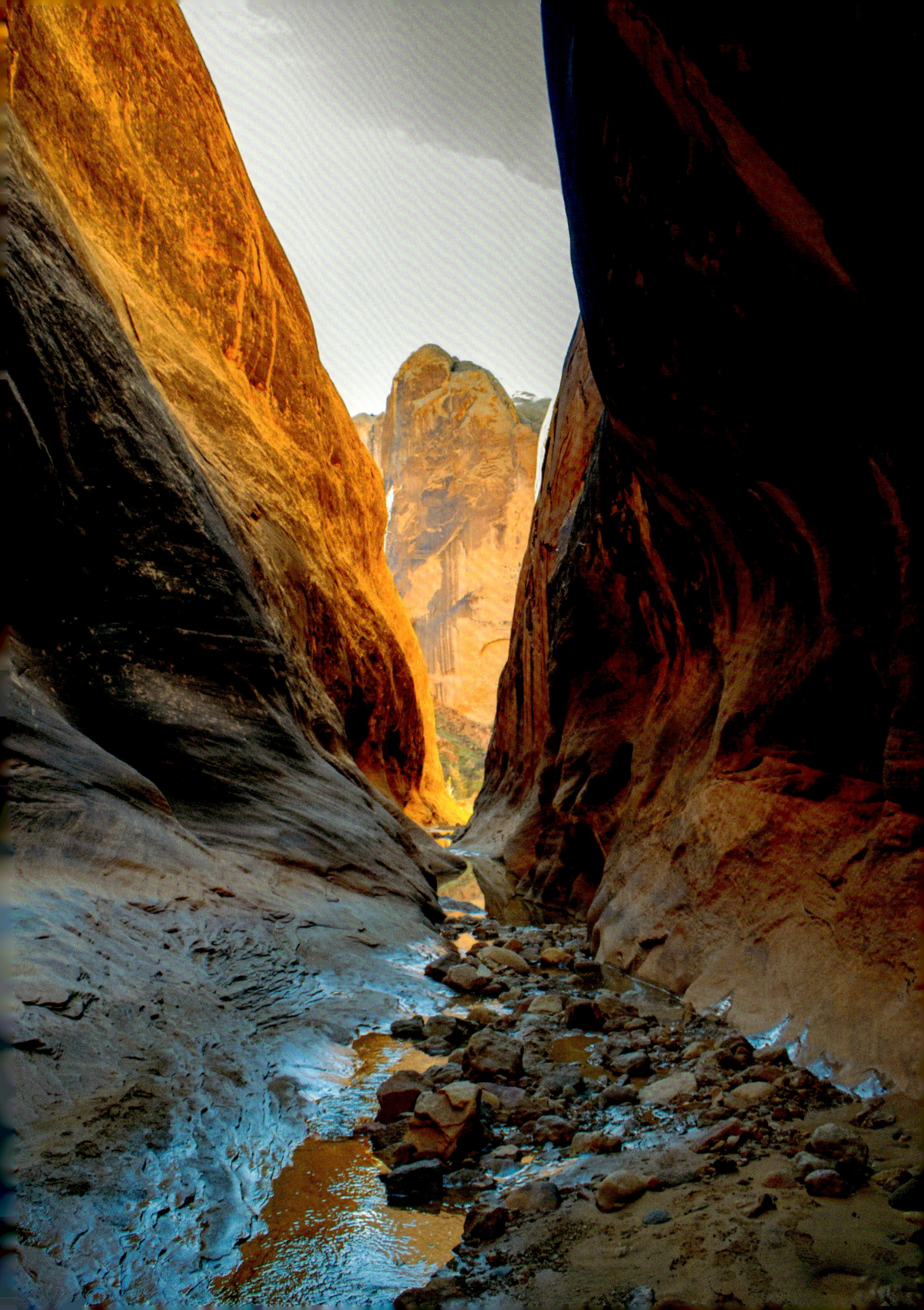

## 魔鬼花园环线步道
### 拱门国家公园
#### 美国犹他州

探索恩特拉达砂岩拱门奇观

◆ **距离**
环线 12.6 千米，海拔爬升 366 米

◆ **起点**
魔鬼花园步道起点

◆ **难度**
中级

◆ **建议游览时间**
9月至次年5月

右上图：精致拱门形似美国牛仔的皮裤

右下图：魔鬼花园中的双零拱门，背后是片状的砂岩

　　恩特拉达砂岩受到侵蚀作用后，被冲刷出狭窄的沟壑，沟壑间形成片状的薄壁。渗入沟壑的水反复结冰融化，使得片状的石壁逐渐松动，出现凹陷，并最终将岩石穿透，形成开口。随着边缘的岩石不断坠落，开口越来越大，有些地方甚至可以形成横跨 100 多米的拱门。

　　沿着这条步道走上 1 千米，便可以看到"景观拱门"（Landscape Arch）。作为北美洲最长的拱门，其跨度长达 88.3 米。中间有几处已经被侵蚀得非常纤细，却仍然屹立不倒，令人不禁惊叹。在"魔鬼花园"（Devils Garden）中，还可以欣赏到另外 8 处大型拱门，还有几十处小拱门、片状石壁以及其他造型独特的岩石。

　　挑战这条步道，可以走到"双零拱门"（Double O Arch）后原路返回，也可以经原始步道（Primitive Trail）完成环线。注意途中的石堆标记，部分路段要手脚并用。

## 精致拱门步道
**拱门国家公园**
美国犹他州

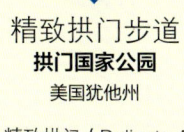

精致拱门（Delicate Arch）在犹他州家喻户晓，在汽车牌照和 25 美分的硬币上都可以看到它的身影。走在这条往返 4.8 千米的步道上，人们会发现这处地标性的"精致"风景，也不乏粗线条。拱门高近 20 米，矗立于两个相邻的洼地上，赤色的岩石，在身后拉萨尔山（La Sal Mountains）雪顶的映衬下，鲜明夺目。

第一章 北美洲

## 缘边步道
### 大峡谷国家公园
**美国亚利桑那州**

从外围俯瞰大峡谷的壮观全貌

◆ **距离**
21千米，全程配有游览车，海拔爬升183米

◆ **起点**
途中任意一个摆渡车站

◆ **难度**
初级：部分路段铺设平整，轮椅可通行

◆ **建议游览时间**
全年

右上图：大峡谷缘边步道上震撼的景色令人着迷

右下图：与北缘边步道不同，南缘边步道终年开放

大峡谷缘边步道（the Grand Canyon Rim Trail）沿峡谷的南侧而行，全长21千米，东起南凯巴布步道入口（South Kaibab Trailhead），西至隐士居步道入口（Hermit's Rest）结束。园区内设有免费的游览车，游客可以在沿途的14个车站上下车，自行调整徒步的强度。

"时光步道"（Trail of Time）是这条路线当中景色最好，并且非常具有教育意义的一个路段，约4.8千米，位于亚瓦派地质博物馆（Yavapai Geology Museum）和马里科帕观景台（Maricopa Point）之间，游客可以通过沿途的信息板，了解大峡谷地区的地质、生态情况以及历史发展。

这些铜制的信息板约1米长，记录了地质形成的漫长的过程，每向前一步，相当于走过了100万年的时间。大峡谷的形成也就是在6步之间，继续前行，最终将穿越到18亿年前，见证大峡谷底部最古老的岩石是如何形成的。

第一章 北美洲

## 85

### 布歇步道—隐士步道环线
**大峡谷国家公园**
美国亚利桑那州

19世纪80年代末期，一位名叫路易·布歇（Louis Boucher）的矿工住在大峡谷地区的隐士溪（Hermit Creek）附近，走出了一条进出大峡谷的通路。如今，背包客沿着布歇的足迹，走上这条全长32千米的环线步道。这条步道保留了最原始的状态，没有路标，需要徒步者自行定位路线，需要手脚并用地爬过岩石群，还会在狭窄的谷底穿行。从隐士步道（Hermit Trail）出发，海拔一路下降，随后经过近1800米的爬升，来到布歇步道（Boucher Trail），逆时针完成环线。这条路线极具挑战性，鲜有人成行。

## 86

### 光明天使步道—三英里客栈
**大峡谷国家公园**
美国亚利桑那州

通过光明天使步道（Bright Angel Trail），可以从大峡谷南缘深入大峡谷底部，这条步道过去经常走骡队，一路向下，在2.4千米处和4.8千米处各有一个客栈。对于第一次在大峡谷徒步的人来说，这条往返路线是个不错的开始。两个客栈都提供洗手间和饮用水。这里的指示牌上写着，"下山容易，上山难"（Down is optional, up is mandatory），以此来提醒游客，每向下一步，都要用上更多的力气爬回来。从4.8千米处的客栈返回，需要640米的爬升。

## 光明天使观景台步道
**大峡谷国家公园**
美国亚利桑那州

和熙熙攘攘的南缘相比，大峡谷的北缘要冷清得多。北缘相对偏远一些，而且每年从 11 月到次年 5 月，有半年的时间不开放。这条步道将近 1 千米，终点是光明天使观景台（Bright Angel Point），这里海拔比南缘要高出 300 米，可以俯瞰整个大峡谷的动人景色。

## 亚利桑那州国家风景步道
**大峡谷国家公园**
美国亚利桑那州

亚利桑那州南邻墨西哥，北邻犹他州，这条步道拦腰将亚利桑那州一分为二。步道全长 1287 千米，最后一段是从大峡谷南缘到北缘的穿越，从南凯巴布（South Kaibab）开始，到北凯巴布（North Kaibab）结束。极端的高温天气和匮乏的饮用水，给这条荒漠之旅带来最致命的挑战。

上图：在光明天使观景台步道上看到的大峡谷北缘和大峡谷客栈（Grand Canyon Lodge）

左图："光明天使步道—三英里客栈"这条路线，先下到大峡谷底部，再一路爬升上来

## 89

## 国王峡谷河床步道
### 巨人柱国家公园
美国亚利桑那州

巨人柱仙人掌可以长到 20 多米高，寿命长达上百年。在巨人柱国家公园（Saguaro National Park）里，生长着 190 多万株巨人柱仙人掌，以及 24 种其他种类的仙人掌。这条环线步道全长 4 千米，难度初级，将国王峡谷河床（King Canyon Wash）和古尔德矿步道（Gould Mine Trail）连接在一起。沿途，你将与几百株巨人柱仙人掌相遇。在河床两侧的岩石上，还可以看到 800 多年前霍霍坎人刻在石头上的岩画。

## 90

### 瓦森峰
**巨人柱国家公园**
美国亚利桑那州

瓦森峰是图森山脉（Tucson Mountain）在这个国家公园里的最高峰。一路向上攀登，会邂逅数不胜数的巨人柱仙人掌。这条步道往返 12.4 千米，海拔爬升约 610 米，在山顶可以俯瞰下面成片的巨人柱仙人掌和附近的图森城（Tucson），还可以远眺周围的山脉。

## 91

### 长原木步道和玛瑙屋步道环线
**石化林国家公园**
美国亚利桑那州

石化林国家公园（Petrified Forest National Park）以古树化石著称，这些树木历史悠久，可以追溯到恐龙时代。这条长原木步道（Long Logs Trail），穿过了园内古树化石最为密集的区域。与之衔接的是玛瑙屋步道（Agate House Trail），共同构成了一条长约 4.2 千米的环线。玛瑙屋是一个用古树化石搭建起来的普韦布洛人的小型房屋，700 多年前还曾有人在此居住。园内严禁捡拾古树化石以及任何物品。

## 92

### 深坑湖
**落基山国家公园**
美国科罗拉多州

从美国的新墨西哥州，到加拿大的不列颠哥伦比亚省，落基山脉（the Rocky Mountains）绵延 4800 千米。其中位于科罗拉多段的弗兰特山脉（Front Range）群峰矗立，被这座国家公园很好地保护了起来。朗斯峰（Longs Peak）是这里的最高峰，海拔 4346 米，在其底部是一条往返 15 千米的步道的起点。这条高难度的步道，从海拔约 2865 米一路爬升至现有植被的高山地带，风景迷人。在最后的 2 千米中，需要手脚并用地爬过一些岩石，最终抵达这座高山湖。有着"钻石"之称的朗斯峰东面难度极高，从这里望去熠熠生辉，召唤着人们去勇攀顶峰。

## 93

### 朗斯峰
**落基山国家公园**
美国科罗拉多州

美国境内有众多海拔超过 4267 米的山峰，被称为"14 峰"（Fourteeners）。朗斯峰在科罗拉多州的"14 峰"中首屈一指。这里的"锁眼"（Keyhole）指的是途中山脊上的一处缺口，走这条路线经"锁眼"登顶朗斯峰，需要攀爬大块的岩石，甚至在陡峭的岩壁上进行攀岩。这条路线往返 27 千米，海拔爬升 1371 米，难度 3 级，是需要用上双手进行攀爬的非技术路线。挑战这条路线的人，最好是具备一定的攀岩经验，同时需要能够在高山条件下找到合适的路线，或者聘请向导，否则会非常危险！

## 94

### 岩画观景台步道
**弗德台地国家公园**
美国科罗拉多州

在位于科罗拉多西南部的岩壁洞穴中，曾经居住着古普韦布洛人（又名阿那萨吉人）。他们在此定居了600多年，直到13世纪末，由于干旱和动荡才搬离此地。1906年，弗德台地国家公园（Mesa Verde National Park）正式成立，保护着这里5000多处已经被发现的人类遗迹，里面就包括600处岩壁洞穴，其中有个别的洞穴可以由公园管理员带着进行参观。

这条环线步道将近4千米，首先会经过一处观景台，从这里可以看到其中一处叫作"杉树屋"（Spruce Tree House）的遗迹。沿着岩壁继续向前，爬上几处台阶，便来到了杉树峡谷（Spruce Canyon）和纳瓦霍峡谷（Navajo Canyon）的交汇处，岩壁上6.1米宽的巨幅雕刻映入眼帘。

左图：深坑湖（Chasm Lake）位于海拔3604米处由冰川侵蚀而形成的圆形山谷里

下图：岩画观景台步道途经一处古洞穴

## 北隙步道至惊叹观景台
### 甘尼森布莱克峡谷国家公园
美国科罗拉多州

峡谷之幽深，每日日照时长低至 30 分钟

◆ **距离**
往返 4.8 千米，海拔爬升 111 米

◆ **起点**
北线管理处

◆ **难度**
初级

◆ **建议游览时间**
5月至11月，北线于冬季关闭

下图：从惊叹观景台俯瞰布莱克峡谷

甘尼森河（the Gunnison River）凭一己之力，在这座国家公园里冲刷出蜿蜒 19 千米的峡谷。河流所到之处，正是布莱克峡谷（Black Canyon）中最幽深狭窄的一段。这里也是一处世界级攀岩胜地，别忘了带上望远镜，可能会看到岩壁上那些勇敢的攀登者。

沿着北隙步道（North Vista Trail），可以来到名副其实的惊叹观景台（Exclamation Point）。虽然这条步道初级难度，沿途却可以欣赏到这座国家公园里最好的景观，可以看到 600 多米悬崖下的甘尼森河，有一条名叫 S.O.B. Draw 的步道直通谷底。

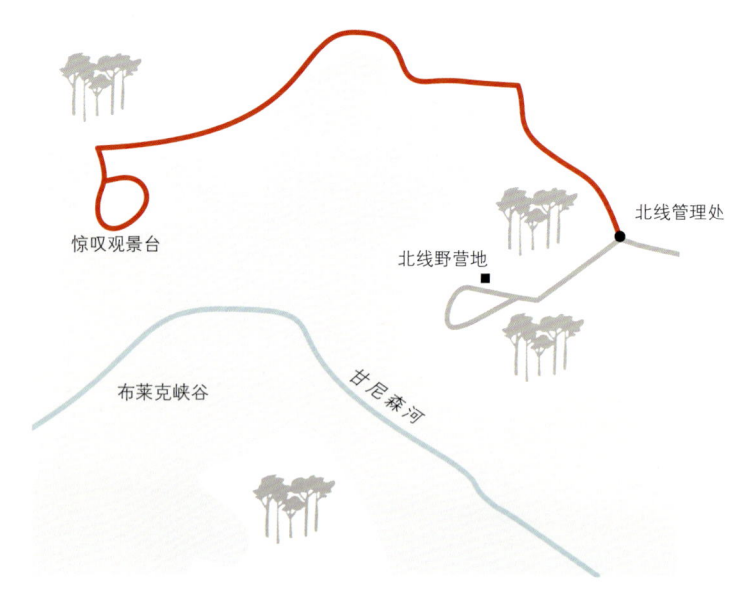

82　行走世界：500条国家公园徒步路线

## 96

## 星沙丘
**大沙丘国家公园和自然保护区**
美国科罗拉多州

受盛行西风影响，从圣路易斯山谷（San Luis Valley）吹来的沙子，堆积在桑格雷德克里斯托山脉（Sangre de Cristo Mountains）的山脚下。这里的沙丘随时在变化，所以没有固定的步道。要攀登这座北美最高的沙丘，沿着梅达诺溪（Medano Creek）向南走约3.2千米，直到与这座最高的金字塔形的沙丘看齐，然后沿着其中一个沙脊继续走3.2千米，便可到达丘顶。

左图：布莱克峡谷因日照稀少而得名

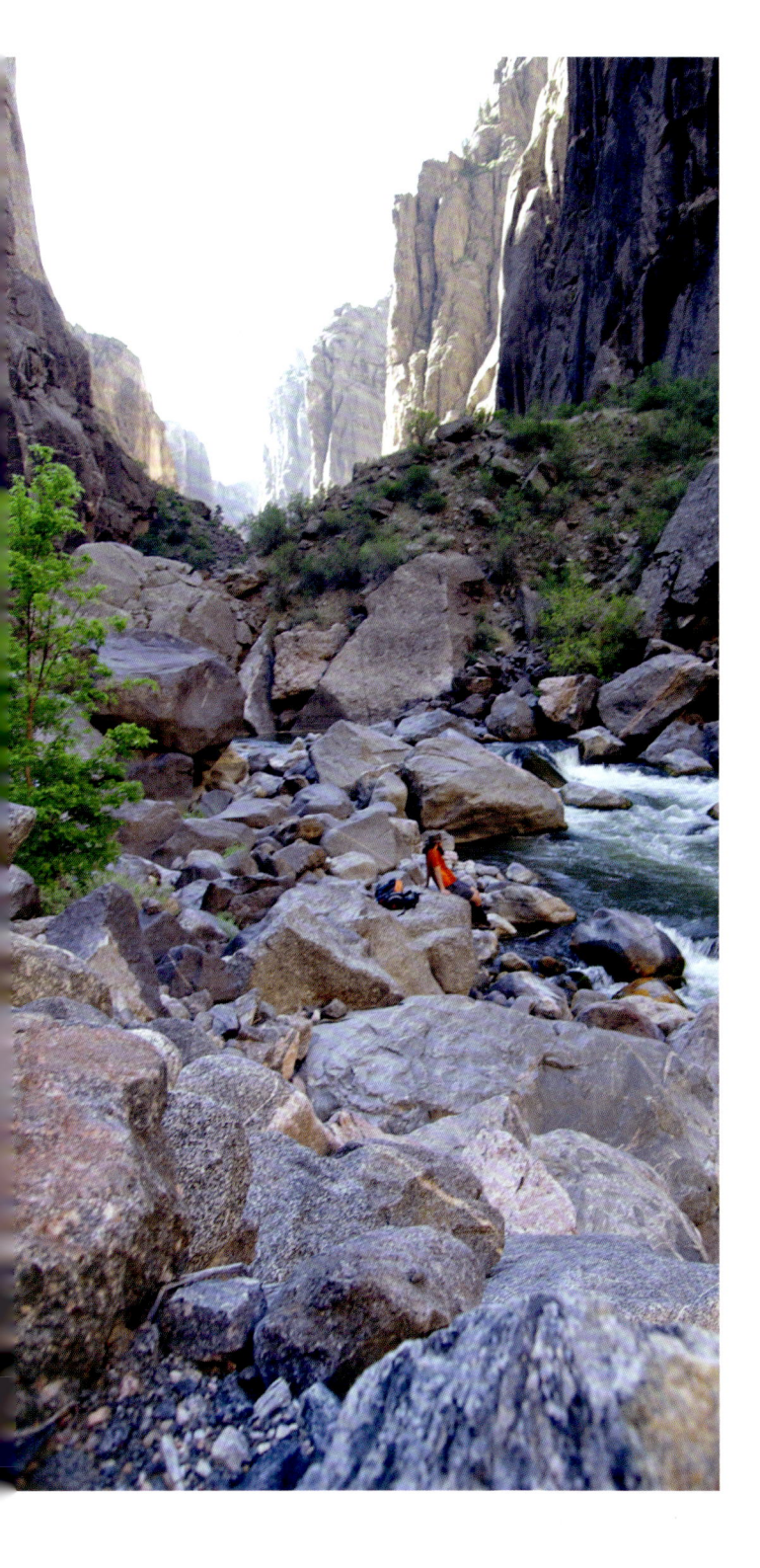

## 碱平地步道
**白沙国家公园**
美国新墨西哥州

这个四面环山的盆地面积约712平方千米，曾经是一片湖泊，如今是连绵起伏的白色沙丘，仿佛进入了另一个世界。这里的沙子其实并不是二氧化硅石英砂，而是由石膏晶体风化而成的细沙。这条环线步道长8千米，穿越一片沙丘，进入干旱的奥特罗湖（Lake Otero）湖床的中心。白色的沙丘在朝霞、晚霞和月光的映衬下，尤为迷人。不过在这里很容易迷失方向，特别是夜幕降临后，一定要当心。

左图："巨室"是北美地区容积最大的单室洞穴

## 98

### 巨室步道
**卡尔斯巴德洞窟国家公园**
美国新墨西哥州

卡尔斯巴德洞穴（Carlsbad Caverns）的"巨室"（Big Room）里，布满了形状各异的石灰石，它们的名字也非常形象，比如图腾柱（the Totem Pole）、吊灯（the Chandelier），或是玩偶剧院（Doll's Theater）。在漫长的地质变迁中，随着碳酸钙沉积物滴入洞穴，逐渐形成了这些钟乳石。"巨室"里有一条2.1千米的双环线步道，照明完善，路标清晰，游客可以在此自行游览。如果想参观园区的其他部分，可以跟随公园管理员参加洞穴之旅。

## 99

### 天然入口步道
**卡尔斯巴德洞窟国家公园**
美国新墨西哥州

第一个发现卡尔斯巴德洞穴的人，是通过一个自制的卷梯下到洞穴里的。如今，人们可以搭乘电梯，或者从"天然入口"（the Natural Entrance），经过一条2.1千米的栈道进入洞穴。从4月中旬到10月，每个清晨和傍晚，成千上万只巴西无尾蝙蝠也会从这个入口进进出出。日落时分，它们飞离洞穴，前往周围沙漠地区觅食。这些蝙蝠通常高高飞过，不会对人类构成威胁。

第一章 北美洲 **85**

## 100

### 麦基特里克峡谷步道
**瓜达卢普山国家公园**
美国得克萨斯州

在这条风景如画、植被茂盛的步道上，人们可能会忘记自己正身处得克萨斯州。麦基特里克溪（McKittrick Creek）是公园里唯一一条常年流淌的溪流，冲刷、滋润着这个幽深的峡谷。步道往返 32 千米，可以带好装备，在途中过夜，走完全程；也可以自行决定徒步距离，当日往返。

## 101

### 瓜达卢普峰步道
**瓜达卢普山国家公园**
美国得克萨斯州

这条步道往返 13.7 千米，海拔爬升 914 米，一路登上得克萨斯州的最高点。瓜达卢普峰（Guadalupe Peak）海拔 2667 米，在这里徒步，可以与高海拔地区独有的植被为伴，这样的机会在整个得克萨斯州也是屈指可数的。

一开始的 2.4 千米，步道呈"之"字形陡峭爬升，会比较辛苦。随着海拔的上升，坡度会减缓一些。快到山顶的时候，会路过一个岩丘，不过千万不要被它所迷惑，真正的顶峰还要继续走上 1~2 千米才能到达。登顶后，你会看到一个金属的金字塔形的标记。

## 102

## 迷失矿山步道
**大弯国家公园**
美国得克萨斯州

在得克萨斯州和墨西哥边界，流淌着壮丽的里奥格兰德河（Rio Grande）。河道延伸至此，形成了一个独特的90°大转弯，大弯国家公园（Big Bend National Park）因此而得名。除了里奥格兰德河，公园还将奇索斯山脉（Chisos Mountains）完整地纳入其中，这在全美还是独一份。除此之外，园内还有辽阔的奇瓦瓦沙漠（Chihuahuan Desert）。

迷失矿山步道（Lost Mine Trail）往返6.8千米，1天的行程便可以领略河流、山脉和沙漠三种不同的景观。沿着步道走到大概1.5千米处，会来到一个山口，在这里可以欣赏到卡萨格兰德峰（Casa Grande Peak）和杜松峡谷（Juniper Canyon）的美景。继续向前，经过大约1.5千米的爬坡，可以到达一处山脊，从这里可以俯瞰派恩峡谷（Pine Canyon）。

## 103

## 圣埃伦娜峡谷步道
**大弯国家公园**
美国得克萨斯州

这条往返2.4千米的步道沿里奥格兰德河而行，难度初级，但是需要涉水，穿过特林瓜溪（Terlingua Creek），别忘了带上凉鞋和登山杖。需要涉水的地方并不深，通常只有10厘米左右。但是在暴雨之后，水位会上涨，导致无法安全通过。步道的尽头是一处300米高的石灰岩悬崖，挡住了河流的去路。

左图：走圣埃伦娜峡谷步道（Santa Elena Canyon Trail），准备好蹚水过河吧

第一章 北美洲

## 马达黑步道
### 西奥多·罗斯福国家公园
美国北达科他州

这条史诗级的步道穿过草原和荒野，贯通这座国家公园的三个区域

◆ **距离**
单程 232 千米，通常选择其中的一段完成，走完全程耗时 10~14 天

◆ **起点**
可以选择从不同的路段开始徒步

◆ **难度**
高级：饮用水有限

◆ **建议游览时间**
4 月至 10 月

右上图：走在马达黑步道上，时而会觉得荒野茫茫

右下图：马达黑步道上少有平路，步道连续上下起伏

"马达黑"（Maah Daah Hey）在曼丹族（Mandan）印第安人的语言里，意为"一个已经存在或将要存在很长时间的地区"。的确，这条古老的路线在 1978 年国家公园成立之前，就已经存在了数百甚至数千年。

整条线路累计海拔爬升 4500 多米，而且水源稀少，因此步道管理处给每个路段都安置了水箱，人们可以在出发前补足随身的饮用水。

## 卡普洛克古力环线
### 西奥多·罗斯福国家公园
美国北达科他州

1883 年，美国总统西奥多·罗斯福（Theodore Roosevelt）来到北达科他州打猎，从此便爱上了这里的草原，并在梅多拉（Medora）附近买下了两个牧场，如今这两个牧场都被保护在这个国家公园中。在这条 7 千米的环线步道上，尽情享受那些曾经让罗斯福总统不能自拔的广阔地貌。别忘了领取一份步道手册，里面详细介绍了该地区独特的地质和生态环境。途中要留意野牛，不要离它们太近，野牛在受到威胁时会发起攻击。

第一章 北美洲

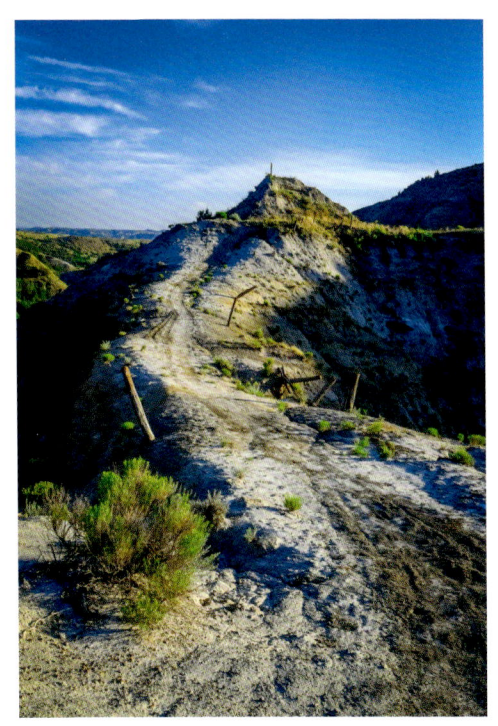

## 凹槽步道
**恶地国家公园**
美国南达科他州

在这条往返2千米的步道上，有一处陡峭的斜坡，形似凹槽，需要借助一个15米高的木梯登上山顶。在山顶上，可以一览形状各异的石山，如岛屿般被草地环绕，草地上随风荡漾着绿波。

## 风洞之旅
**风洞国家公园**
美国南达科他州

风洞（Wind Cave）地下相互连接的通道总长超过240千米，是目前已知的通道最密集的地下洞穴。

想要参观风洞，可以报名参加由园区提供的导览服务。全程4个小时。进入洞穴前，需要穿戴好头盔和护膝，因为途中有大量路段的通行空间十分狭小，需要跪在地上爬行。虽然辛苦，但收获也是巨大的，沿途可以欣赏到风洞里各式各样的岩石造型。

右图：凹槽步道（Notch Trail）上的木梯。攀爬到顶后，可以俯瞰山下的荒漠

## 盲灰湾步道
**樵夫国家公园**
美国明尼苏达州

樵夫国家公园（Voyageurs National Park）里交错的水路如迷宫一般，是一处世界级的独木舟和皮划艇运动胜地。此外，公园里还有累计80千米的步道，供背包客探索。其中盲灰湾步道（Blind Ash Bay Trail）往返4.8千米，起点处是一个观景台，可以俯瞰卡伯托格马湖（Kabetogama Lake）美景，而后沿着盲灰湾的湖岸线而行。

樵夫国家公园也是一个观赏北极光的好地方。在黑暗的新月之夜，更有机会欣赏到极光。

下图：在樵夫国家公园里拍摄到的北极光

## 日落步道—温泉山步道环线
### 温泉国家公园
美国阿肯色州

环温泉山徒步，享受温泉的嘉奖

◆ **距离**
环线 21.9 千米，海拔爬升 945 米

◆ **起点**
古尔法峡谷露营地（Gulpha Gorge Campground）或西山（West Mountain）

◆ **难度**
中级

◆ **建议游览时间**
全年开放，10 月是最佳赏秋时间

右图：日落步道是这座国家公园里最长的步道

对页图：热水瀑布（Hot Water Cascade）从泉眼中流出的高温瀑布

温泉山（Hot Springs Mountain）位于沃希托山脉（Ouachita Mountains），其侧面有多个泉眼，三千年来，吸引着人们前来沐浴。

在放松身心、享受温泉之前，得先征服公园里最长的一条步道，即全长 21 千米的日落步道（Sunset Trail），以及 900 多米的温泉山步道（Hot Springs Mountain Trail）。途中翻过海拔 432 米的音乐山（Music Mountain）山顶，这里林木茂盛，是整个国家公园的最高点。然而最好的景色还是在温泉山上，登上 66 米高的瞭望塔，可以眺望沃希托山脉，俯瞰山脚下的古镇。

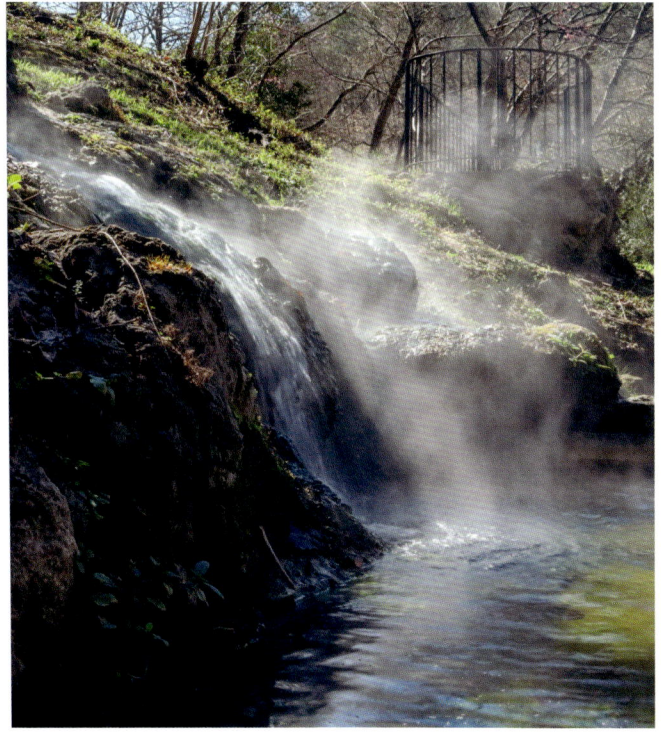

## 110

### 格兰大道
**温泉国家公园**
美国阿肯色州

格兰大道（Grand Promenade）环线1.93千米，是一条由红砖铺成的无障碍人行道，途经温泉街（Bathhouse Row）上8个历史悠久的温泉浴所。这些浴所坐落在天然温泉之上，其中几个还提供沐浴和水疗服务。

中途还会经过几个露天泉眼，可以品尝到富含矿物质的泉水，水质清新，没有硫黄味，有人认为具有药用价值。

第一章　北美洲

## 111

### 绿石山脊步道
**罗亚尔岛国家公园**
美国密歇根州

罗亚尔岛（Isle Royale）是苏必利尔湖（Lake Superior）中最大的岛屿，这里栖息着大约1000头驼鹿和25匹狼。驼鹿和狼的数量直接受到捕食关系的影响，会随着季节而波动。绿石山脊步道（Greenstone Ridge Trail）贯穿这座细长的岛屿，全长64.4千米，途中可能会听到狼嚎，但是它们行踪隐蔽，想要看到并不容易。从未有人在岛上受到过狼的攻击，反而是驼鹿更常见且具有攻击性，请务必和它们保持足够的距离。

下图：斯科维尔角是著名的驼鹿"幼儿园"，母鹿带着小鹿，在这里躲避它们在岛上唯一的天敌——狼

右图：印第安纳沙丘国家公园中栖息着350多种鸟类

## 112

### 斯科维尔角环线步道
**罗亚尔岛国家公园**
美国密歇根州

细长的罗亚尔岛从西南方向向东北方向延伸，大多数游客服务集中在西南端的温迪戈湾（Windigo Bay）附近，而东北端的罗克港（Rock Harbor）附近相对冷清一些。由于岛上没有公路，若想前往罗克港，只能搭乘渡轮或水上包机。这条位于东北端的步道，环线8千米，途经斯科维尔角（Scoville Point）。一路上，时而在茂密的树林里穿行，时而走在光秃秃的岩石上，途中很可能看到驼鹿。

## 考尔斯沼泽步道
**印第安纳沙丘国家公园**
美国印第安纳州

印第安纳沙丘国家公园（Indiana Dunes National Park）里的动植物种类繁多。这条步道名字来自生态学家考尔斯（Cowles），他曾终其一生在这里潜心研究植物。这条环线步道全长7.6千米，可以欣赏到公园内的多种生态系统，包括沙丘、沙滩、池塘、沼泽、湿地和橡木热带草原。公园内生长着超过1400种植被，由于其生物多样性，1965年这条步道被列入美国"国家级自然景观"。

## 紫罗兰城马灯洞穴游
**马默斯洞穴国家公园**
美国肯塔基州

跟着向导，提着马灯，感受宏伟壮观的马默斯洞穴（Mammoth Cave）。在安全条件允许的情况下，向导会熄灭马灯，游客们可以体验到什么是真正的伸手不见五指，地下洞穴中的黑暗，深幽而神秘。游览历时3小时，全程4.8千米，在巨大的洞穴和宽阔的通道中穿行。

## 115

# 洞穴地面游和沉洞步道
## 马默斯洞穴国家公园
### 美国肯塔基州

在已知最长的洞穴群中，感知脚下岩洞，亲临巨大天坑

◆ **距离**
往返 3.9 千米，海拔爬升 109 米

◆ **起点**
马默斯洞穴小屋

◆ **难度**
初级：最开始的一段和遗迹步道（Heritage Trail）重合，路面平整，轮椅可通行

◆ **建议游览时间**
全年开放

右上图：马默斯洞穴里已经探查到总长近 700 千米的地下通道

右下图：参观马默斯洞穴，需要报名导览服务

马默斯洞穴的地下部分由可溶性石灰岩受到侵蚀而成，上面被一层厚厚的砂岩所覆盖，使得整个洞穴系统非常稳固。走在地表，很难想象脚下就是庞大的洞穴群和穿梭其间的通道。

国家公园管理处利用无线电遥测技术，确定了洞穴地下部分的某些景观在地面上的投影位置。站在马默斯洞穴小屋（Mammoth Cave Lodge）前，我们脚下 40 多米，便是马默斯洞穴中最大的洞室——"圆厅"（the Rotunda）。

附近还有一个地方，可以更清楚地感受到地面与地下世界是相通的，那就是沉洞步道（Sinkhole Trail）上马默斯圆形天坑（Mammoth Dome Sinkhole）。沿着这条初级步道穿过树林，会来到一个巨大的深坑，这是地表坍塌到了地下的石灰石洞穴里，所形成的一个近 60 米深的竖井，雨水从这里渗入下面的洞穴群。

## 116

### 布兰迪万峡谷步道
**凯霍加山谷国家公园**
美国俄亥俄州

凯霍加山谷国家公园（Cuyahoga Valley National Park）位于俄亥俄州东北部，凯霍加河（Cuyahoga River）流经此，河流所及之处风景如画，隽丽清幽。然而，这条河曾经是美国污染最严重的河流之一，经过《净水法案》（Clean Water Act）和其他环保措施，才得以恢复。这条初级步道环线2.3千米，沿布兰迪万溪（Brandywine Creek）而行，两侧岩壁相伴，通往布兰迪万瀑布（Brandywine Falls）。在春季，可能会在溪流两侧的水洼中看到蝾螈。

## 117

### 巴克艾步道
**凯霍加山谷国家公园**
美国俄亥俄州

Buckeye一词指的是七叶树，这条步道以此命名，可见其在俄亥俄州人心中的地位。步道全长2324千米，环俄亥俄州而行，是全美最长的环线步道，沿途在树木和篱笆桩上可以找到蓝色的标记。很少有人会一次走完全程，热爱徒步的人，通常会在周末去走上一段。

第一章 北美洲 97

## 118

### 凯迪拉克山南脊环线步道
**阿卡迪亚国家公园**
美国缅因州

凯迪拉克山（Cadillac Mountain）是北大西洋海岸线上最高的山峰，因此也是美国第一个看到日出的地方。这条步道往返12.8千米，想要赶在日出前登顶，就必须在黑暗中早早启程。或者在一天当中的任何时间，欣赏缅因州海岸线的浩瀚辽阔。

## 119

### 长点步道
**新河峡谷国家公园**
美国西弗吉尼亚州

2021年，新河峡谷（New River Gorge）成为美国最年轻的国家公园。新河（New River）是地球上最古老的河流之一，早在恐龙时代，新河就在阿巴拉契亚山脉（Appalachian Mountains）中流淌。新河的流向由南至北，这在北美的河流中非常少见。

在峡谷的岩壁上，有超过1400条攀登路线蜿蜒而上。这条长点步道往返4.8千米，途中可以看到新河峡谷标志性的钢拱桥。这里的风景，随手一拍，便是明信片般的大片。这座钢拱桥也是世界著名的定点跳伞的起跳点。

## 120

### 阿巴拉契亚步道
**谢南多厄国家公园**
美国弗吉尼亚州

谢南多厄国家公园（Shenandoah National Park）坐落于蓝岭山脉（Blue Ridge Mountains）的山巅之上，蜿蜒的天际线公路（Skyline Drive）穿园而过，将其一分为二。著名的阿巴拉契亚步道（Appalachian Trail，简称AT）也途经这里，沿公园纵长完成183千米的路程。

阿巴拉契亚步道全长3525千米，沿途设有供徒步者过夜的小屋，一般两个小屋之间的距离1天可以走完。谢南多厄国家公园中共有7个这样的小屋，另外还有5个可以在日间或紧急情况下使用。

上图：分布在阿巴拉契亚步道上的棚屋

## 121

### 玫瑰河步道
**谢南多厄国家公园**
美国弗吉尼亚州

这条环线步道全长5.6千米，沿玫瑰河（Rose River）而行，沿途可以邂逅数十个瀑布。这里春季野花遍地，夏季绿树成荫，秋季层林尽染，冬季冰瀑倾挂。冬季来记得给靴子装上冰爪。如果意犹未尽，途中还可以改道阿巴拉契亚步道或者大草甸马道（Big Meadows Horse Trail）。

## 122

### 老布山环线步道
**谢南多厄国家公园**
美国弗吉尼亚州

老布山（Old Rag Mountain）海拔1001米，光秃秃的峰顶在周围郁郁葱葱的群峰中十分显眼。这一山脉形成于十亿多年前，曾经比洛矶山脉（the Rockies）还要更高、更长。如今这一区域唯一留下来的就是老布山了。

这条环线步道长16千米，路况多样，时而行走，时而攀爬，跟着沿途的箭头标记，爬上巨石，穿过狭窄的缝隙。建议身着长衣长裤，最好戴上手套，因为花岗岩中那些晶体颗粒十分锋利。跟随路标沿马鞍步道（Saddle Trail）下山，来到伯德小屋（Byrd's Nest Shelter），从这里可以顺着防火道返回。

左图：老布山步道的岩石上，刷有蓝色的箭头标识

第一章 北美洲 **99**

## 123

### 拉姆西瀑布步道
**大烟山国家公园**
美国北卡罗来纳州和田纳西州

切罗基印第安人把南阿巴拉契亚山脉称为 Shaconage，意为"蓝烟之地"，因此这里取名为"大烟山"。这些蓝白色的烟雾，是树木经过光合作用，所呼出的氧气和其他挥发性有机化合物，在山间弥漫。

大烟山国家公园（Great Smoky Mountains National Park）可能是游客最多的国家公园之一，但是这里有着总长近1500千米的步道，所以并不是到处都熙熙攘攘。这条拉姆西瀑布步道（Ramsey Cascades Trail）往返12.9千米，循溪流而上，穿过原始森林，来到拉姆西瀑布（Ramsey Cascades）。这座瀑布高30.5米，其高度在园区内位列第一。

## 124

### 栈道环线步道
**康加里国家公园**
美国南卡罗来纳州

这里有着全美最大、最古老的河漫滩阔叶林。河漫滩是河流两岸独特的地貌，由洪水漫堤的沉积作用形成，在洪水期积累了丰富的土壤，这些土壤孕育了这里高大的树木。

这条步道长4.2千米，由木板铺就，离地约两米，轮椅可无障碍通行。穿梭于林中，游客可以近距离观赏到康加里国家公园里的落羽杉和多花蓝果树。这一区域在夏季非常潮湿，非常适合蚊子繁殖。游客中心有专门的示意板，提示当日蚊子数量。为了避免蚊虫叮咬，建议在晚秋或冬季游览。

## 125

### 鲨鱼谷步道
**大沼泽地国家公园**
美国佛罗里达州

这条步道环线25.4千米，路面铺设平整，沿着鲨鱼河沼泽地（Shark River Slough）的岸边，深入大沼泽地的核心地带。除了徒步，也可以骑自行车游览这条路线。一定要留神，有时短吻鳄和蛇会跑到步道上晒太阳。

右图：大沼泽地国家公园（Everglades National Park）里生活着约20万尾短吻鳄

## 126

### 蛇鸟步道
**大沼泽地国家公园**
美国佛罗里达州

大沼泽地的"绿草之河"（River of Grass）从奥兰多附近的基西米河（Kissimmee River），缓缓流向佛罗里达湾（Florida Bay），滋养着佛罗里达南部，孕育了沿途的热带湿地生态系统，大量野生动物栖息于此。想要体验这一独特的景观，蛇鸟步道（Anhinga Trail）是不二之选。这条环线步道难度初级，轮椅亦可通行，穿梭于锯齿草沼泽中，徜徉于顶级的观鸟地，还有可能会邂逅短吻鳄。

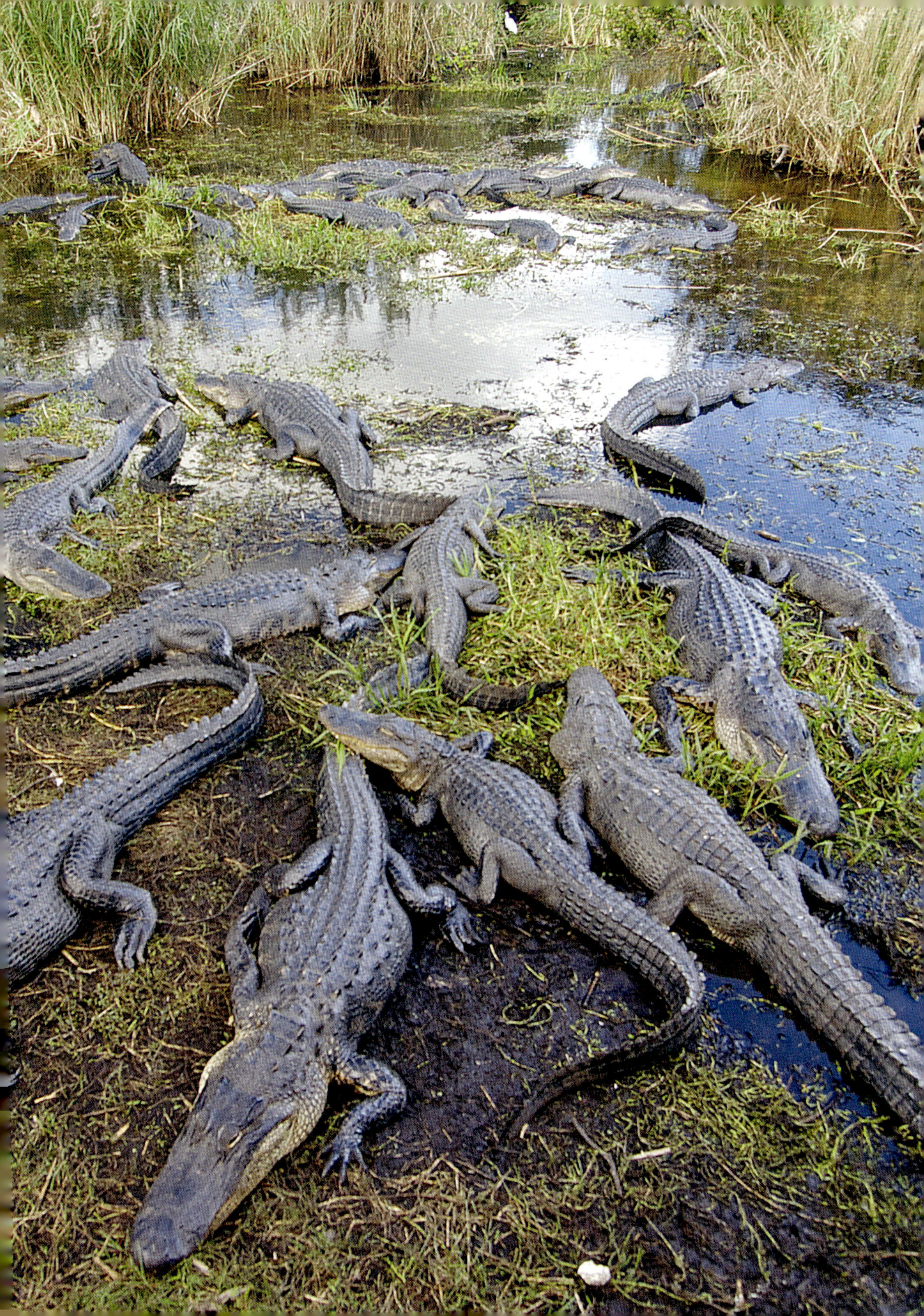

## 恶意公路和水下遗迹之路
### 比斯坎国家公园
美国佛罗里达州

水下国家公园中的岛屿漫步

◆ **距离**
往返 9.6 千米，海拔爬升不计

◆ **起点**
管理员站

◆ **难度**
初级

◆ **建议游览时间**
12 月至次年 4 月

下图：游客可以划着皮划艇或者小船，游览比斯坎国家公园内的浅水区

埃利奥特岛（Elliott Key）是一个狭长的珊瑚礁岛，岛上有一条废弃的公路，名叫恶意公路（Spite Highway），连接了埃利奥特岛的两端。这条公路上风景最美的一段，是从管理员站（Elliott Key Ranger Station），到海燕角（Petrel Point）和三明治湾（Sandwich Cove）的这段路程，共计 4.8 千米。

水下遗迹之路（the Maritime Heritage Trail）是一条"水中步道"，通过浮潜或者水肺潜水，探索水下六艘沉船的残骸。可以在公园服务中心报名参加浮潜体验。

想要进入比斯坎国家公园（Biscayne National Park），必须搭乘船只或者水上飞机。这里的蚊子非常多，尤其是在春季和夏季。每年 12 月至次年 4 月气候较为干燥，蚊子相对较少，建议在此期间游览。

上图：带上水肺，探索海底的美妙

### 128
## 杰斐逊堡环线步道
**海龟国家公园**
美国佛罗里达州

海龟国家公园（Dry Tortugas National Park）由七个小岛和珊瑚礁组成，位于佛罗里达礁岛群（Florida Keys）以西113千米。公园里的主要景观是杰斐逊堡遗迹，这是一座建造于19世纪中叶的巨大堡垒，位于花园岛（Garden Key），由砖石建成，用来保护墨西哥湾（Gulf of Mexico）航道不受海盗的侵扰。这条800米的环线步道，依堡垒的墙垣和护城河而行，可以欣赏到优美的海滩和珊瑚礁。每年4月到5月，可以看到候鸟迁徙的壮观场面，数百种不同的鸟类接连飞越墨西哥湾。

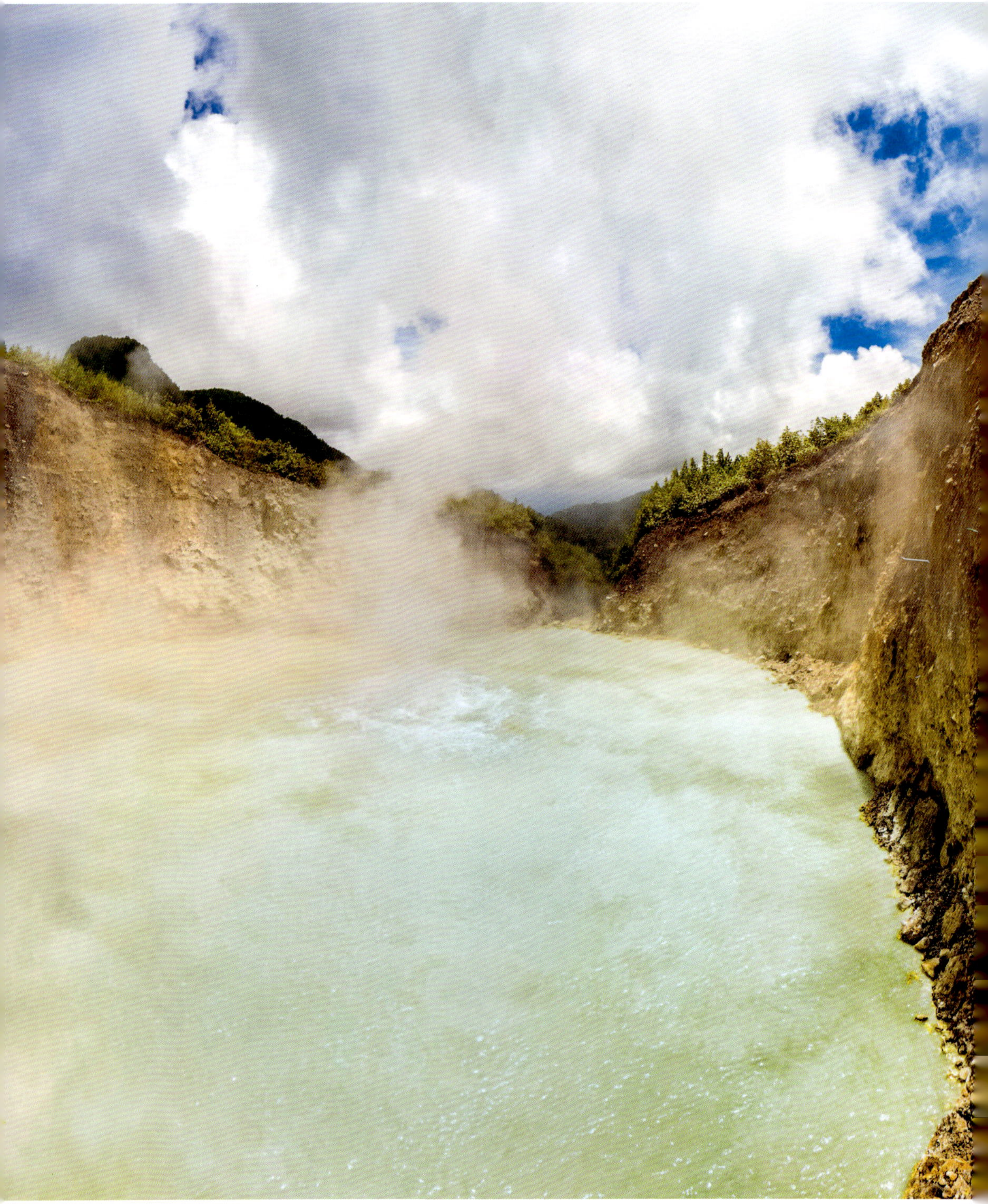

## 129

### 岩画步道
**维尔京群岛国家公园**
美属维尔京群岛

岩画步道（Petroglyph Trail）往返 4.8 千米，通往位于圣约翰岛（Saint John）南岸的珊瑚湾（Reef Bay），观赏山谷中瀑布底部岩石上的岩画。考古学家认为，这些神秘的画作，创作于公元 7 世纪初至 15 世纪末期间，由当地的塔伊诺人雕刻。

## 130

### 蜜月海滩
**维尔京群岛国家公园**
美属维尔京群岛

维尔京群岛迷人的海滩令人神往。这条前往蜜月海滩（Honeymoon Beach）的步道并不长，到达海滩后还可以租用皮划艇、冲浪板，或者浮潜装备，继续探索水中的世界。游玩尽兴后，除了原路返回，还可以经所罗门海滩（Salomon Beach）回到游客中心。这一圈走下来大概 3.7 千米。

## 131

### 沸湖
**毛恩特鲁瓦皮顿山国家公园**
多米尼克

在多米尼克首都罗索附近，有一座蓝灰色的湖泊，日日蒸汽缭绕。湖中心的水温可以达到沸点，因而产生大量水蒸气，由此得名"沸湖"（Boiling Lake）。岛上火山活动频繁，有时湖水会迅速排空，有时还会翻滚如喷泉。游览这一景观只能靠双脚，公园里有一条往返 13.2 千米的步道蜿蜒至此。不过不要逗留太久，火山活动排放出的有毒气体可能会危害人体。

## 132

### 道格拉斯湾巴特里步道
**羚羊国家公园**
多米尼克

羚羊国家公园（Cabrits National Park）是世界上最小的国家公园之一，面积仅有 5.2 平方千米。这里曾经是一个独立的岛屿，历经多次火山喷发，喷发物最终将其与多米尼克的主岛相连，形成半岛。如今，羚羊国家公园两侧的火山已经不再活跃。公园里保留着建于 1765 年雪莉堡（Fort Shirley）遗址，英国的部队曾在此驻守。这条步道约 3.2 千米，难度初级，漫步途中，可以感受到热带森林正在从这个废弃的堡垒手中慢慢夺回原本属于自己的生存之地。

左图：多米尼克的沸湖是世界第二大温泉

# 瓦图布库里步道
## 羚羊国家公园
多米尼克

行走在加勒比地区最长的步道上，用脚步丈量多米尼克的绵长

◆ **距离**
185 千米，包含摆渡车，通常分段完成，走完全程需耗时 12~14 天

◆ **起点**
有多个入口

◆ **难度**
高级：路程较长，物流不便

◆ **建议游览时间**
12 月至次年 5 月

右上图：羚羊国家公园是瓦图布库里步道的终点

右下图：很多人从位于天涯海角的渔村开始徒步行程

多米尼克是加勒比海最年轻的岛屿，大约 2600 万年前，经过一系列的火山爆发，从海底崛起而形成。如今，这里的火山活动仍在持续中，造就了许多地热奇观。

大约公元前 3100 年，有人驱船从南美洲来到这里，成为岛上已知的第一批居民。当地的加勒比人将这里称作瓦图布库里（Waitukubuli），意为"她的身材高大"，这是对茂盛葱郁的热带森林的称赞。

这座岛屿面积 751 平方千米，在出现公路之前，岛上尽是人们用双脚踏出来的小径，纵横交错。这条瓦图布库里步道，便是沿用了这些古老的小径，蜿蜒贯穿整个岛屿。步道从南侧的天涯海角（Scotts Head）开始，一直延续到北侧的羚羊国家公园结束。由于路线较长，大多数人会分段进行，但是每年也总有那么几个勇敢的徒步者，一次性完成整条路线。为了保护当地生态环境，徒步途中不允许露营，不过人们可以在沿途的生态小屋、民宿或是当地人家里过夜。

### 134

## 鲁伊塔姆布步道
**阿里科克国家公园**
阿鲁巴

阿鲁巴岛（Aruba）由石灰岩、火山凝灰岩和枕状玄武岩构成，荒漠般的生态系统仙人掌随处可见。步道长5.6千米，沿着一条季节性的河流而行，前往多斯普拉亚（Dos Playa）。那里有两个白色沙滩，是冲浪爱好者的聚集地，也是海龟的筑巢地。

第一章 北美洲

## 135

# 石墙之城
## 图卢姆国家公园
**墨西哥**

漫步在风景如画的玛雅古城，感受历史长河中的古老文明

◆ **距离**
环线 1.3 千米，海拔爬升可忽略不计

◆ **起点**
石墙城入口

◆ **难度**
初级

◆ **建议游览时间**
11 月至次年 5 月

下图：图卢姆曾是玛雅帝国重要的贸易枢纽

图卢姆国家公园（Tulum National Park）危坐于悬崖之巅，俯瞰墨西哥尤卡坦半岛（Yucatán Peninsula）的东海岸，内陆一侧被一面巨大的石灰岩城墙保护其中。面对西班牙人的入侵，这些防御工事帮助这里的玛雅人，比其他地方多维持了大约 70 年。然而从欧洲传来的疾病，使得图卢姆最终人去城空。

幸运的是，有几座重要的建筑物被保留了下来。壁画殿（Temple of the Frescoes）是一个观测太阳活动的天文台，其中用于装饰的壁画可以追溯到 11 世纪。降神殿（Temple of the Descending God）和风神庙（Temple of the Wind God）中所供奉的神灵，在城内各处的石画和雕塑上也可以见到。卡斯蒂略金字塔（El Castillo）则是一座阶梯式建筑，顶部的神殿高 7.6 米，下面是台阶，有着绝佳的景观。

108　行走世界：500 条国家公园徒步路线

## 136

### 巴萨赛奇瀑布
**巴萨赛奇瀑布国家公园**
墨西哥

墨西哥的铜峡谷（Copper Canyon）培养出了一批世界上顶尖的超级马拉松选手。拉拉穆里人世世代代穿梭在西马德雷山脉（Sierra Madre Occidental Mountains）的这些陡峭的峡谷之中。"拉拉穆里"（Rarámuri）在当地的语言中，意为"飞奔的脚步"，这些擅长跑动的人们，在一些庆典和比赛中，常常要连续奔跑长达300千米。

巴萨赛奇瀑布（Basaseachic Falls）高244米，这条步道通往瀑布顶部的部分并不难走，但是无法看到瀑布的全貌。到达顶部后，还可以继续下到瀑布的底部。然而，美景也意味着更多的汗水，在短短1.6千米的路程中，就要爬上爬下260米，不过可以在瀑布下面先冲个凉再爬回山顶。

左图：宗教气息浓厚的风神庙

第一章 北美洲 **109**

## 137

### 水利管线步道
**蒂卡尔国家公园**
危地马拉

蒂卡尔（Tikal）是玛雅帝国最大的城市，在其鼎盛时期，有着多达 9 万的人口。蒂卡尔位于危地马拉的热带雨林中，在对于印第安时期中美洲城镇的研究中，是城市规模最大、研究最深入的一个。

蒂卡尔有着成熟的水利系统，许多神庙除了供奉神灵，同时也发挥着小型水库的作用。这条 6.4 千米的环线步道，便是位于城中水利网络的管线之上。这些管线的排列严格遵循天文现象的指示，其中许多神庙都整齐地按照分至点的日出和日落而分布。爬上神庙，可以俯瞰这一复杂网络的全貌。

## 138

### 帕卡亚火山
**帕卡亚火山国家公园**
危地马拉

帕卡亚火山（Pacaya Volcano）是地球上最活跃的火山之一，在过去的 60 年里，几乎在不间断地喷发。火山常年受到严格的监测，如果监测到火山正处在喷发前期，步道会即刻关闭，因此这条往返 4.8 千米登顶步道相对安全。这条步道必须由经验丰富的向导带领，在游客中心可以请到。

## 139

### 奇迹瀑布
**皮哥波尼多国家公园**
洪都拉斯

步道往返 5.5 千米，一开始就要过河，随后穿过雨林农田。一路上可以看到咖啡、香蕉和可可豆等作物，还可能会遇到巨嘴鸟、蜘蛛猴、貘和鹿等野生动物。园区内还生活着美洲豹和美洲狮，不过游客不太可能会见到。

## 140

### 珍妮特·卡瓦斯步道
**珍妮特·卡瓦斯国家公园**
洪都拉斯

这座国家公园以前叫作蓬塔萨尔国家公园（Punta Sal National Park），1995 年更名为珍妮特·卡瓦斯国家公园，以此来纪念珍妮特·卡瓦斯（Jeannette Kawas），这位环保活动家因反对园区过度开发而惨遭杀害。游客需要乘船前往，园内的这条步道长约 1 千米，从码头开始，穿过半岛，在埃斯孔迪多港（Puerto Escondido）结束。

左组图：蒂卡尔有着 3000 多处古建筑遗迹

右图：奇迹步道上的蜘蛛猴

第一章 北美洲

## 火山口徒步
**马萨亚火山国家公园**
尼加拉瓜

这个异常活跃的火山群距尼加拉瓜首都马那瓜仅仅 19 千米,是这一地区的"颜值担当"。这座国家公园里的所有徒步活动,都需要有向导陪同,其中便包括这条火山口徒步路线,直达火山口,往返 5.8 千米。参加日落或夜间的行程,可以在圣地亚哥火山口(Santiago Crater)近距离观看岩浆翻滚,这般红黑交映的壮观景象,正应了其"地狱之口"(Mouth of Hell)之名。

## 142

### 塞莱斯特河步道
**特诺里奥火山国家公园**
哥斯达黎加

步道沿着塞莱斯特河岸（Celeste River）逆流而上，越往上走，河水的颜色就越深。这种冰青色是高浓度硫酸盐和碳酸盐溶解在水中的产物，而这些矿物质全部来自附近的特诺里奥火山（Tenorio Volcano）。步道往返 5.5 千米，穿过茂密的雨林，一探如绿松石般耀眼的瀑布。

## 143

### 拉莱昂纳 – 马德里加尔步道
**科尔科瓦杜国家公园**
哥斯达黎加

科尔科瓦杜国家公园（Corcovado National Park）位于奥萨半岛（Osa Peninsula），是哥斯达黎加最大的国家公园，也是生态多样性最为突出的地方，保护着中美洲最原始的热带雨林。这条 4.8 千米的步道，紧邻科尔科瓦杜长达 37 千米的海滩，不仅风景迷人，更有机会看到多种野生动物。出发前请查看潮汐表，部分路段在涨潮时无法通行。

## 144

### 陷阱步道
**曼努埃尔安东尼奥国家公园**
哥斯达黎加

这条滨海环线步道长 7.7 千米，难度初级，记得带上望远镜和泳衣。这里常常可以看到卷尾猴、吼猴、松鼠猴，以及树懒、仓鼠和鬣蜥等野生动物。如果下海游泳，最好留一个人在沙滩上看包，不然猴子和浣熊可能会到包里翻找食物。

左图：曼努埃尔安东尼奥国家公园（Manuel Antonio National Park）迷人的海滩每年吸引着众多游客

## 145

## 阿雷纳 1968 火山熔岩步道
### 阿雷纳火山国家公园
哥斯达黎加

一座沉寂了数百年的活火山

◆ **距离**
环线 4.7 千米，海拔爬升 152 米

◆ **起点**
阿雷纳 1968 步道入口

◆ **难度**
初级

◆ **建议游览时间**
11 月至次年 4 月

右图：阿雷纳火山在周围一片雨林中拔地而起，山体陡峭且对称

几个世纪以来，人们一直以为阿雷纳火山（Arenal Volcano）是一座死火山。直到 1968 年 7 月 29 日，沉睡了几百年的阿雷纳火山突然爆发，吞没了附近的三个村庄，并造成 87 人死亡。此后，这座火山又喷发了数十次，成为地球上最活跃的火山之一。如今，阿雷纳火山国家公园（Arenal Volcano National Park）吸引了大批火山爱好者和观鸟爱好者，其周围的雨林是 800 多种鸟类的家园，其中也包括神秘的凤尾绿咬鹃。

1968 年的火山爆发，造就了如今的阿雷纳 1968 火山熔岩步道（Arenal 1968 Volcano Trail）。走在这条环线步道上，脚下就是吞噬了曾经繁茂的原始雨林的火山熔岩，不禁为火山爆发的威力而震撼。

## 146

## 波阿斯火山步道
### 波阿斯火山国家公园
哥斯达黎加

步道单程 2.4 千米，在步道尽头的观景台可以欣赏到波阿斯火山口内的乳蓝色湖泊。最好在清晨出发，赶在浓雾笼罩之前，将整个火山口湖一览无余。幸运的话，还能看到湖中的间歇泉喷发，这是由湖水与地热活动接触后，水蒸气急剧上升所致。波阿斯火山（Poás Volcano）最近一次喷发是在 2017 年。出发前，请先了解当前火山条件以及步道开放情况。

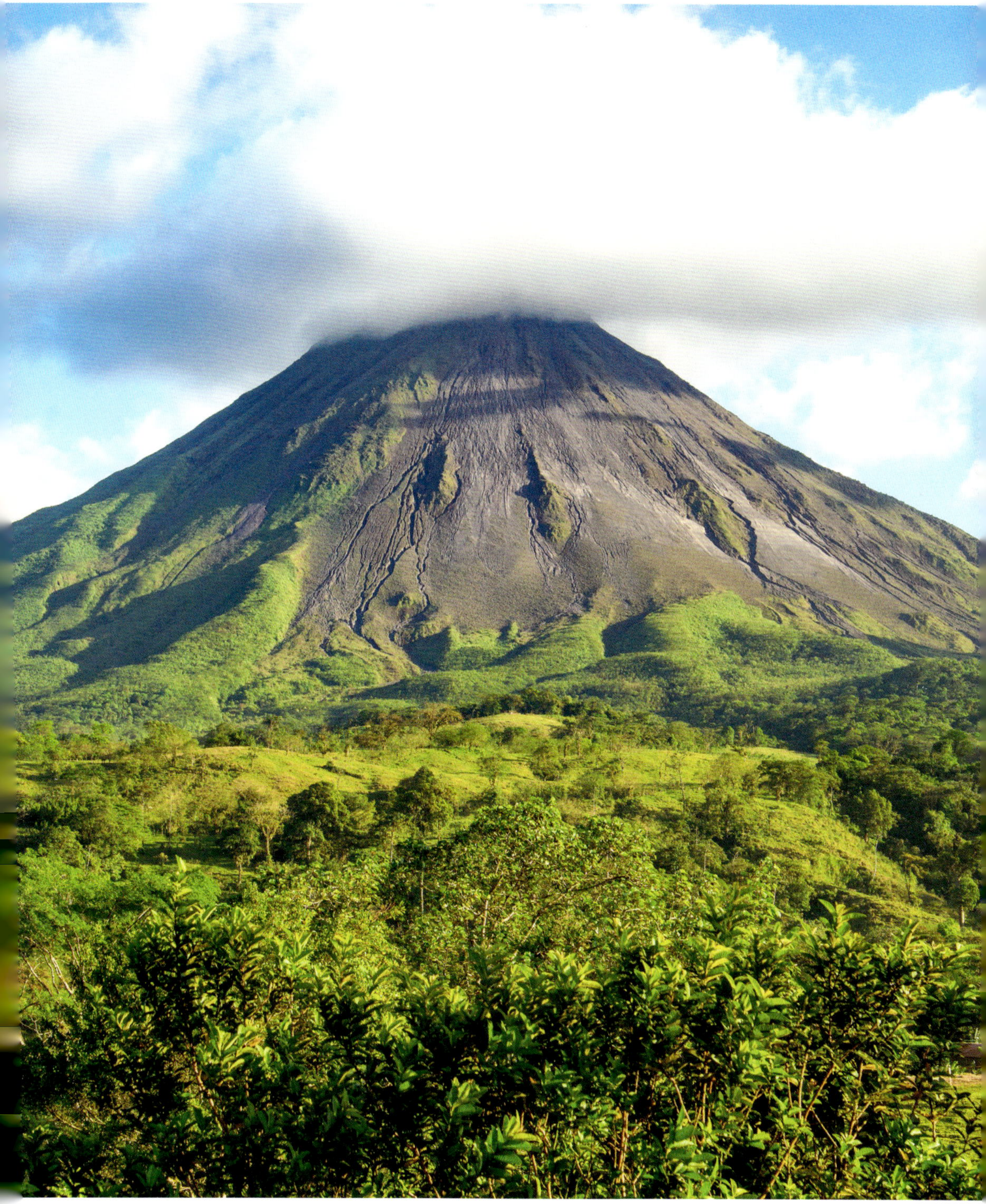

加勒比海

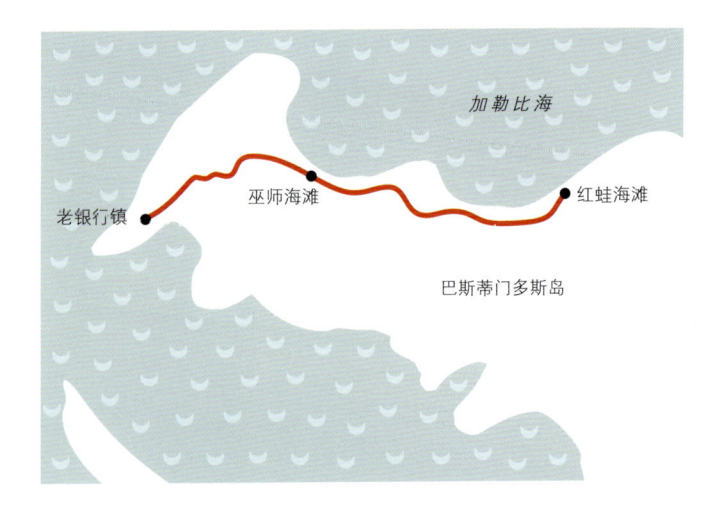

老银行镇　巫师海滩　红蛙海滩

巴斯蒂门多斯岛

## 147

# 巫师海滩
## 巴斯蒂门多斯岛国家公园
巴拿马

穿上登山鞋，岩石为道，树根为路，穿过丛林，拥抱海滩

◆ **距离**
往返6.4千米，海拔爬升可忽略不计

◆ **起点**
老银行镇

◆ **难度**
中级

◆ **建议游览时间**
1月至4月

左图：巫师海滩著名的金色沙滩

巴斯蒂门多斯岛国家公园（Bastimentos Island National Park）的大部分景观都在水下，这里是浮潜胜地，有着上万年历史的珊瑚礁。如果不想下水的话，也可以选择步行游览巫师海滩（Wizard Beach）。从老银行镇（Old Bank）出发，穿过半岛的内陆部分，这里也是树懒的栖息地，而后沿着海岸线来到巫师海滩和红蛙海滩（Red Frog Beach）。所谓的"红蛙"，指的是一种箭毒蛙，过去很常见，如今却濒临灭绝。

旁边有一处叫作长滩（Long Beach）的海滩。每年夏季，海龟在这里挖沙、筑巢、产蛋，新孵出来的小海龟会一起冲向大海，争分夺秒，躲避天敌。只有极少数的小海龟能够活到成年，而这些成年海龟往往可以活到80岁。如果想体验海龟繁衍的壮观景象，可以在4月到9月之间游览这里。

## 148

# 巴鲁火山
## 巴鲁火山国家公园
巴拿马

巴鲁火山（Volcán Barú）坐落在狭长的巴拿马地峡（Isthmus of Panama）上，海拔3474米，是巴拿马境内的最高峰。这条步道往返26千米，建议在午夜前出发，或者在山上露营，以便在日出时登顶，在一天中视野最开阔的时分欣赏美景。

第一章 北美洲 117

# 绿咬鹃步道
## 巴鲁火山国家公园
巴拿马

探寻中美洲一种美丽而神秘的鸟儿——华丽的凤尾绿咬鹃

◆ **距离**
往返18千米，单程9千米（需提前订车），海拔爬升701米

◆ **起点**
塞罗蓬塔（Cerro Punta）或博克特（Boquete）

◆ **难度**
中级

◆ **建议游览时间**
1月至4月

右图：凤尾绿咬鹃身长约30厘米，尾部可长达近1米

下图：绿咬鹃步道位于巴鲁火山的一侧

在中美洲，凤尾绿咬鹃曾备受阿兹特克人和玛雅人的尊敬。如今，这种有着流苏般长尾的亮绿色的鸟儿，在观鸟爱好者当中依然备受瞩目，想要亲眼见到一次，十分难得。

巴鲁火山国家公园（Volcán Barú National Park）中的云雾林里，栖息着300多对凤尾绿咬鹃，这里有它们喜欢的食物，同时也有数百种其他鸟类在此筑巢，包括黄簇颊灶鸫、棕爬树雀、点斑尾雀，以及高山拾叶雀。

这条步道可以在1天内徒步往返，也可以提前订好接驳车，只走单程。

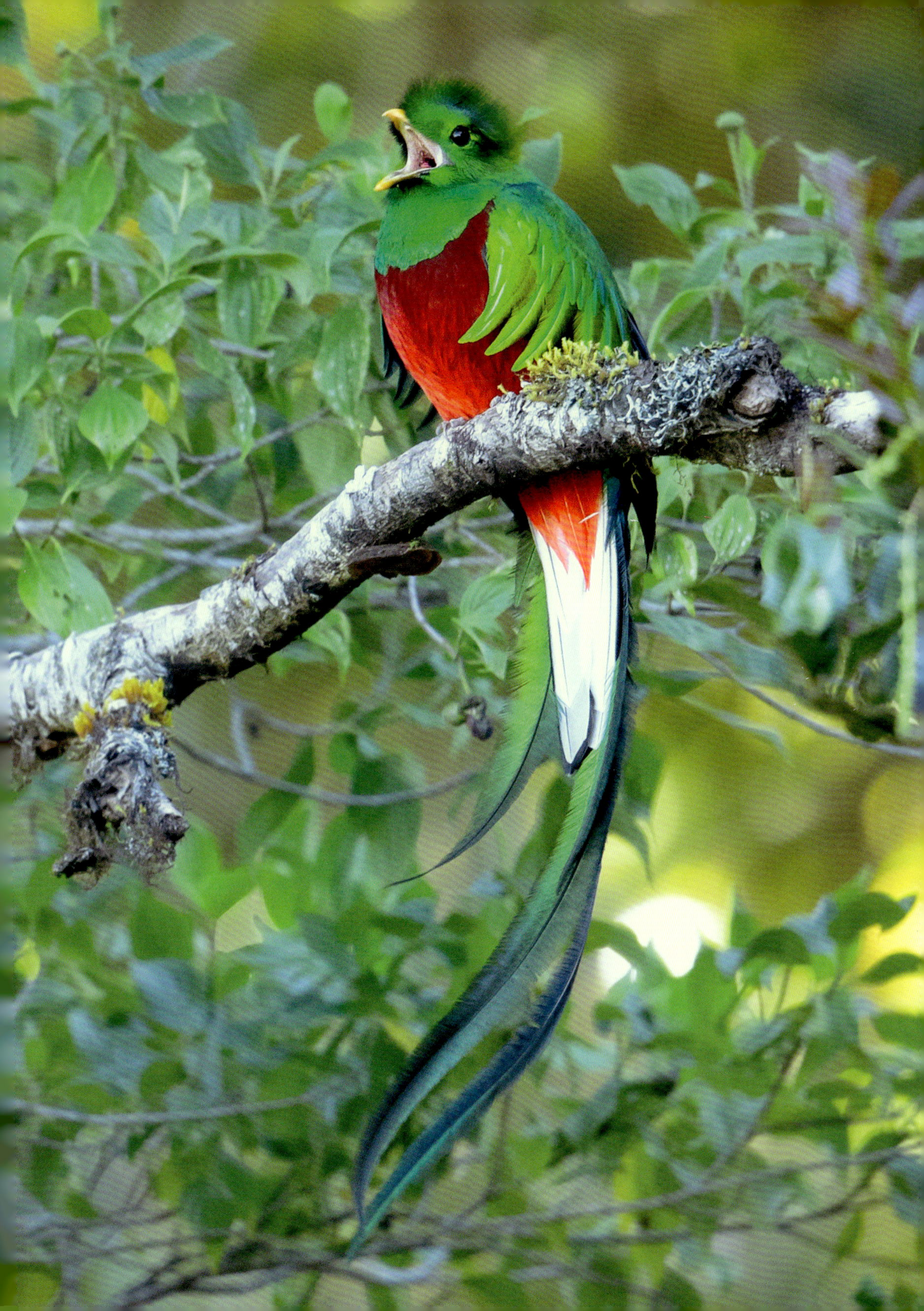

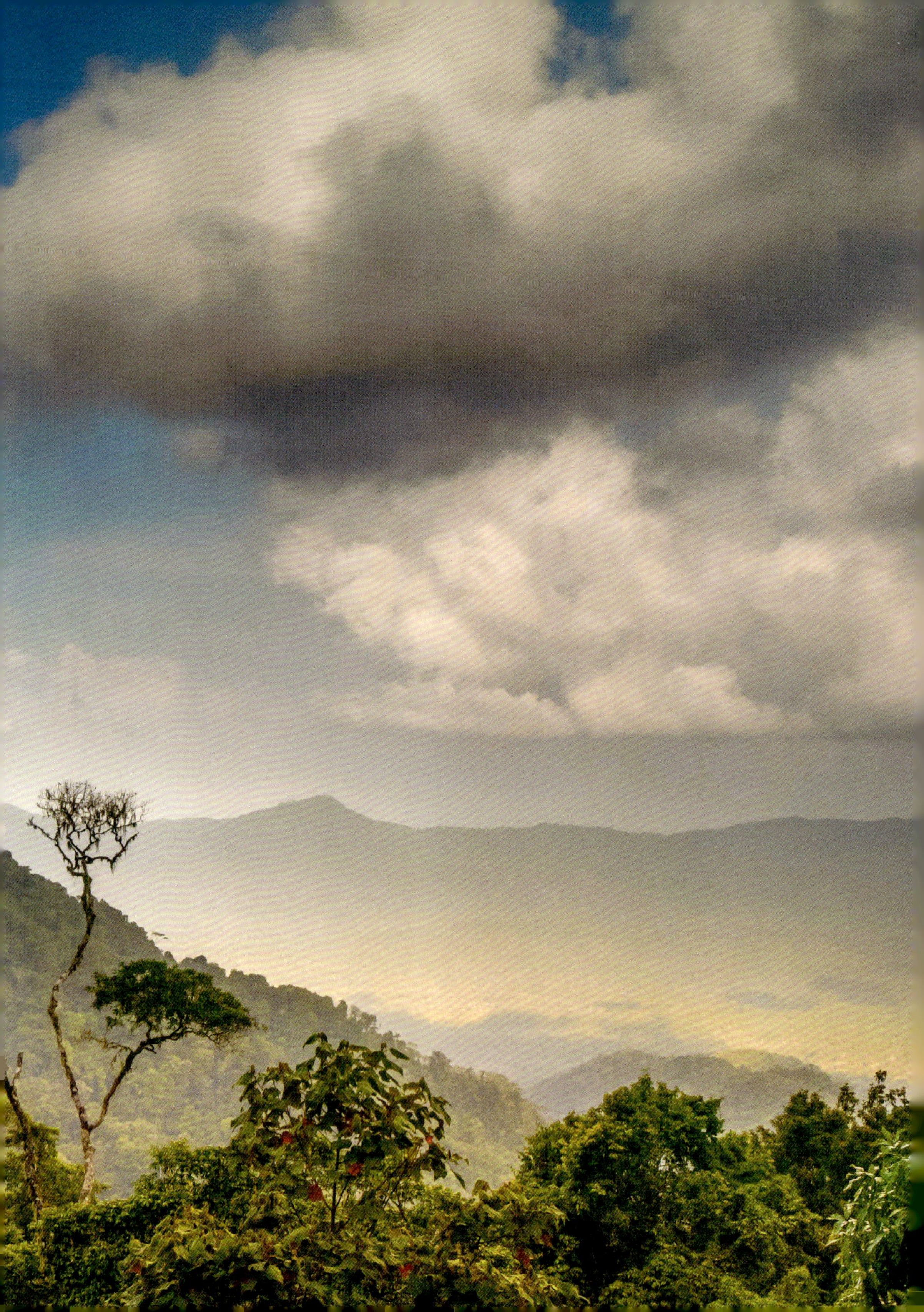

## 150

# 皮雷山步道
### 达连国家公园
#### 巴拿马

到访全球最危险、最无法纪、最荒凉的步道，一定要跟随向导，并加倍小心

◆ **距离**
往返18千米，海拔爬升609米

◆ **起点**
皮雷山步道入口

◆ **难度**
高级：物流不便

◆ **建议游览时间**
1月至4月

左图：皮雷山上茂密的雨林

达连国家公园（Darién National Park）是巴拿马最大的国家公园，位于哥伦比亚的边境，守护着这里的原始雨林。这里也是泛美公路（Pan-American Highway）上唯一的中断处。泛美公路北起美国阿拉斯加州，南至阿根廷，贯穿整个美洲大陆，长达47000千米。而巴拿马到哥伦比亚之间这100千米的路段，由于地处偏远和生态问题，一直未曾修建，被称为达连隘口（Darién Gap）。

由于交通不便，以及当地毒品走私等非法活动，这座国家公园鲜有游客到访。这里近乎原始的自然环境在全世界也所剩无几，虽然交通是个巨大的难题，但是也值得一试。根据巴拿马的规定，所有游客必须提前向国家边境警察报备，并且要聘请向导，而且只能在已有步道上进行徒步活动，不可擅自离开步道。

这条路线通往皮雷山（Cerro Pirre）山顶的护林员宿舍，游客可以在此过夜，但是需要自备食物、床上用品和净水装置。在这里可以欣赏到日落和日出的美景，还有可能看到美洲豹、豹猫、毛臀刺鼠、树懒、猴子以及500多种鸟类。

第一章 北美洲

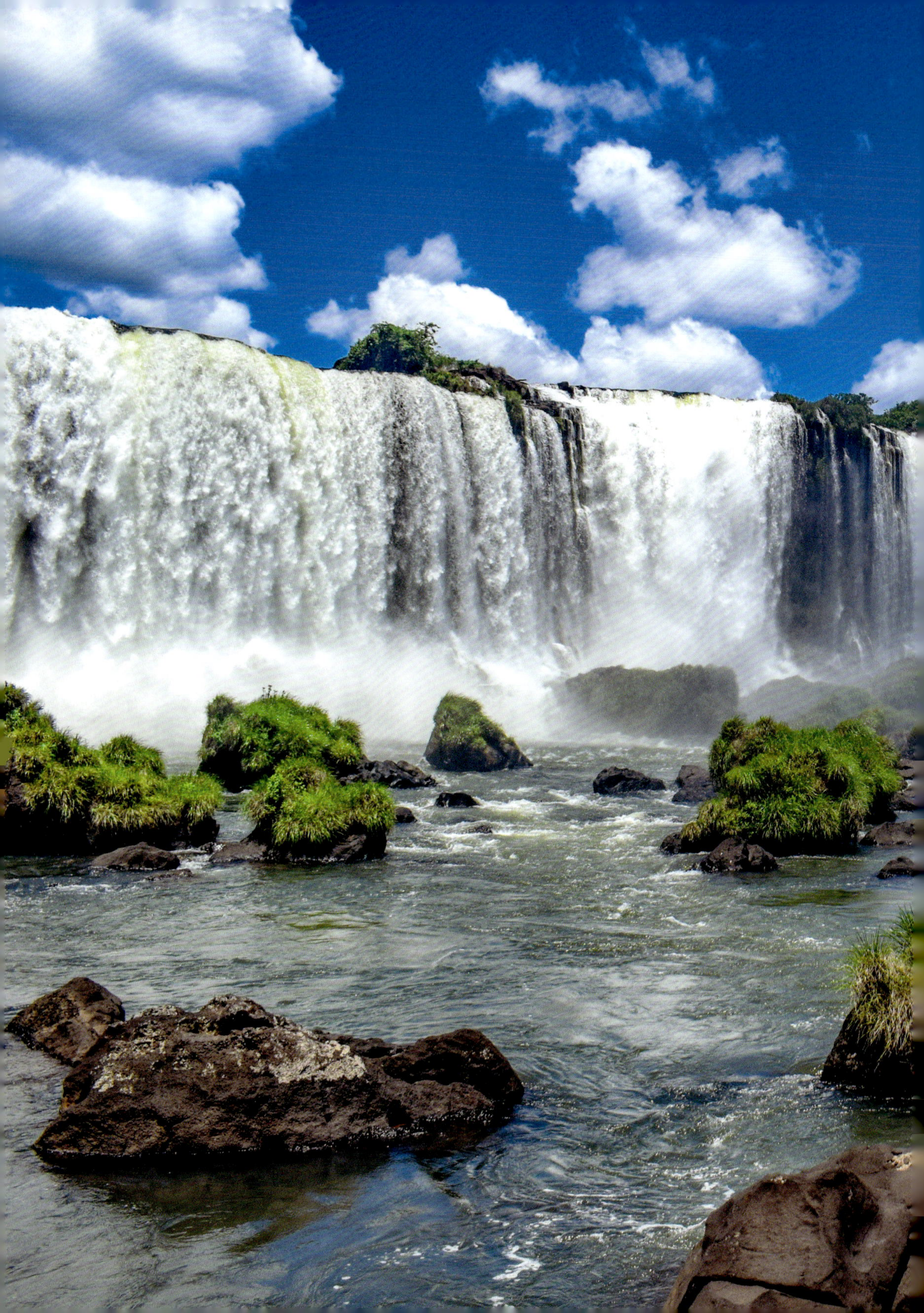

# 第二章
# 南美洲

这里曾是印加人的栖身之所，亚马孙河流域滋润着原始海滩和丛林，安第斯山脉撑起整块大陆的脊梁，巴塔哥尼亚驻守着人类家园的最南端。

## 151

### 九石步道
**泰罗那国家公园**
哥伦比亚

这条步道环线 3.2 千米，难度初级，深入泰罗那国家公园（Tayrona National Park）里的丛林。一路上会先后遇上九个大圆石，正应了这条步道的名字。丛林里生活着吼猴、卷尾猴和绒顶柽柳猴，一定要睁大眼睛，竖起耳朵，捕捉它们的踪迹。

## 152

### 圣胡安角
**泰罗那国家公园**
哥伦比亚

这条沿海步道从国家公园的埃尔扎伊诺（El Zaino）入口出发，穿越茂密的丛林，来到岩礁海滩（Arrecifes）。这里风浪较大，离岸流十分危险，不建议下水。可以沿着海边继续向前，到浴场海滩（La Piscina），在这里可以安全地戏水。沿着步道继续往前，在距离入口处约 6.5 千米的地方，就是圣胡安角（Cabo San Juan）了。这片海滩是泰罗那国家公园里的招牌，海岸绵长，风景如画。

右图：泰罗那国家公园里的海滩，只能搭船或步行前往

对页上图：罗赖马山上的金字塔状水泥墩，标志着三个国家交界处

对页下图：罗赖马山有着近 400 米高的石英砂岩壁

## 里塔库巴峰
**埃尔科奎国家公园**
哥伦比亚

这条步道往返 13.7 千米，蜿蜒于安第斯山脉（the Andes）之中。步道所处海拔较高，无疑是对臀腿和心肺的双重挑战。站在冰川的尽头，眼前尽是纵横交错的蓝冰，在漫长的岁月中，从海拔 4600 米的高处缓缓而下。经验丰富的登山者还可以继续攀登，到达里塔库巴峰（the Ritacuba）峰顶，从海拔 5410 米的地方俯瞰整座冰川的壮观美景。

## 罗赖马山
**卡奈马国家公园**
委内瑞拉

卡奈马国家公园（Canaima National Park）占地约 3 万平方千米，有着独特的桌山地貌。这里的山四四方方，直上直下，山顶也一片平坦，宛如一座座空中岛屿，从周围的雨林中升起。帕卡赖马山脉（Pakaraima）就是由一连串这样的"桌山"构成，而罗赖马山（Mount Roraima）是其中最高的一座。由于进化过程中的地理隔离，这里是许多动植物在地球上唯一的家园。

帕莱特普伊步道（Paraitepui Route）是登上罗赖马山顶唯一的一条非攀岩路线，起点位于帕莱特普伊村（Paraitepui），可以在此聘请向导。到达桌山的平顶通常需要 3 天左右的时间，而后可以在平顶玩上几天，并攀登这里的最高点"独石"（Maverick Rock），海拔 2810 米。回程需要 2 天，返回帕莱特普伊村。在平顶上，有一处金字塔状的水泥墩，标志着委内瑞拉、巴西和圭亚那三国在此交界。

# 安赫尔瀑布
## 卡奈马国家公园
委内瑞拉

俯瞰世界落差最大的常年性瀑布,其高度是巴黎埃菲尔铁塔的三倍

◆ **距离**
往返9.6千米,海拔爬升约150米

◆ **起点**
拉通西托岛营地

◆ **难度**
中级

◆ **建议游览时间**
6月至12月

下图:安赫尔瀑布从魔鬼山(Auyántepuí Plateau)飞流直下

1933年,一位名叫安赫尔(Angel)的美国飞行员在一次飞行中发现了这座瀑布,瀑布因此而得名,并为外界所知。然而,早在安赫尔之前,当地的原住民把这座瀑布称作"克雷帕库派瀑布"(Kerepakupai Merú),意为"最深处的瀑布"。

想要目睹这座自然奇观并不是一件容易事。首先要乘飞机前往卡奈马国家公园(Canaima National Park),这里地处偏远,几乎不通路,有几个土著部落居住在这里。然后从卡奈马湖(Canaima Lagoon)出发,乘坐马达独木舟,沿楚伦河(Churún River)逆流而上,经过5个小时抵达拉通西托岛(Ratoncito Island)。从岛上的营地出发,徒步穿越茂密的热带雨林,这段路程约4.8千米,最终抵达瀑布底部的观景台。可以带上泳衣,在雷鸣般的瀑布下戏水。

**156**

## 凯厄图尔瀑布
**凯厄图尔国家公园**
圭亚那

凯厄图尔瀑布（Kaieteur Falls）是世界上水流量最大的单级瀑布。游客可以在早上从首都乔治敦包机飞往瀑布附近的小机场，飞行时间约 90 分钟。接下来可以花上 1 天的时间，在瀑布底部的观景平台之间步行游览。或者也可以报名参加为期 4~7 天的向导游，经过驱车、乘船、步行，沿波塔罗河（Potaro River）而上，到达凯厄图尔瀑布。

左图：安赫尔瀑布落差高达 979 米，壮观无比

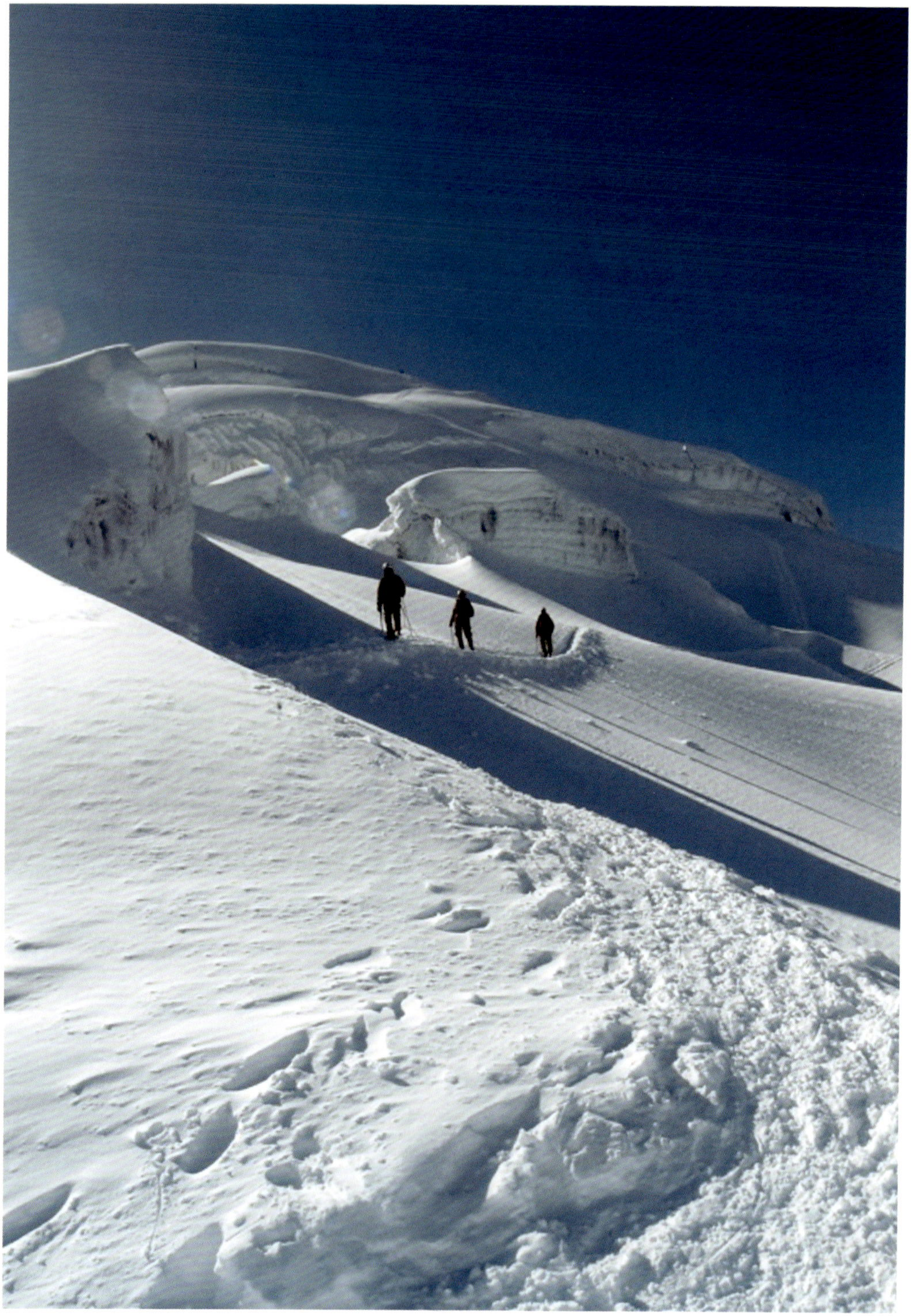

## 157

# 何塞里瓦斯营地路线
### 科托帕希国家公园
厄瓜多尔

挑战全球最高活火山，海拔 5897 米，常年活跃

- **距离**
  往返 9.6 千米，海拔爬升 1190 米
- **起点**
  何塞里瓦斯营地
- **难度**
  高级：高海拔冰川徒步
- **建议游览时间**
  11 月至次年 2 月

左图：攀登科托帕希火山对徒步者要求较高，建议聘请经验丰富的向导同行

攀登科托帕希火山（Volcán Cotopaxi），不仅需要使用绳索、冰镐、冰爪等专业的装备，更要有基本的冰川徒步的技巧，才能应对火山口附近冰雪覆盖下的 50° 的斜坡。建议聘请有经验的向导，可以带领游客安全地绕过冰川上不断变化的裂缝。在首都基多有几家公司，提供徒步培训和设备租赁服务。

攀登科托帕希火山基本都会在海拔 4799 米的何塞里瓦斯营地（José Rivas Refuge）过夜。定好闹钟，午夜过后便可出发。在夜幕下，此时的雪地最为坚实，更为安全。体力好的徒步者可以在日出前到达山顶，耗时约 6 小时。下山时要慢一些，不要着急，很多登山事故都是发生在下山途中，这时身体已经十分疲惫，又容易分心，一定要当心。

## 158

# 林皮奥庞戈湖
### 科托帕希国家公园
厄瓜多尔

在科托帕希火山附近海拔 3892 米的地方，是林皮奥庞戈湖（Limpiopungo Lagoon），湖对面便是科托帕希火山。晴朗无云的时候，在湖边就可以欣赏到科托帕希火山挺拔对称的身姿。静谧的湖畔有一条环湖步道，约 2.3 千米，非常平坦，偶尔有一两处上下坡，途中还有可能看到野马、蜂鸟和安第斯鸥。

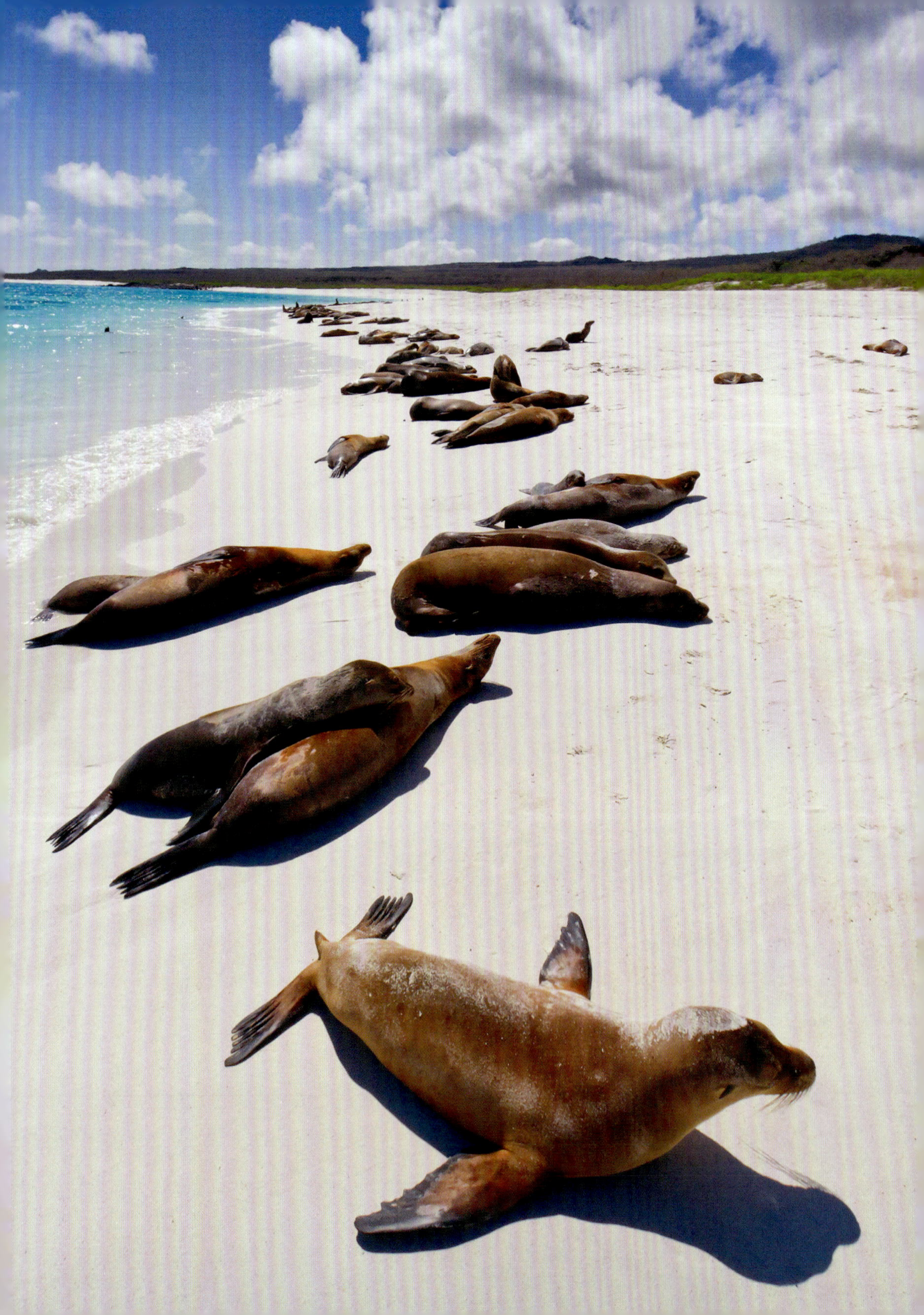

## 159

### 达尔文湾
**加拉帕戈斯国家公园**
厄瓜多尔

加拉帕戈斯群岛（the Galápagos Islands）位于太平洋，距离厄瓜多尔约960千米。这里独特的生物构成，曾经给著名的进化论提供了关键的研究基础，达尔文由此提出了生物经过自然选择而不断演变的理论。游客可以以圣克鲁斯岛（Santa Cruz）作为营地，探索周围的岛屿。

位于达尔文湾的赫诺韦萨岛（Genovesa Island）也被称作"鸟岛"。在这里漫步，可以观赏到红脚鲣鸟、军舰鸟、燕尾鸥、岩鸥、风暴海燕，还有可能看到鬣蜥、蜥蜴和海狮。

## 160

### 内格拉火山步道
**加拉帕戈斯国家公园**
厄瓜多尔

加拉帕戈斯群岛由18个火山岛屿组成。和夏威夷群岛（the Hawaiian Islands）一样，这些岛屿也是地幔柱的杰作。在过去的一个世纪中，其中9座火山多次喷发。最近的一次喷发是在2018年，是位于伊莎贝拉岛（the Island of Isabela）上的内格拉火山（Sierra Negra）。沿着内格拉火山口的边缘有一条往返15千米的步道，可以近距离观察火山口里的熔岩。

## 161

### 圣克鲁斯步道
**瓦斯卡兰国家公园**
秘鲁

这条步道穿行于安第斯山脉秘鲁段的布兰卡山脉（Cordillera Blanca），以前曾是印加人的古道。完成整条路线需耗时4天，从卡沙潘帕村（Cashapampa）出发，到瓦奎里亚镇（Vaqueria）结束，第三天会到达这条步道的最高点——海拔4750米的蓬塔山口（Punta Union Pass）。放眼望去，纵览世界上海拔最高的热带山脉，其中也包括秘鲁境内的最高峰，海拔6768米的瓦斯卡兰山（Huascarán Mountain），眼前开阔宏伟的景象难以言表。这条路线要比去往马丘比丘（Machu Picchu）的印加步道（Inca Trail）清静得多，可以作为一个不错的替代选择。

## 162

### 69号湖
**瓦斯卡兰国家公园**
秘鲁

如果只有1天的时间游览瓦斯卡兰国家公园（Huascarán National Park），那么一定要去69号湖（Laguna 69）。这座湖泊可以说是周围400多座高山湖当中最迷人的一个，亮蓝色的湖水与山顶的皑皑白雪交相辉映，成就了这一幅难得的画面。这条步道往返13.84千米，从塞沃利亚潘帕（Cebollapampa）露营地出发，大部分路段都在海拔4500米以上，一路上高山美景不断，令人赞叹不止。

左图：在加拉帕戈斯群岛的达尔文湾，常常能看到海狮

# 美洲豹湖
## 玛努国家公园
### 秘鲁

当安第斯山脉遇上亚马孙雨林，孕育了这里丰富的物种，成为重点生态保护对象

◆ **距离**
往返 3.2 千米，海拔爬升可忽略不计

◆ **起点**
博卡玛努村（Boca Manú）

◆ **难度**
初级

◆ **建议游览时间**
12 月至次年 4 月

玛努国家公园（Manú National Park）的管理比大多数国家公园都要严格。公园占地 17000 平方千米，其中只有很小的一部分向游客开放。如此严格的保护，是为了确保当地的动植物免受外界的侵扰，同时也保护了当地的原住民，这里居住着 7 个原始部落，完全与世隔绝。

公园里有一条 3.2 千米长的沿湖步道，终点是一个瞭望塔。一定要睁大眼睛，沿途有机会看到卷尾猴、蜘蛛猴、水豚、巨獭，以及 350 多种鸟类，甚至还有可能看到"雨林之王"美洲豹。

右图：秘鲁境内的美洲豹数量位居南美洲第二

下图：沿着美洲豹湖边的休闲步道，去往瞭望塔观察野生动物

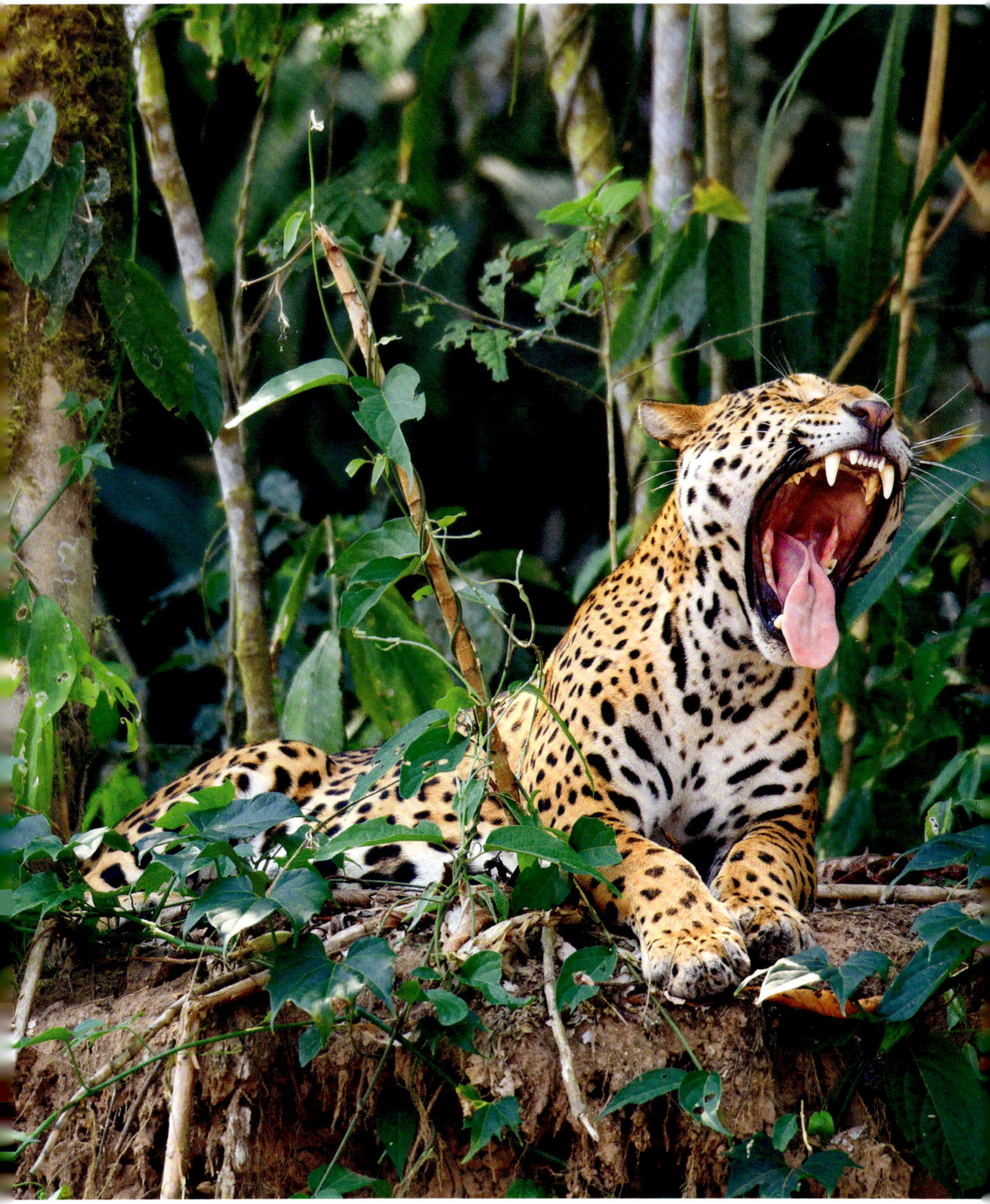

## 164

## 沙丘步道
### 拉克依斯马拉赫塞斯国家公园
巴西

当绵延起伏的沙丘，遇上波光粼粼的水塘
徜徉于沙水交融，惊艳于风之造物

◆ **路程**
42 千米（含摆渡车），海拔爬升可忽略不计

◆ **起点**
阿廷斯村

◆ **难度**
中级：在沙子中行走比较费力

◆ **建议游览时间**
5 月至 8 月（此时水位最高）

右图：洁白的沙丘和湛蓝的湖水，在拉克依斯马拉赫塞斯国家公园里等你

拉克依斯马拉赫塞斯国家公园（Lençóis Maranhenses National Park）漂浮在一片沙丘之海上。每年 1 月至 5 月的雨季，雨水在沙丘之间的低洼处聚积，形成一个个形状各异的水洼、池塘，甚至还有两处较大的湖泊。洁白的沙丘与湛蓝的水面交织在一起，造就了此番宛如仙境的美景。

这条路线由东向西，穿越国家公园，耗时 3 天，途中会经过两座位于荒漠中的湖泊。游客从圣路易斯市（São Luís）出发，乘车前往普雷吉萨斯河（Preguiças River），而后乘船抵达阿廷斯村（Atins），来到步道的起点。从这里可以开始第一天 16 千米的徒步，沿途可以在水塘里踩踩水，清爽一下。

第一天的行程在拜萨格兰德湖（Oásis Baixa Grande）结束。这里居住着五六个人家，游客可以买到食物，租用吊床。第二天的行程约 10 千米，继续向西，来到凯马达湖（Oásis Queimada dos Britos）。最后一天，经过 16 千米的徒步，抵达贝塔尼亚村（Betânia），从这里可以乘车返回圣路易斯市。

## 165

## 拱石步道
### 杰里科科拉国家公园
巴西

前往杰里科科拉海滩（Jericoacoara Beach）需要在沙地上驱车数小时。到了以后，可以在海滩上活动一下。这条海滩步道往返约 4 千米，通往一处由海浪侵蚀所形成的拱门状的岩石。每年在 6 月 15 日至 7 月 30 日，太阳在落日时分会刚好穿过拱门中间，给爱好摄影的人创造了难得的机会。

## 166

### 海豚湾
**费尔南多·迪诺罗尼亚国家海洋公园**
巴西

　　这座国家公园距离巴西东海岸约 350 千米，由大大小小 21 座火山岛及周围的海域构成，有着景色迷人的海滩，是著名的浮潜胜地。在主岛上有一条往返 3.2 千米的步道，途经库拉尔海滩（Curral Beach）和马代罗海滩（Madeiro Beach），而后登上一个位于悬崖顶部的观景台，从这里很有可能看到长吻原海豚在海浪中跳跃翻转。

## 167

### 灯塔步道
**费尔南多·迪诺罗尼亚国家海洋公园**
巴西

　　这是主岛最长的一条步道，往返约 9.6 千米，行走在岩石峭壁之上。途中会经过一个观景台，可以俯瞰海龟筑巢地"狮子海滩"（Lion Beach）。继续向前，可以一直走到主岛最西端的萨帕塔灯塔（Farol da Sapata），从这个角度，可以欣赏到南美大陆、主岛北侧和主岛南侧三个方向的景色。

第二章　南美洲　135

**168**

## 拉庞岩洞
**查帕达迪亚曼蒂纳国家公园**
巴西

瀑布和洞穴是查帕达迪亚曼蒂纳国家公园（Chapada Diamantina National Park）的特色。这里的许多洞穴都在水下，只能潜水进入，而拉庞岩洞（Gruta do Lapão）虽然也是经拉庞河（Lapão）冲刷而成，但每年都会有一段旱季，可以步行游览。这条步道往返10千米，从伦索伊斯镇（Lençóis）出发，前往拉庞岩洞。洞口处是石英砂岩峭壁，十分高大。在旱季可以跟随向导深入岩洞欣赏洞内千姿百态、耀眼夺目的石英砂岩。

## 169

## 黑针峰
### 伊塔蒂艾亚国家公园
巴西

游览巴西第一座国家公园，打卡该国第五高山峰

- **距离**
  往返 4.8 千米，海拔爬升 357 米
- **起点**
  黑波萨斯营地
- **难度**
  高级：山体陡峭，选择安全的攀登路线
- **建议游览时间**
  每年 5 月至 8 月

左图：黑针峰是伊塔蒂艾亚国家公园里一组直上直下的黑色岩石

伊塔蒂艾亚国家公园（Itatiaia National Park）成立于 1937 年，保护着曼蒂凯拉山脉（Mantiqueira Mountains）的一片区域，以及十几条主要河流的源头。"伊塔蒂艾亚"（Itatiaia）在图皮语（Tupi）中意为"像针一样尖的石头"，山如其名，这里的山峰的确陡峭而险峻，不过倒也不是高不可攀。

园区内的最高点位于黑针峰（Pico das Agulhas Negras），海拔 2791 米。上山的路线从黑波萨斯营地（Rebouças Shelter）开始。说是路线，但是很难想象从这里真的可以登上山顶。经验丰富的登山者可以顺着倾斜的岩石顺利攀爬，入门级选手可能需要聘请向导，在陡峭的路段还要系上安全绳。

## 170

## 烟雾瀑布
### 查帕达迪亚曼蒂纳国家公园
巴西

这个国家公园坐落在一块巨大的高地之上，园内的烟雾瀑布（Cachoeira da Fumaça）高 420 米，是巴西第二高的瀑布。微风将细细的水流吹散，如水雾一般，烟云缭绕，因此而得名。有一条通往瀑布观景台的步道，从卡庞村（Capão）出发，往返 11 千米，海拔爬升 488 米。

第二章 南美洲 137

## 171

### 伊瓜苏瀑布
**伊瓜苏国家公园**
巴西

伊瓜苏瀑布（Iguazú Falls）横跨巴西和阿根廷两国。伊瓜苏河（Iguazú River）流经巴拉那高原（Paraná Plateau），在断崖处飞流直下，跌入被称为"魔鬼之喉"（Devil's Throat）的峡谷中。这里有很多大大小小的断崖，雨季水量大的时候，河水所及之处可形成多达 300 个瀑布。在巴西境内的一侧有一条往返 3.2 千米休闲步道，路面平整，乘坐轮椅亦可无障碍通行。途中有多个观景台，其中一个可以俯瞰"魔鬼之喉"里雾气弥漫的深渊。

## 172

### 科托维罗步道
**阿帕拉多斯山脉国家公园**
巴西

佩尔迪斯河（Perdiz River）在巴西南部劈山而行，开辟出狭长的伊泰恩贝济纽峡谷（Itaimbezinho Canyon），河水从上千米高的悬崖落入深渊，形成瀑布。科托维罗步道往返 6 千米，沿峡谷而行，来到"新娘头纱"瀑布（Véu de Noiva Waterfall）的顶端，俯瞰峡谷深处的震撼风景。

下图：伊瓜苏瀑布规模庞大、错综复杂，造就世界一流景观

## 博伊河步道
**阿帕拉多斯山脉国家公园**
巴西

俯瞰过伊泰恩贝济纽峡谷之后，未免会对 660 米下狭长的世界动心。在峡谷的底部，有一条 7 千米的博伊河步道（Boi River Trail）蜿蜒而行，起点位于普拉亚格兰德镇（Praia Grande）附近的博伊河管理站。峡谷里如果出现暴洪，十分危险，建议在 7 月至 10 月的旱季游览，并在出发前再次查看天气。

## 174

## 埃尔乔罗步道
### 科塔帕塔国家公园
玻利维亚

从高山到低谷，沿着印加古道，一路向下，深入玻利维亚的原始雨林

◆ **距离**
单程 56 千米，海拔下降 2853 米

◆ **起点**
拉昆布雷山口

◆ **难度**
中级

◆ **建议游览时间**
5月至10月

埃尔乔罗步道（El Choro Trek）上所有的上升路段，都集中在出发后的第一个小时里。出发后一路攀登至步道的最高点，海拔 4859 米，之后便是一路下坡。沿着印加古道，从拉昆布雷山口（La Cumbre Pass）下降到科罗伊科市（Coroico）。下坡对膝盖和其他关节的冲击很大，特别是背包负重的时候，建议将路程分为 4 天完成，并且使用登山杖，以减轻对下肢的负担。

从视野开阔的高海拔下降后，步道将进入茂密的热带雨林。沿途会经过许多村庄，向游客提供露营、住宿等服务，可以满足游客的基本需求。

## 175

## 珀木拉普火山
### 萨哈马国家公园
玻利维亚

珀木拉普火山（Pomerape Volcano）是一座圆锥状的复式火山。登上这座火山，可以一次性打卡两个国家和国家公园。火山的一侧是玻利维亚的萨哈马国家公园（Sajama National Park），另一侧是智利的劳卡国家公园（Lauca National Park）。从玻利维亚一侧攀登要容易一些，虽然路线并不复杂，但是需要冰镐和冰爪等必要的装备，来应对山顶的冰雪。

# 176

## 托罗托罗峡谷
**托罗托罗国家公园**
玻利维亚

在白垩纪，这里曾是一片沼泽地，栖息着各种恐龙。随着时间的推移，这一地区早已干旱，而恐龙在泥土中留下的脚印，也被永久地封在了石头里。到目前为止，这里已经发现了超过 3500 处脚印和行迹，来自至少 8 种恐龙。

有一条往返 21 千米的步道，可以欣赏到这些壮观的恐龙足迹。这些历史遗迹并不坚固，而且十分珍贵，所以请不要随意践踏。步道一直延伸到托罗托罗峡谷的边缘，随后下到峡谷底部。峡谷深处，瀑布下面的一汪池水，清凉舒适，是对这一路辛劳最好的奖赏。

左图：雨季水位暴涨，可能会冲垮埃尔乔罗步道上的桥堤

第二章　南美洲　141

## 177

### 拉诺拉拉库火山
### （途经摩艾石像）
**拉帕努伊国家公园**
智利

拉帕努伊岛（Rapa Nui）也叫复活节岛（Easter Island），位于南太平洋，距离智利西部 3540 千米。第一批在这里定居的人，把它叫作"世界的尽头"。这个小火山岛上，有着著名的摩艾石像，吸引着众多游客前来观赏。这些巨型半身人像由火山岩雕刻而成，是重要的历史文化遗迹。这条初级步道往返 6.4 千米，途经几处摩艾石像，最终到达拉诺拉拉库火山（Rano Paraku）的火山口。

## 178

### 特雷瓦卡火山
**拉帕努伊国家公园**
智利

拉帕努伊岛是一座三角形的岛屿，在每个顶点各有一座死火山，特雷瓦卡火山（Monte Terevaka Volcano）是最年轻的一座，也是最高的一座，海拔 511 米。想要登上拉帕努伊岛的最高点，有一条往返 9.6 千米的步道，海拔爬升 364 米，可以将整座岛屿一览无余。

左图：摩艾石像由拉帕努伊岛的原住民用整块巨石雕刻而成

# 佩特罗韦瀑布
## 维森特·佩雷斯·罗萨莱斯国家公园
智利

在托多斯洛斯桑托斯湖（Lago Todos los Santos）的下游，佩特罗韦河（Petrohué River）顺着玄武岩上的凹槽流下，形成佩特罗韦瀑布（Petrohué Waterfalls）。公园里有一条往返1.6千米的步道，可以近距离欣赏到瀑布的美景。瀑布和湖泊都位于终年积雪的奥索尔诺火山（Osorno Volcano）脚下。这座火山在1575—1869年喷发了11次，喷出的玄武质熔岩如今便是这座瀑布的基座。

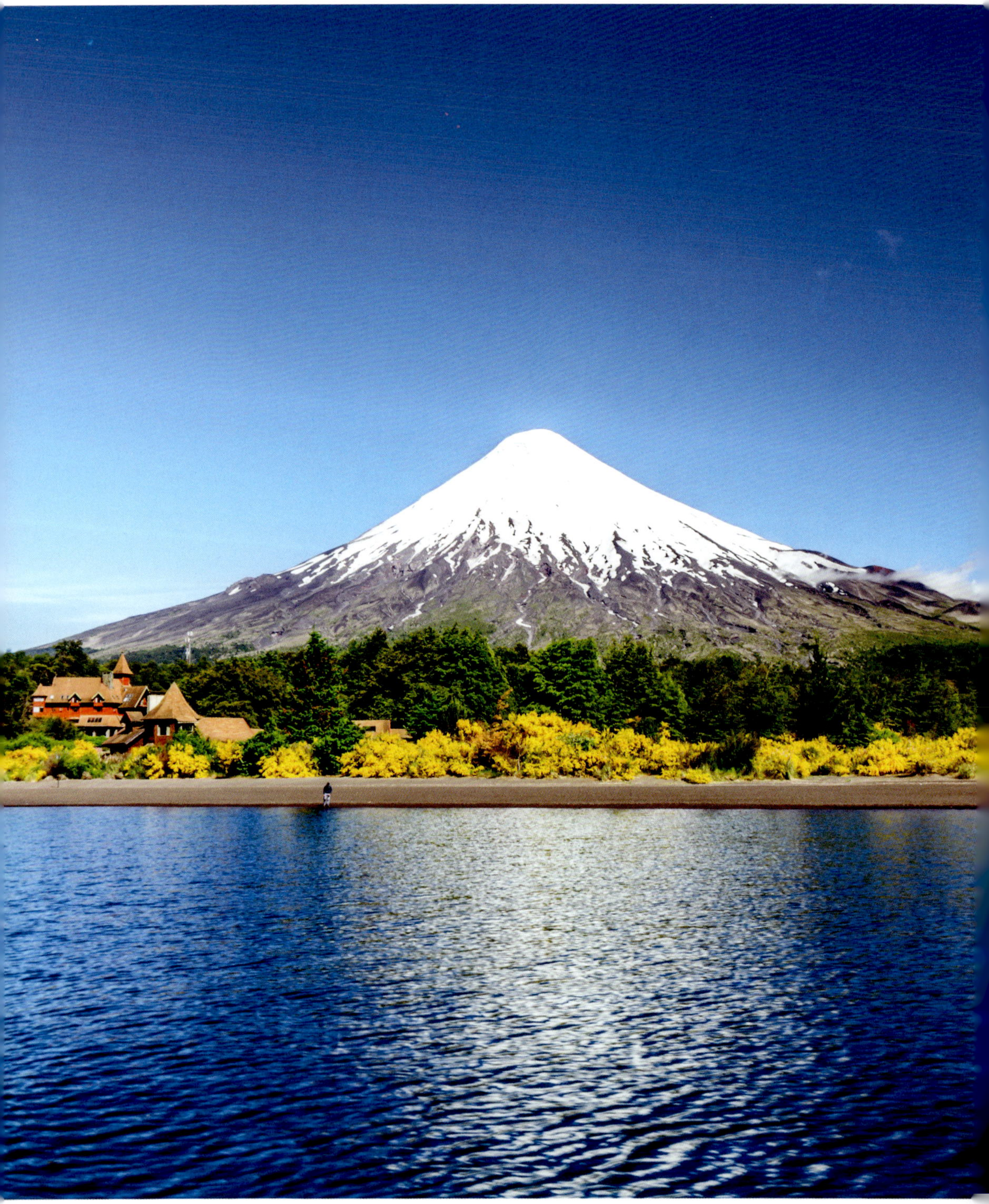

## 180

## 荒凉山口
**维森特·佩雷斯·罗萨莱斯国家公园**
智利

在一次单日长途徒步中，领略智利最老国家公园的独特景色

◆ **距离**
环线 22.5 千米，海拔爬升 884 米

◆ **起点**
佩特罗韦露营地（Petrohué campsite）

◆ **难度**
中级

◆ **建议游览时间**
每年 10 月至次年 4 月，花期在 11 月

左图：在荒凉山口，欣赏奥索尔诺火山和延基韦湖的风景

荒凉山口（Desolation Pass）位于奥索尔诺火山（Osorno）和皮卡达火山（Cerro La Picada），可以 360°全方位欣赏四周的美景，把周围的几座火山以及巴塔哥尼亚安第斯山脉（Patagonian Andes）、延基韦湖（Lago Llanquihue）和托多斯洛斯桑托斯湖全部收入眼底。黑色的火山沙松软难行，走在上面好像整个路程都被拉长了。然而，这些力气绝对没有白费，回程继续沿着托多斯洛斯桑托斯湖湖边的黑色沙滩，既可以不走回头路，又可以近距离欣赏到湖岸的美景。

从荒凉山口向南望去，可以看到地球上最大的保护区之一。智利的维森特·佩雷斯·罗萨莱斯国家公园（Vicente Pérez Rosales National Park）和普耶韦国家公园（Puyehue），以及邻国阿根廷的纳韦尔·瓦皮国家公园（Nahuel Huapi）和拉宁国家公园（Lanín），组成了一个连环保护区，共同守护着安第斯山脉将近 15000 平方千米的区域。

## 181

## W/O/Q 环线
**百内国家公园**
智利

百内国家公园（Torres del Paine National Park）里有三条相互重叠的长距离步道，编号分别为 W、O 和 Q。W 步道最短，路线呈"W"形，全程 80 千米，可以欣赏到公园里几处著名的风景。O 步道是一条环线，其中包含了 W 步道，并在其两端延伸出去约 30 千米，绕到百内山脉的后侧相遇，形成一条"O"形路线。Q 步道是在 O 步道的基础上，向南延伸至佩霍湖（Lake Pehoe），可以欣赏到隽秀的山景。行程中所有的露营地都需要提前预订。

## 182

### 弗雷营地
**讷韦尔·瓦皮国家公园**
阿根廷

这条徒步路线往返约 19 千米，起点位于南美洲最大的滑雪场，终点是安第斯山脉上的一处小屋。每年 7 月至 10 月，也就是当地的冬季，上巴塔哥尼亚 – 卡特德拉尔山（Cerro Catedral Alta Patagonia）的滑雪度假区为将近 15 平方千米的滑雪区域提供缆车服务。其中一部分缆车在夏季仍然开放，可供登山者上山使用。无论是坐缆车，还是全程徒步，都可领略这里迷人的风景。

## 183

### 瓜纳科山峰顶步道
**火地岛国家公园**
阿根廷

火地岛国家公园（Tierra Del Fuego National Park）位于巴塔哥尼亚南端的一个岛上，可以说是货真价实的"世界尽头"——贯穿美洲大陆的泛美公路到此结束，"世界之端"列车（End of the World Train）在这里设有一处车站（El Parque）。这条登顶步道往返 13.5 千米，海拔爬升 900 多米。从海平面一跃登上海拔 973 米的山顶，可以俯瞰到岛上的美景。

下图：在弗雷营地（Refugio Frey）过夜需提前预订

## 海岸步道
**火地岛国家公园**
阿根廷

这条步道沿着火地岛的海岸线而行，往返 15 千米，路面平整易行，路标清晰，从恩塞纳达湾（Ensenada Bay）延伸至拉帕塔亚湾（Lapataia Bay）。步道穿过亚南极森林和鹅卵石海滩，可以看到雷东达岛（Redonda Island）和比格尔海峡（Beagle Channel）。1835 年，比格尔号（HMS Beagle）曾载着查尔斯·达尔文（Charles Darwin）绕过南美洲的最南端，抵达加拉帕戈斯群岛，该海峡也因此而得名。

# 佩里托·莫雷诺冰川步道
## 冰川国家公园
阿根廷

在阿根廷最大的国家公园中，探访规模庞大的冰盖

◆ **距离**
往返 4.7 千米，海拔爬升 183 米

◆ **起点**
埃尔卡拉法特镇（El Calafate）

◆ **难度**
初级

◆ **建议游览时间**
全年开放，12 月到次年 3 月观赏到"冰堤泄洪"的概率更大

冰川国家公园（Los Glaciares National Park）占地 7000 多平方千米，有三分之一的区域被巨大的冰盖所覆盖，滋养着 47 座大型冰川。其中有 13 条冰川向西流入太平洋，其余的则汇入那些湛蓝的高山湖泊中。这些湖泊中，也有一些顺着河流向东流淌，最终注入大西洋。公园地处巴塔哥尼亚山脉南部，纬度较高，同时受到太平洋的影响，使得这里的冰川海拔不高，从海拔 1500 米左右的高度，向下流动到海拔不及 200 米的位置。其中有几座冰川，业余徒步者也可以尝试，比如佩里托·莫雷诺冰川（Perito Moreno Glacier），通过一条往返 4.7 千米的初级步道即可到达。游客需要穿着坚固的靴子、佩戴冰爪，以应对崎岖又光滑的地形。

佩里托·莫雷诺冰川最终汇入阿根廷湖（Lake Argentino），在湖边筑起宽 4.8 千米、高 73 米的冰墙。常有巨大的冰块从陡峭的冰墙上脱落，坠入湖中，成为浮冰。湖中有一处被称作"里科之臂"（Rico Arm）的景观，这里经常会被浮冰堵塞，将湖水拦截。每隔几年，湖水会冲破这道冰堤，场面壮观如泄洪一般，是一种罕见的自然现象。

### 186

## 菲茨罗伊峰步道
**冰川国家公园**
阿根廷

冰川国家公园里有一条通往洛斯特雷斯湖（Laguna de los Tres）的步道，可以目睹由菲茨罗伊山那些花岗岩峰顶勾勒出来的崎岖的线条。步道往返23千米，到达湖泊前的最后1.5千米十分陡峭，最好带上登山杖和冰爪，以防路面上冰雪未融。2014年，美国纪录片《徒手攀岩》（*Free Solo*）中的主角亚历克斯·霍诺尔德（Alex Honnold）与搭档汤米·考德威尔（Tommy Caldwell）共同完成了第一次菲茨罗伊穿越，一次性攀登了菲茨罗伊山中的所有山峰。

下图：旅行社为游客提供不同强度的线路，游览佩里托·莫雷诺冰川

# 第三章
# 欧　洲

探索"旧大陆"上那些纵横交错的古道，从峻峭的阿尔卑斯山，到东欧庞大的洞穴群，这里的徒步路线令人向往。

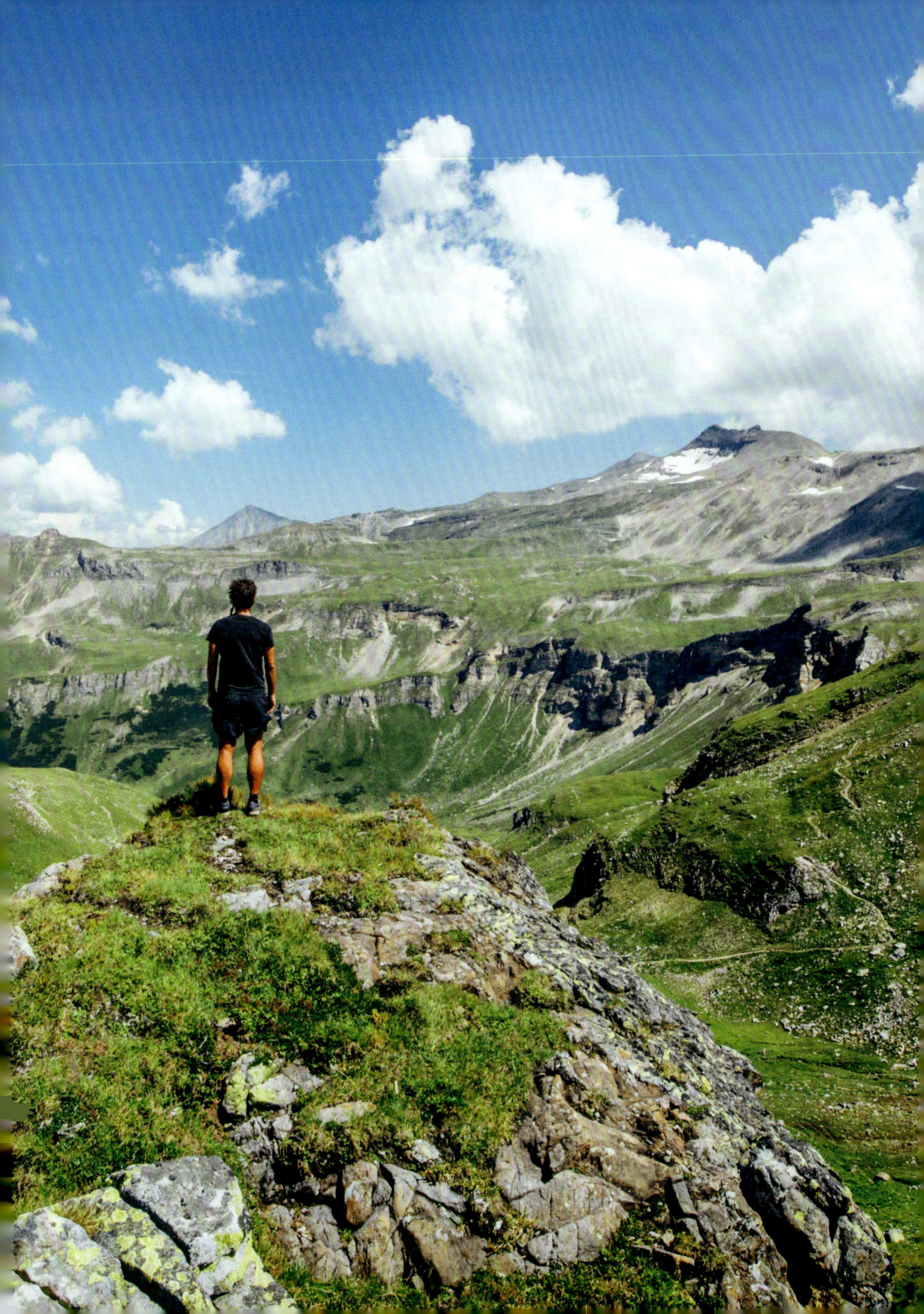

## 公牛步道
### 斯奈山冰川国家公园
冰岛

冰岛有三个国家公园,但是能够下到海边的,只有斯奈山冰川国家公园(Snæfellsjökull National Park)。在这里可以欣赏到冰岛特色的黑沙滩,这条3.2千米的环线步道便会经过几处。在黑熔岩珍珠海滩(Black Lava Pearl Beach),遍地都是光滑的圆形火山岩,而杜帕隆桑杜尔海滩(Djúpalónssandur Beach)则有着著名的"试力石"。数百年来,渔民用这几块巨石来测试自己的力气。这三个圆形的石头还有着各自的名字,分别是"全力石"(Fullsterkur)、"半力石"(Hálfsterkur)和"体虚石"(Hálfdrættingur),重量从45千克到150千克不等。如果想要尝试的话,记得要用腿发力,千万不要只用腰。

右图:炙热的岩浆遇到冰冷的海水后迅速冷却,造就了冰岛沿海独特的地貌

## 188

### 教会山瀑布
**斯奈山冰川国家公园**
冰岛

这条几百米的休闲步道，通往冰岛的一处摄影胜地。教会山瀑布（Kirkjufellsfoss）位于斯奈山半岛（Snæfellsjnes）北岸，靠近一个叫作格伦达菲厄泽（Grundarfjörður）的渔村。旁边的教会山（Kirkjufell Mountain）以其威严的轮廓为这座双层瀑布烘托布景。瀑布后面那些充满律动的极光，可以为你留下一张极具冰岛特色的美照。

## 189

### 瓦汀舍利尔洞穴
**斯奈山冰川国家公园**
冰岛

作家儒勒·凡尔纳（Jules Verne）在其1864年的小说《地心游记》中描绘了斯奈菲尔火山（Snæfellsjökull）下一条通往地下世界的熔岩隧道。虽然在瓦汀舍利尔洞穴（Vatnshellir Cave）中不会像在小说里一样看到恐龙，但是进入这个有着8000年历史的熔岩隧道，的确像是进入了另一个世界。游客可以报名参加半日游，沿着一个陡峭的螺旋楼梯，下降到位于地表以下35米的洞室，里面五光十色，惊艳至极。

第三章 欧洲

## 190

# 斧溪瀑布
## 辛格维利尔国家公园
### 冰岛

神秘的大西洋海岭在此露出水面，大西洋于此诞生

◆ **距离**
往返 4.2 千米，海拔爬升 227 米

◆ **起点**
游客中心

◆ **难度**
初级

◆ **建议游览时间**
全年开放

右图：斧溪瀑布从阿尔曼纳陡崖（Almannagjá）流下，形成 13.5 米高的瀑布

下图：在两个板块的夹缝中穿行，探访斧溪瀑布

在过去的 2 亿年中，大西洋中脊沿线的板块运动和火山活动为大西洋的形成打开了空间，并在海底形成了一条从北冰洋延伸到非洲南端的海底山脉。冰岛坐落在洋中脊上，是中脊上少数几个因剧烈的火山活动而露出海面的地方。

在首都雷克雅未克外的辛格维利尔国家公园（Thingvellir National Park），游客可以体验在大西洋中脊上行走。这条初级步道往返 4.2 千米，通往斧溪瀑布（Öxarár-foss Waterfall）。步道两侧矗立着高大的玄武岩壁，西侧是北美洲板块，东侧是欧亚板块。

这个国家公园不仅在地理上十分特殊，也具有重要的历史意义。从 930 年到 1798 年，冰岛每年的议会，都是在两个板块之间的通道中举行。

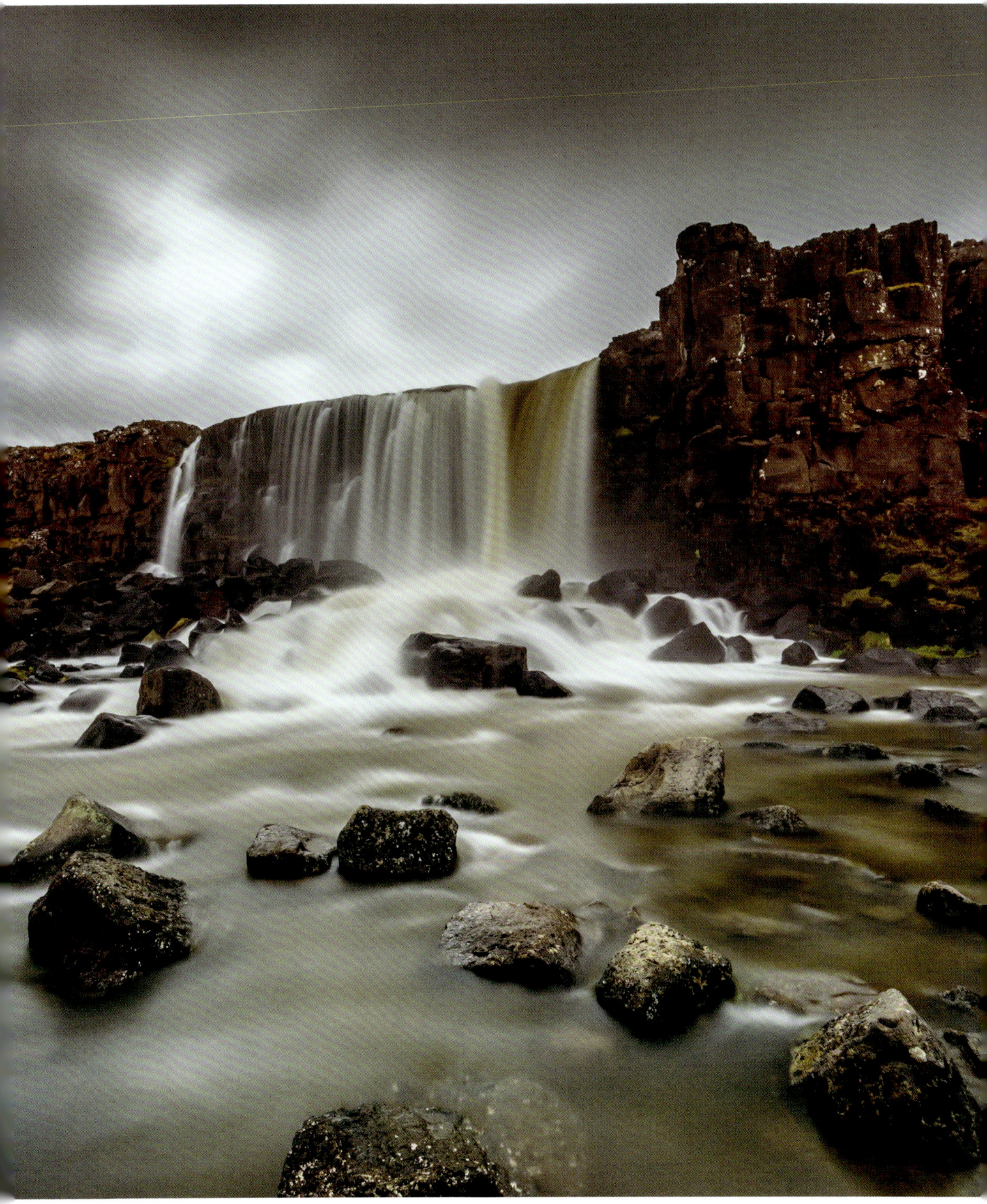

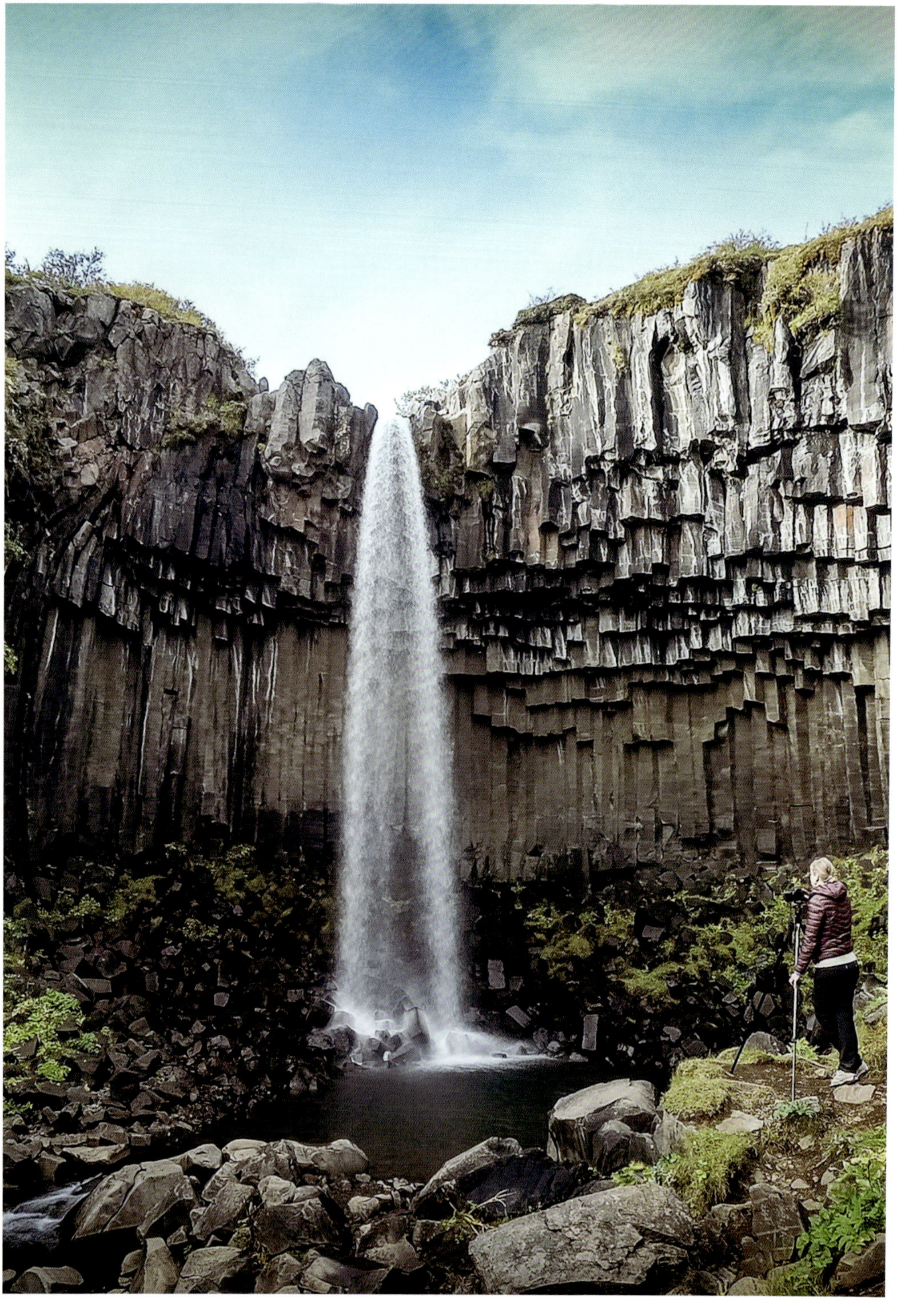

## 191

# 斯瓦蒂瀑布
## 瓦特纳冰川国家公园
冰岛

火山喷发，将冰川融化，演绎大自然的"冰与火之歌"

◆ **距离**
环线 4.8 千米，海拔爬升 168 米

◆ **起点**
斯瓦蒂瀑布游客中心

◆ **难度**
初级

◆ **建议游览时间**
全年开放

左图：斯瓦蒂瀑布，又叫"黑瀑布"，落差 24 米

冰岛被称为"冰火之地"。在其巨大的冰盖下，矗立着 30 座活火山。这些冰下火山一旦喷发，会迅速融化覆盖在上方的冰川，引发冰川暴洪。

从首都雷克雅未克驾车前往瓦特纳冰川国家公园（Vatnajökull National Park）的路上，会穿过一片广阔的冲积平原。1996 年，斯给扎拉尔冰川（Skeiðarárjökull）下的格里姆火山（Grímsvötn）爆发，融化的冰川倾泻而下，由此产生了这片冲积平原。如今这里被叫作斯给扎拉尔黑沙滩（Skeiðarársandur），是地球上一处重要的灾难性景观。

斯瓦蒂瀑布（Svartifoss Waterfall）由斯给扎拉尔冰川的融水形成。早期火山喷发后，熔岩缓慢冷却，开裂成六边形的玄武岩柱，构成了悬崖瀑布。这里有一条 4.8 千米的环线步道，途中的一座桥上可以观赏到瀑布的美景。

## 192

# 旁支冰川
## 瓦特纳冰川国家公园
冰岛

这条往返 6.4 千米的步道通向旁支冰川（Falljökull Glacier）的底部。旁支冰川是瓦特纳冰川的一个分支，从瓦特纳冰川分流出来，形成一个独立的小型冰川。受到气候的影响，这座冰川正在消退，底部的冰与黑色的火山沉积物融合，形成黑冰。这也提醒了我们，在冰岛巨大的冰盖下，隐藏着数十座活火山。

第三章 欧洲 **157**

### 193

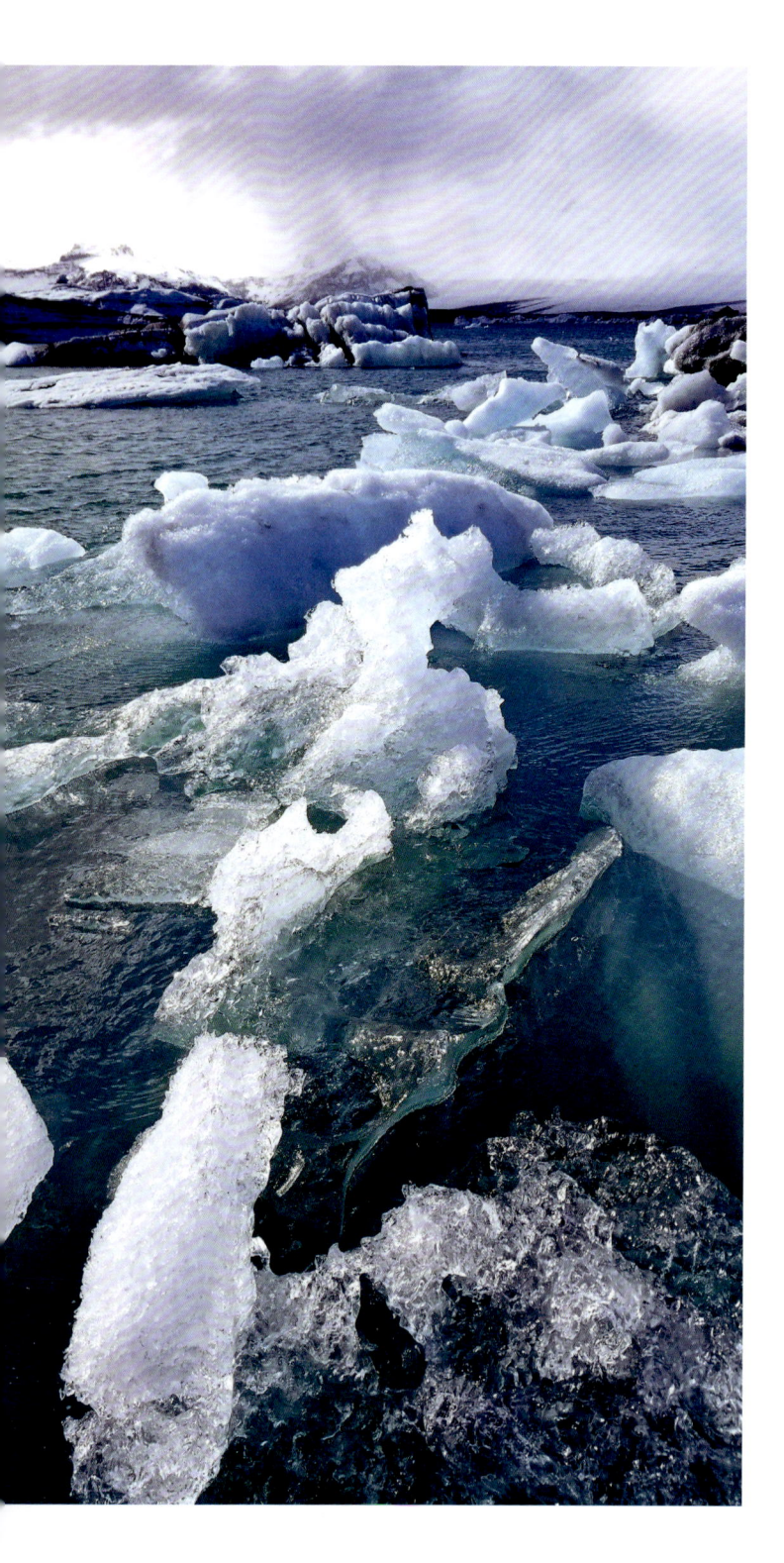

## 杰古沙龙冰河湖
**瓦特纳冰川国家公园**
冰岛

瓦特纳冰川国家公园面积巨大,占据了冰岛面积的14%。园内保护着瓦特纳冰盖(Vatnajökull Ice Cap),这是欧洲最大的冰体。这条往返7.2千米的中级步道通往布赖达梅尔库里冰川(Breiðamerkurjökull)的边缘,巨大的冰块断裂脱落,坠入湛蓝的杰古沙龙冰河湖(Jökulsárlón Glacier Lagoon)。这条步道沿着冰河湖的边缘而行,湖里大大小小数不清的浮冰,朝向大海漂泊而去。沿着杰古沙河(Jökulsá)走到入海口,可以看到这些浮冰在海浪中翻滚。

左图:杰古沙龙冰河湖深至248米,是冰岛最深的湖泊

## 194

# 洛加维格步道
### 瓦特纳冰川国家公园
冰岛

　　这条 55 千米的徒步之旅堪称史诗级体验，一路上经过火山、冰川、冰洞、黑沙漠、苔藓覆盖的平原，甚至还能看到冰岛的森林（冰岛的植被稀少可是出了名的）。除此之外，还有兰德曼纳劳卡温泉（Landmannalaugar）和索斯默克峡谷（Thórsmörk）。人们一般从北侧出发，一路向南，走完全程需要 4 天的时间。可以提前预订沿途的徒步驿站，也可以自备帐篷。即使是在盛夏时节，也要做好在冰天雪地中长途跋涉的准备，带上冰上徒步的装备。

下图：洛加维格步道（Laugavegur Trail）只在夏季开放（6 月至 9 月）

# 莫赫悬崖海岸步道
## 巴伦国家公园
爱尔兰

在爱尔兰西海岸，领略好莱坞电影中的"疯狂悬崖"

◆ **距离**
单程 18.3 千米，海拔爬升 503 米

◆ **起点**
杜林镇，可搭乘公交车或出租车前往

◆ **难度**
中级

◆ **建议游览时间**
全年开放

巴伦国家公园（Burren National Park）和莫赫悬崖世界地质公园（Cliffs of Moher UNESCO Global Geopark），曾是好莱坞早期电影《公主新娘》中"疯狂悬崖"（Cliffs of Insanity）的取景地，近些年在电影《哈利波特与混血王子》中也出现过。这里的悬崖由页岩和砂岩组成，历经 3 亿多年，在河口处沉积而成。悬崖底部的岩层受到海浪的侵蚀，形成了许多海蚀柱和岩洞，引得 20 多个种类的数千只海鸟在此筑巢繁殖，其中就包括北极海鹦。繁殖季节在每年 3 月到 5 月。

这条步道单程 18.3 千米，沿悬崖顶部，从杜林（Doolin）一路向南，走到哈格斯角（Hag's Head）。为了避免因悬崖被不断侵蚀所带来的危险，在内陆一侧又修建了一条与之平行的步道，作为替代。风大的日子不可执意前行。

上图：莫赫悬崖位于水面 213 米之上

左图：莫赫悬崖海岸步道上的海石竹

## 196

## 钻石山环线步道
**康尼玛拉国家公园**
爱尔兰

不列颠群岛（the British Isles）上的山峰，根据其海拔和地形突起度，被分成不同的类别，包括 Munros 系列（海拔 914 米以上），Vandeleur-Lynams 系列（海拔 600 米以上）以及 Arderins 系列（海拔 500 米以上）。钻石山海拔只有 442 米，不符合以上任何一个类别对海拔的要求，但因其出色的地形突起度，被纳入 Marilyns 系列（地形突起度 150 米以上）。这条"8"字形步道全程 7.2 千米，最高点位于钻石山山顶，是公园里十分受欢迎的路线之一，可以欣赏到康尼玛拉地区（Connemara）绝美的海岸线。

第三章 欧洲 **161**

## 魔鬼之梯
**基拉尼国家公园**
爱尔兰

基拉尼国家公园内矗立着爱尔兰境内最高的山脉——麦吉利卡迪山脉（Macgillycuddy's Reeks）。这条名为"魔鬼之梯"的步道往返12.9千米，可以登顶爱尔兰的最高点——海拔1038米的卡朗图尼尔山（Carrauntoohil）。从克罗宁旅馆（Cronin's Yard）出发，经过古拉湖（Lake Gouragh）和卡利湖（Lake Callee），最后来到"魔鬼之梯"，登上这段陡峭的碎石子路，直达山顶。除了这条步道以外，还有一条25.8千米的麦吉利卡迪山脊路线（Macgillycuddy's Reeks Ridge Walk），可以穿越整座山脉。

## 198

### 托尔克瀑布步道
**基拉尼国家公园**
爱尔兰

在成为国家公园之前,这里曾是一处私人领地,坐拥爱尔兰最大的一片本土林地。如今,这里是爱尔兰仅存的一群马鹿的家园。橡树和红豆杉林是这座国家公园的特色,沿着这条6.4千米的环线步道,便可前去探望这些古老的树木,还可以欣赏托尔克瀑布(Torc Waterfall)。步道旁边就是马克罗斯湖(Muckross Lake),再加上园区内的另外两座湖泊,几乎覆盖了公园面积的四分之一。

## 199

### 奥勒湖环线步道
**威克洛山脉国家公园**
爱尔兰

环绕这座心形的湖泊,有一条7.4千米的步道。从格伦麦克纳斯瀑布(Glenmacnass Waterfall)的停车场出发,踩着格伦麦克纳斯河(Glenmacnass River)中湿滑的石头来到对岸,登上山脊,便可以看到整座湖泊。在春季或者暴雨后要格外小心,因水位过高,无法安全地过河。建议顺时针方向环湖,中途可以稍微绕道,打卡海拔817米的托内勒吉山(Tonelegee Mountain),在爱尔兰语里也叫"背风山"。

下图:奥勒湖(Lough Ouler),也叫"爱湖"(Lake of Love),紧邻首都都柏林南部

## 200

# 格鲁山口
## 凯恩戈姆国家公园
苏格兰

循古道，跃山口，尽荒凉

◆ **距离**
单程32千米，海拔爬升约800米

◆ **起点**
南北两侧各有两条路线可供选择

◆ **难度**
高级：山路崎岖，路程较长

◆ **建议游览时间**
5月至10月，如遇极端天气，"山口"可变"风口"，十分恶劣

右上图：穿过凯恩戈姆山脉（Cairngorm Mountains）的中心地带，抵达格鲁山口

右下图：凯恩戈姆国家公园里温驯的驯鹿，是不列颠群岛上唯一的野生驯鹿

中世纪以来，苏格兰的牧民沿着纵横交错的土路，将牲畜赶往各处村落。这些土路当中有很多已经被铺设成适合汽车行驶的马路，但是还有一些保持着其原始状态。格鲁山口（Lairig Ghru）位于苏格兰高地的一条古道上，穿过凯恩戈姆国家公园（Cairngorms National Park）的中心地带，两侧分别是斯特拉斯佩村（Strathspey）和迪赛德村（Deeside）。在这里徒步难度较高，净是一些崎岖的荒野路段。

前往格鲁山口有多条路线可供选择。北面可以从莫尔峡谷（Glen More）出发，经查拉曼峡谷（Chalamain Gap）的石原到达；或者从阿维莫尔镇（Aviemore）出发，经罗西穆尔丘斯森林（Rothiemurchus Forest）到达。南面可以从布雷马镇（Braemar）出发，经路易山谷（Glen Lui）或迪伊山谷（Glen Dee）到达，也可以从布莱尔亚瑟尔镇（Blair Atholl）出发，经蒂尔特山谷（Glen Tilt）到达。如果想当日往返的话，可以从南北任意一端开始，前往山口附近的迪伊湖（Pools of Dee）。

### 201

#### 麦克杜伊山
**凯恩戈姆国家公园**
苏格兰

打卡英国第二高峰，本身就是一件值得炫耀的事情，但这次徒步真正的奖励还不止于此。从凯恩戈姆滑雪场（Cairngorm Ski Resort）出发，沿着11.7千米的环线步道，经过大不列颠岛上海拔最高的水体"金湖"（Lochan Buidhe），穿过凯恩戈姆高原（Cairngorm plateau），登顶海拔1309米的麦克杜伊山（Ben Macdui）。从这里俯瞰纵深488米的格鲁山口，这般"鬼斧神工"才是真正的奖励。

### 202

#### 克洛瓦山谷—玛雅尔峰和杜里舒峰
**凯恩戈姆国家公园**
苏格兰

苏格兰共有282座海拔超过3000英尺（约合914米）的山峰，统称为"芒罗山"（Munros），走完这条14.5千米的环线步道，便可以登顶其中的两座。这条步道全年开放，建议走顺时针方向，路面石头较多，但是大部分路段比较平缓。如果在冬天游览，需要准备登山杖和防滑装置。整条路线美丽，是芒罗山中少有的冬季亦可攀登的山峰。

第三章 欧洲 **165**

## 203
### 布拉克林瀑布环线
**洛蒙德湖—特罗萨克斯国家公园**
苏格兰

这座国家公园的中心是苏格兰最大的湖泊——洛蒙德湖（Loch Lomond），公园里还有一片叫作特罗萨克斯（Trossachs）的区域，由丘陵和山谷组成，十分广阔。这条5.3千米的环线步道辗转于这里的山谷丘陵，邂逅成群的苏格兰高地牛，还会经过一座漂亮的木桥。站在桥上，感受从瀑布飘来的水花。这座瀑布便是在英国经典电影《巨蟒与圣杯》中出现的布拉克林瀑布。

## 204
### 普塔米甘岭步道
**洛蒙德湖—特罗萨克斯国家公园**
苏格兰

洛蒙德山（Ben Lomond）位于洛蒙德湖东岸，高974米，是苏格兰"芒罗山"中最靠南的一座。沿着普塔米甘岭步道（Ptarmigan Ridge Path），一路登顶，俯瞰洛蒙德湖。如果赶上晴朗无云的好天气，向北还可以看到苏格兰的最高点——本尼维斯山（Ben Nevis）。这条12千米的环线步道虽不是唯一的登顶路线，却是风景最优美的一条。

## 205

# 苏格兰西部高地徒步
## 洛蒙德湖—特罗萨克斯国家公园
苏格兰

穿越西部高地和中部低地，挑战苏格兰史上第一条长距离徒步路线

◆ **距离**
单程154.5千米，一般需要6~10天完成

◆ **起点**
米尔盖

◆ **难度**
高级：距离较长，天气多变

◆ **建议游览时间**
5月至10月

左上图：苏格兰西部高地徒步路线途经苏格兰的低地和高地

左下图：苏格兰西部高地一处风景优美的小别墅

人类在这片土地上游走、放牧已有数千年的历史。20世纪70年代，地理学家菲奥娜·罗丝（Fiona Rose）累计徒步近2000千米，将杂乱交错的古道连接形成一条长距离徒步路线。1980年，这条苏格兰西部高地徒步（West Highland Way）正式完成，2010年成为著名的阿巴拉契亚多国步道（International Appalachian Trail）欧洲段的一部分。

这条路线全长154.5千米，从格拉斯哥（Glasgow）北部的米尔盖（Milngavie），一路北上到威廉堡（Fort William），穿越苏格兰乡村，从低地走到高地。每年约有3万人完成整条路线，一般需要6~10天。大多数人会选择入住沿途城镇的旅馆、旅社和民宿，也有一小部分"硬骨头"会选择沿途搭帐篷露营，还有一些佼佼者根本不需要睡觉——这条步道也是超级马拉松的赛道，头部选手不到24小时即可完赛。

第三章 欧洲 **167**

## 206

## 斯科费尔峰
**湖区国家公园**
英格兰

　　斯科费尔峰（Scafell Pike）海拔978米，是英格兰的最高峰，有多条路线可以登顶。其中，长廊步道（Corridor Route）往返14.5千米，从西斯韦特（Seathwaite）出发。还有一条更短的路线，往返9.3千米，从沃斯代尔（Wasdale）上山。相比之下，长廊步道要清静一些，风景也更美，不过有个别路段需要手脚并用。山顶上有很多碎石头，这是岩石常年被反复冻融的结果。

下图：在大盖布尔山（Great Gable）眺望斯科费尔峰

## 207

### 猫栖山—少女山—瞭望山
**湖区国家公园**
英格兰

这条 12.9 千米的单日步道，被公认为湖区国家公园（Lake District National Park）里景色最美的徒步路线。这条环线在丘陵间缱绻，首先登上猫栖山（Catbells），然后沿着马蹄形的山脊线翻越另外两座山头，将周围山峰、山谷和湖泊的美景 360°纳入眼中。这条路线全年开放，不过冬季路面泥泞湿滑，还有可能结冰，要提前做好准备。

上图：猫栖山、少女山和瞭望山在坎布里亚郡（Cumbria）凯西克镇（Keswick）附近

## 208

### 两岸穿越步道
**湖区国家公园**
英格兰

这条长达 309 千米的路线，西起爱尔兰海（the Irish Sea），东至北海（the North Sea），横穿整个英格兰。走这条路线的人一般会在两侧的海边都踩踩水，标志着行程的开始和结束。整条路线共穿过湖区（the Lake District）、约克郡山谷（the Yorkshire Dales）和北约克郡湿地（the North York Moors）三座国家公园，每座公园都有各自独特的看点，还会路过一些迷人的小镇和村落。

## 209

### 罗塞贝利托普林山
**北约克郡湿地国家公园**
英格兰

这座山有着独特外形，在几千米以外都能轻松辨识，它也因此一直扮演着地标的角色。水手和农民用它来预报风暴来临。有一首古老的英国民谣唱道："要是罗塞贝利托普林山戴上了帽子，快告诉克利夫兰（Cleveland，英国地名），雷暴要来了！"有一条 4.8 千米的环线步道可以登顶这座海拔 320 米的山峰，俯瞰山下开满帚石南的湿地，还有那些极其耐寒的低矮常绿灌木，像地毯一般随着地形起伏绵延。

## 210

### 玛丽安瀑布
**北约克郡湿地国家公园**
英格兰

玛丽安瀑布（Mallyan Spout）高 21 米，是这座国家公园里最高的瀑布。早在维多利亚时代，这座瀑布就带动了附近戈斯兰德村（Goathland）的旅游业，直至今天也魅力不减，英国电视剧《心跳》（*Heartbeat*）便拍摄于此。这条 4.3 千米的环线步道从戈斯兰德村出发，中途下降到谷底，一览西贝克河（West Beck River）的景色，绕了一圈最后回到村里。部分路段常常泥泞不堪，在靠近瀑布的部分，还需要攀爬湿滑的岩石，一定要选择合适的徒步鞋。

下图：罗塞贝利托普林山在周围的地貌中脱颖而出

# 母亲山
## 峰区国家公园
英格兰

峰区国家公园（Peak District National Park）是英国第一座国家公园，这里的人类活动至少可以追溯到中石器时代。公园里出土了许多来自新石器时代、青铜器时代和铁器时代的文物，是重要的考古遗址。沿着这条1.6千米的环线步道可以登顶"母亲山"（Mam Tor，因山体滑坡频发衍生出众多小山而得名），登顶后可以俯瞰青铜器时代和铁器时代的堡垒遗址。

母亲山最独特的地方在于数千年来其山体一直处在变化之中，一个巨大的滑坡缓缓移动，逐渐改变了其东南侧的地貌，摧毁了山脚下的"母亲山路"（Mam Tor Road）。这条公路始建于1800年，于1979年彻底停止使用。

## 南唐斯步道
**南唐斯国家公园**
英格兰

　　南唐斯步道（South Downs Way）全长 161 千米，连接英国南部温切斯特（Winchester）和伊斯特本（Eastbourne）两座城镇。这条步道于 1972 年正式成为英国国家步道，但考古研究显示，人类使用这条路线至少已有 8000 年的历史。绵延起伏的地上由白垩岩打底，表面则铺满了绿草织就的地毯。这里还可以看到著名的"威尔明顿巨人"（Long Man of Wilmington），是一个刻画在山坡上的巨幅人形画像。完成这条路线一般需要 8 天左右，这条路线同时也是一条超级马拉松的赛道，一些专业选手可以在 15 小时内跑完整条路线。

## 威斯特曼森林
**达特穆尔国家公园**
英格兰

　　威斯特曼森林（Wistman's Wood）占地 3.64 公顷，有一条 14.5 千米的环线步道蜿蜒盘绕其间。这里灌木成林，苔藓遍布，像是一块巨大的没有铺装平整的地毯。作为全国最古老的森林，目前最年长的树木已经在这里生活了 500 多年，但是有研究表明，这片山地早在数千年前，就已被茂密的植被所覆盖。这片森林中的树木无一不扭曲狰狞，它们的枝条从长满青苔的花岗石的间隙中奋力钻出，造就了这一幅粗线条的景象。然而福兮祸兮，也正是因为这里的地形令人举步维艰，枝干不修边幅，这些树木才得以免遭砍伐。

上图：达特穆尔马，史前时期就生活在这里

左图：南唐斯步道上高72米的"威尔明顿巨人"

### 214

## 马鞍岩—猎犬岩步道
**达特穆尔国家公园**
英格兰

在达特穆尔开阔连绵的荒原上，总会看到一些棱角分明的突岩，也就是镶嵌在山坡上的小型石头山。这些巨大的岩石提醒着人们，在丝滑起伏的外表下，就是英国最大的花岗岩床。这条8.9千米的环线步道可以游览其中的两处突岩，即马鞍岩（Saddle）和猎犬岩（Hound），以及小阿科姆岩（Smallacombe Rocks）和海托尔岩（Haytor Rocks）等小型的岩堆。在这片古老而传奇的景观中，几乎每处岩石都有自己的名字。沿途还有可能看到野生的达特穆尔马，这种马虽然身材较小，却十分强健。不过一定不要给这些马儿或者其他野生动物投喂食物，一旦这些动物把人类看作食物的来源，对游客来说会十分危险。

第三章 欧洲 **173**

**215**

## 彭布罗克郡海岸步道
**彭布罗克郡海岸国家公园**
威尔士

这条海岸步道长达300千米，除了沙滩以外，大部分时间都在海水上方175米处的悬崖上穿越。步道南端位于彭布罗克郡（Pembrokeshire）的阿姆罗思村（Amroth），向北延伸至圣道格梅尔斯（St. Dogmaels），这里也是105千米的锡尔迪金海岸步道（Ceredigion Coast Path）的起点。这两条步道都是威尔士沿海步道（Wales Coast Path）的一部分，这条全长1400千米的步道沿威尔士海岸而行，从切普斯托（Chepstow）到昆斯费里（Queensferry），是世界上第一条环整个国家海岸线的步道。

174　行走世界：500条国家公园徒步路线

# 圣大卫半岛环线步道
## 彭布罗克郡海岸国家公园
威尔士

在威尔士西海岸，观海鸟，赏野花

◆ **距离**
多条路线可供选择，6~16千米不等

◆ **起点**
白沙海滩

◆ **难度**
初级

◆ **建议游览时间**
全年开放，花期在5月至9月

左上图：彭布罗克郡海岸圣大卫角的迷人风光

左下图：白沙海滩是圣大卫半岛上多条步道的起点

圣大卫（Saint David）是威尔士的守护神，安息在这座小型的教会城市。数百年来，这里吸引了众多教徒前来朝圣。1952年，彭布罗克郡海岸国家公园（Pembrokeshire Coast National Park）成立之后，更是吸引了各地的游客前来欣赏半岛的海角以及美丽的海滩。

圣大卫角（St. David's Head）背靠卡恩利迪峰（Carn Llidi），北侧是爱尔兰海（Irish Sea），南侧是凯尔特海（Celtic Sea）。半岛上的几条徒步路线长短不一，都是从白沙海滩（Whitesands Beach）开始，带领游客的足迹遍布整座半岛。

从春天到秋天，海边的悬崖上开满了各色的野花，数十种海鸟在此繁衍生息，其中就包括游隼，它们是世界上速度最快的鸟类，在圣大卫角的悬崖上筑巢。还有可能看到海豹或者海豚在海浪中嬉戏。

# 斯诺登—沃特金步道
## 斯诺登尼亚国家公园
### 威尔士

威尔士境内的最高峰，埃德蒙·希拉里曾在此为攀登珠穆朗玛峰做准备

◆ **距离**
登顶单程 6.3 千米，海拔爬升 1025 米

◆ **起点**
A498 号公路 - 贝萨尼亚村（Bethania）

◆ **难度**
高级：海拔爬升较高

◆ **建议游览时间**
全年开放，11 月至次年 4 月需要冰上装备

右图：登顶后可以原路返回，也可以选择另一条路线下山

　　斯诺登山（Snowdon）海拔 1085 米，每年吸引着超过 50 万名游客，可以说是英国最受欢迎的一座山。每年 5 月到 10 月，游客可以乘坐斯诺登号火车（Snowdon Mountain Railway），从兰贝里斯镇（Llanberis）直达山顶，这也是登顶斯诺登山最简单的方式。

　　除了火车以外，还有多条步道可供选择，其中有需要专业攀岩技巧的高级路线，也有适合业余徒步者的初中级路线。山的北面有一块峭壁，在威尔士语里叫作"Clogwyn Du'r Arddu"，意为"阴暗的黑色悬崖"，被攀登者亲切地称为"Cloggy"，在英国登山界好评如潮。这些专业级路线极具挑战，很多世界一流的登山运动员都在此训练，为攀登喜马拉雅山做准备。

　　业余爱好者可以选择另外六条"平民"路线。其中沃特金步道（Watkin Path）由于海拔较高，是最难的一条，不过也是最清静的一条。

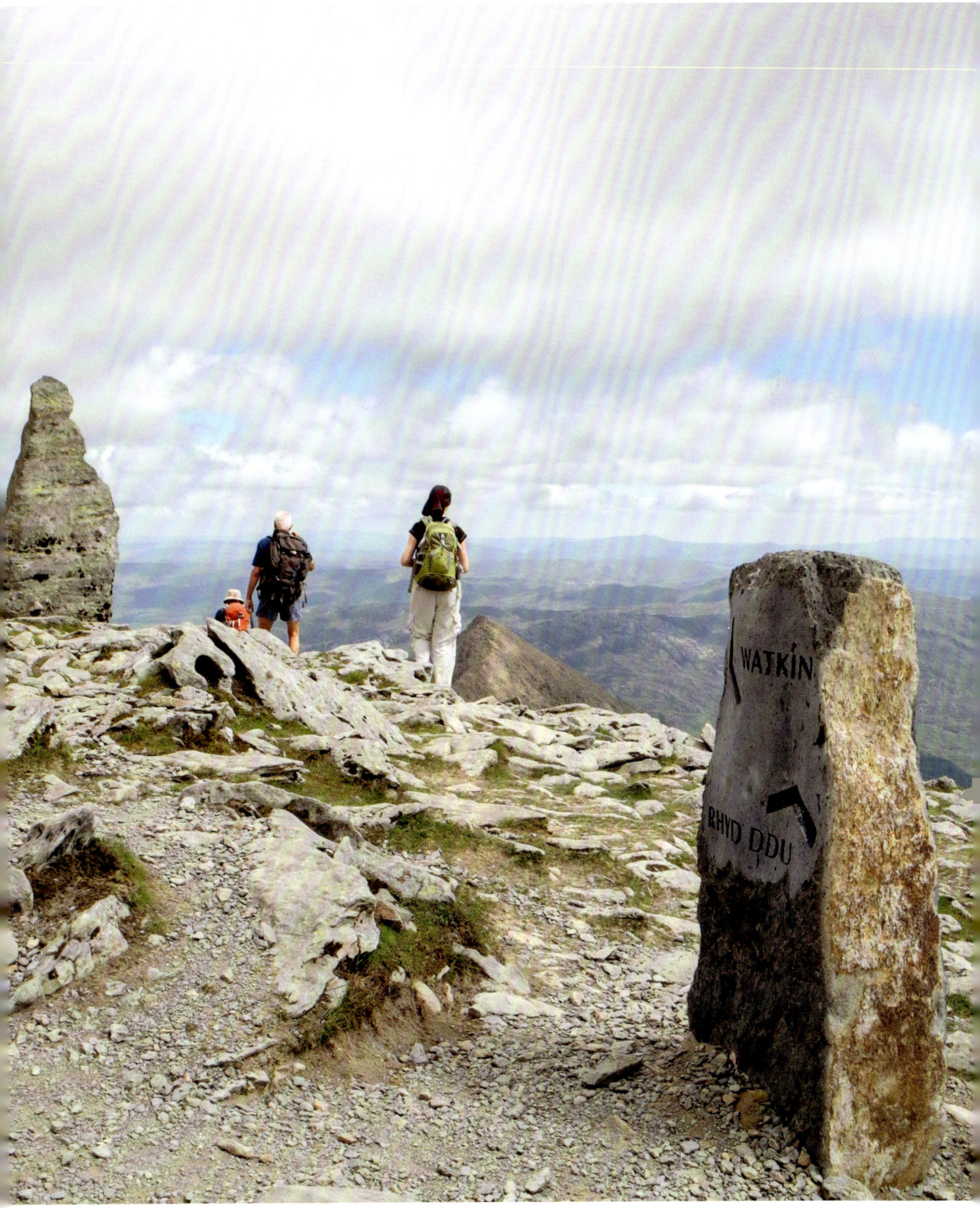
WATKIN
RHYD DDU

### 218

## 林恩·艾德沃尔步道
**斯诺登尼亚国家公园**
威尔士

　　这条步道环线长 4.8 千米，绕着格利德劳山脉（Glyderau Mountains）中一座美丽的湖泊而行。步道开始的一段铺设平整，用的就是从山里采来的石头，一直通往奥格温小屋（Ogwen Cottage）。奥格温小屋是一个信息中心，也是一处简易的住所，登山者一般把这里当作大本营。湖的北端有一处卵石湖滩，有兴趣的话可以在湖水里清凉一下。

### 219

## 威尔士 3000 步道
**斯诺登尼亚国家公园**
威尔士

　　如果斯诺登尼亚国家公园里的众多山峰实在难以抉择，也考虑挑战这条威尔士 3000 步道（the Welsh 3000s）。全程 48 千米，一次性穿越卡内道山脉（Carneddau）、格利德劳山脉和斯诺登山脉中的 15 座海拔 914 米以上的山峰。身体条件极好的徒步者可以在 24 小时之内走完全程，不过大多数人可能需要预留 2~3 天的时间。

## 阿贝格拉斯林峡谷
### 斯诺登尼亚国家公园
威尔士

这条"渔人步道"(Fisherman's Path)往返9.2千米,沿着湍急的格拉斯林河(Glaslyn River)逆流而上,穿过狭窄的阿贝格拉斯林峡谷(Aberglaslyn Gorge)。途中需要踩在一些将将露出河水的湿滑的石头上,所以请一定选择合适的鞋子。出发大约1.5千米后,会经过一处墓碑,是13世纪利维林王子(Prince Llywelyn)的爱犬吉尔特之墓(Gelert's Grave),以此纪念其忠贞护主的英勇事迹。

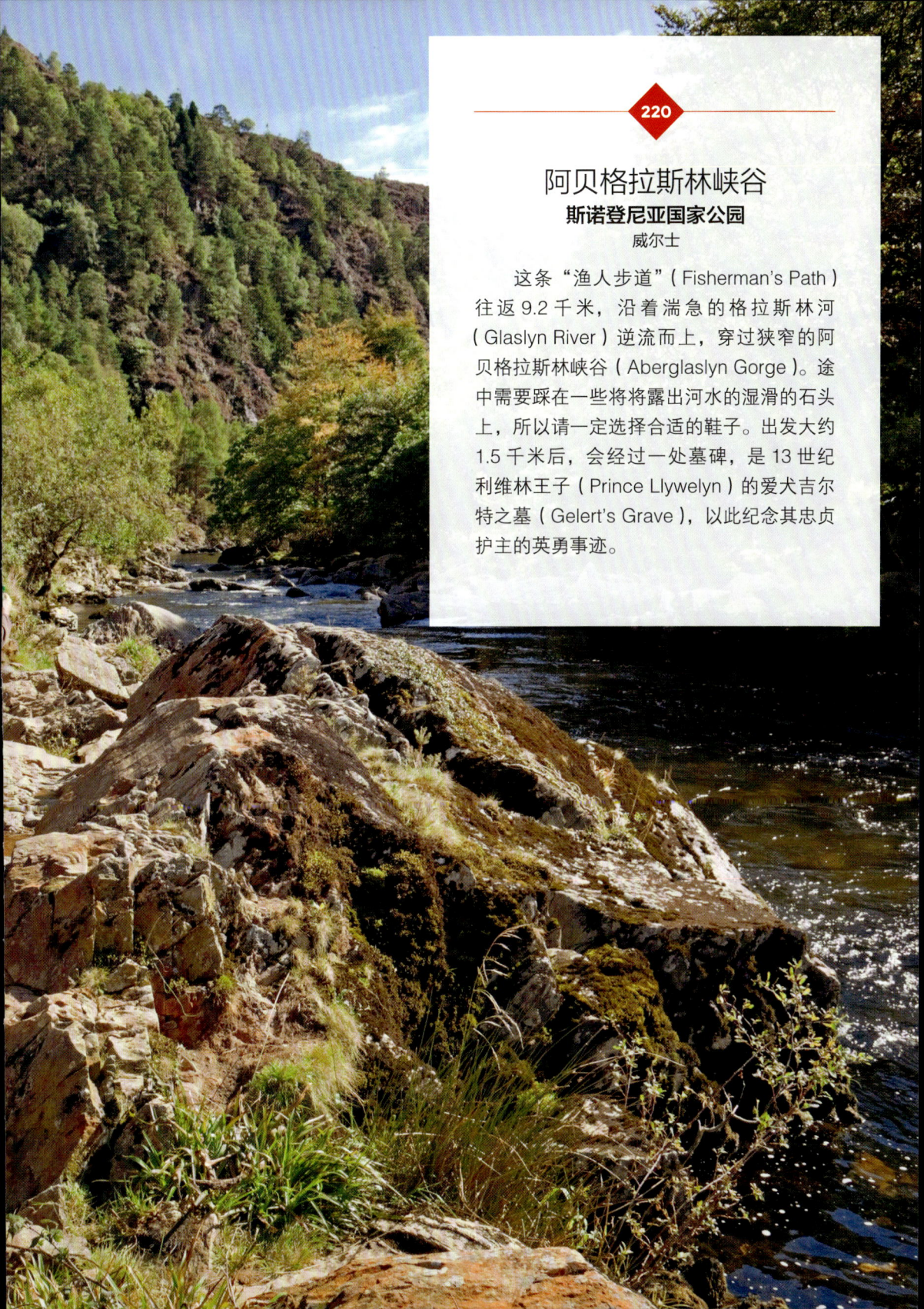

## 尼加斯布林冰川
**约斯特达尔冰川国家公园**
挪威

约斯特达尔冰川（Jostedal Glacier）是欧洲大陆上最大的冰川，位于约斯特达尔冰川国家公园（Jostedalsbreen National Park）内，有着 50 条支流，尼加斯布林冰川（Nigardsbreen Glacier）便是其中之一。有一条往返 7.2 千米的步道通往尼加斯布林冰川的观景台。请一定要注意警示牌，与冰川保持距离，这里曾经发生过几次冰块坠落致死的事件。几个世纪以来，尼加斯布林冰川反复地增长、衰退。在过去的一个世纪里，受到气候变暖的影响，冰川一直在消退。

## 斯卡拉山
**约斯特达尔冰川国家公园**
挪威

斯卡拉山（Mount Skåla）位于挪威西部，海拔 1848 米，想要登顶，可是要付出相当多的汗水，但是山顶上的风景，使得前面走过的每一步，都无比值得。从高处俯瞰周围的山脉、冰川和峡湾，勾勒出挪威错综崎岖的海岸线。如此美景，那"区区"1800 米的海拔爬升，早就抛到脑后了。游客可以在山顶上的斯卡拉塔（Skålatårnet）或者斯卡拉徒步驿站（Skålabu）过夜。

上图：在贝斯山脊上，欣赏延德湖的美景

左图：报名参加尼加斯布林冰川的半日游，可以近距离欣赏冰川上的蓝冰

223

# 贝斯山脊
**尤通黑门国家公园**
挪威

　　贝斯山脊（Besseggen Ridge）是挪威著名的徒步路线，可以通过几种不同的方式上到山脊之上，其中最简单的就是从延德斯黑姆镇（Gjendesheim）乘船，穿过延德湖（Gjende），到达梅穆汝布徒步驿站（Memurubu Hut）。从这里，游客便可以沿着山脊徒步，单程14.5千米，回到镇上。走在山脊上，左侧是深蓝色的贝斯湖（Bessvatnet），右侧是蓝绿色的延德湖，左高右低，将细长的贝斯山脊夹在中间。走到山脊上回头向后看，就会看到传说中维斯山脉（Vassfjellet）的美景。注意，不要在大风天上山。

第三章 欧洲 **181**

## 224

### 胡塞达伦瀑布
**哈当厄尔高原国家公园**
挪威

哈当厄尔高原国家公园（Hardangervidda National Park）是挪威最大的国家公园，横跨了欧洲面积最大的山地高原。这条往返13千米的步道从欣萨维克村（Kinsarvik）出发，穿过风景如画的胡塞达伦峡谷（Husedalen Valley），可以欣赏到四座汹涌的瀑布。河水从哈当厄尔高原的边缘倾泻而下，形成壮观的瀑布，而后继续奔腾，冲刷着西海岸错综复杂的峡湾。

## 225

### 哈当厄尔高原和曼尼瓦斯峰
**哈当厄尔高原国家公园**
挪威

人类在哈当厄尔高原生活的历史至少可以追溯到石器时代。在这之前，成群的驯鹿在此栖息，如今在长满地衣的区域也依然可以看到它们成群结队的身影。这条步道往返27.4千米，最好分作两天完成，途中可以一窥挪威游牧民的生活。步道沿途有着清晰的路标，经过1189米的海拔爬升，登顶曼尼瓦斯峰，将这座广阔无垠、鲜有树木的高原尽收眼底。

## 226

### 极光天空站环线步道
**阿比斯库国家公园**
瑞典

阿比斯库国家公园（Abisko National Park）位于瑞典北部，北极圈以内190千米，在这里不仅可以体验到极昼现象，还可以目睹北极光。每年5月底到7月中旬这段时间，太阳都不会落山，而当北极光爆发时，夜空中便会出现那些精灵般跳跃的光芒。有一条4.8千米的环线步道可以通往极光天空站，在观景平台上感受这道夜空中的绚丽。北极光全年都在发生，但是只有在黑暗的夜空中才能被肉眼捕捉到，所以游客需要拿出面对冬季北欧极寒天气的勇气，来欣赏这场来自大自然的震撼表演。

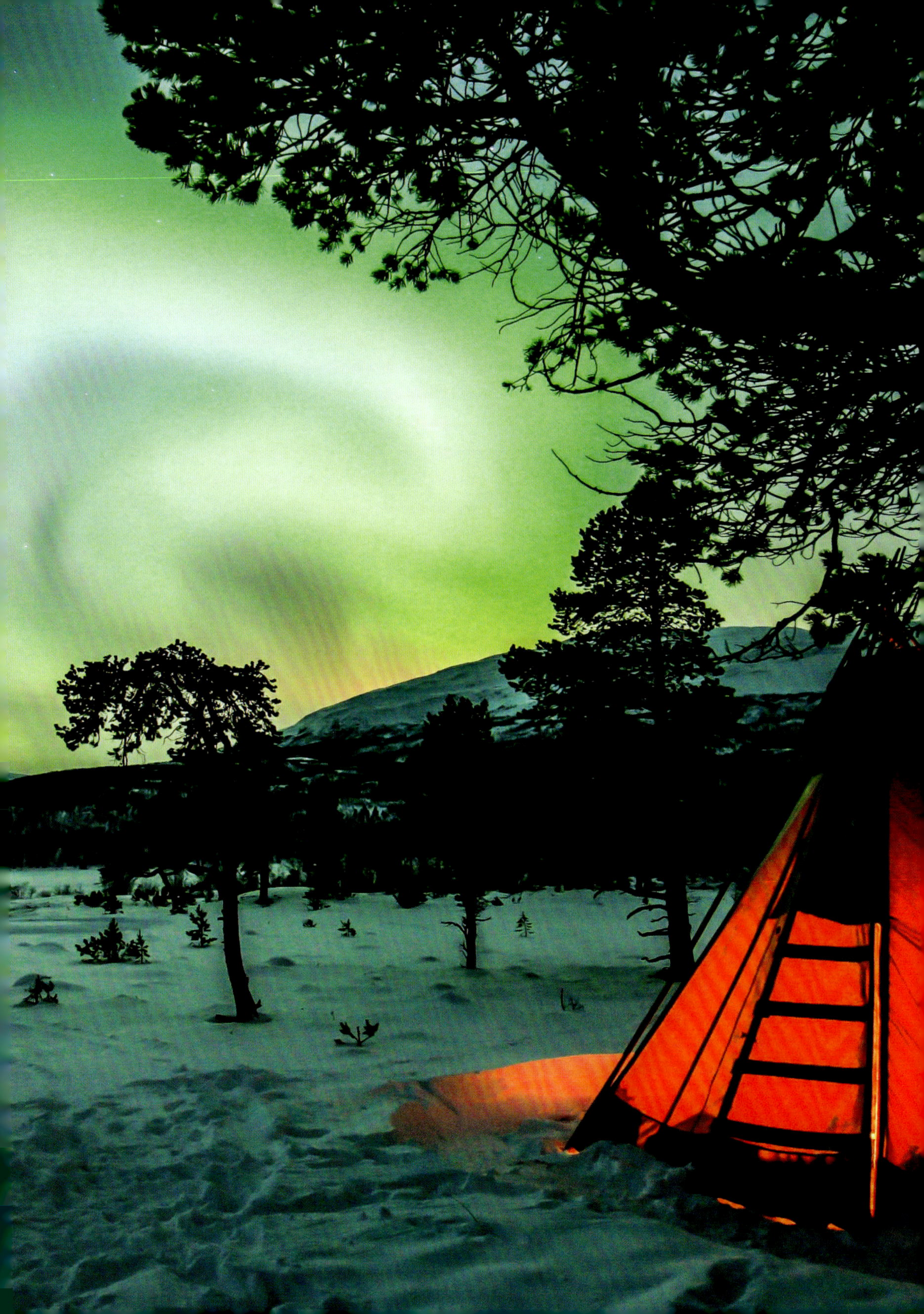

## 227

# 国王步道
### 阿比斯库国家公园
瑞典

北极圈内的步道兼雪道，等你来驰骋

◆ **距离**
单程 440 千米，通常需要 4 周的时间

◆ **起点**
阿比斯库游客中心、火车站、旅店

◆ **难度**
高级：路程较长

◆ **建议游览时间**
夏季（徒步）：6 月中旬至 9 月下旬
冬季（滑雪）：2 月中旬至 4 月下旬

右图：瑞典的国王步道，也是世界最知名的长距离雪道

国王步道（the King's Trail）从瑞典北部的阿比斯库（Abisko）开始，穿越斯堪的纳维亚山脉（Scandinavian Mountain Range），到赫玛旺（Hemavan）结束。这条路线全程 440 千米，途中建有徒步驿站，可以过夜休整，驿站之间的间隔差不多是 1 天的路程。步道一路向南，经过萨勒克国家公园（Sarek National Park）后，在温代勒夫耶伦自然保护区（Vindelfjällen Nature Reserve）进入尾声，这里是欧洲最大的保护区之一，也是此次徒步中的一处高潮。此次徒步最终在滑雪小镇赫玛旺结束。

整条路线分为四个部分，完成每个部分需要 1 周左右的时间。步道全程设有清晰的路标，夏季作为徒步步道使用；而到了冬季，由于一半以上的路段位于北极圈内，途中需要穿越一些积雪和冰川，这条步道就变成一条雪道，可以借助滑雪板完成。

## 228

# 萨勒克环线步道
### 萨勒克国家公园
瑞典

这条长达 113 千米的步道沿拉帕谷（Rapa Valley）而行，来自 30 座冰川的融水在此注入拉帕特诺河（Rapaätno River），形成这条河流盘错交织的独特景观。萨勒克（Sarek National Park）是欧洲最为原始、也最为偏远的国家公园之一，在这里不太可能遇到同类，更有可能看到马鹿、猞猁、貂熊、麋鹿和棕熊等野生动物。

第三章 欧洲

## 229

### 小熊环线步道
**奥兰卡国家公园**
芬兰

这条步道环线 12.4 千米，是芬兰最受欢迎的单日徒步路线。这条"小号"熊环线是相较于 80 千米的熊环线步道（Karhunkierros）而言，也是熊环线的精华部分。这个路段全年开放，但在冬季需要准备雪鞋或滑雪板。秋季是公认的最佳游览季节，树木全部披上了金黄色的外衣，光彩夺目。走进北方寒带的针叶林，踩在由苔藓织就的地毯上，时而有蘑菇点缀，还可以找到蔓越莓、蓝莓、红豆果和云莓等多种浆果，像各色宝石一般散落各处。

## 230

### 劳塔兰皮步道
**乌尔霍·凯科宁国家公园**
芬兰

乌尔霍·凯科宁国家公园（Urho Kekkonen National Park）里的步道分为两类：单日路线被归类为"登顶"路线，而更具挑战性的多日路线则被归类为"荒野"路线。劳塔兰皮步道（Rautalampi Hiking Trail）是一条 21 千米的环线步道，建议按顺时针方向行走，可以 1 天走完，也可以两天完成。沿途有三个露营地，均配有洗手间，供路过或过夜的游客使用。公园里的野生动物以驯鹿为主，如今动物保护学者还是会定期追踪它们的情况。

下图：奥兰卡国家公园米利科斯基风景区（Myllykoski）废弃的水磨坊，如今是小熊环线步道上的一处徒步驿站

上图：伊萨基帕山上的卢托约基河吊桥

## 231

# 伊萨基帕山
### 乌尔霍·凯科宁国家公园
芬兰

乌尔霍·凯科宁国家公园（Urho Kekkonen National Park）中的"登顶"路线各具特色，其中伊萨基帕山步道的主题是"探索四季"。这是一条 7.2 千米的环线步道，全年开放，冬季游览需要准备雪鞋。步道从萨利色尔卡村（Saariselkä）发出，走过横跨在卢托约基河（Luttojoki）上的吊桥，然后登顶海拔 454 米的伊萨基帕山（Iisakkipää Fell），下山时沿着帕西艾斯库鲁峡谷而行（Pääsiäiskuru），最后回到起点。

第三章 欧洲 **187**

## 232

### 柯克比森林
**瓦登海国家公园**
丹麦

瓦登海国家公园（Wadden Sea National Park）北至霍湾（Ho Bugt），南至德国边境，是丹麦在日德兰半岛（Jylland）上最大的公园。每年有1200万只候鸟在往返北极去觅食和繁殖的途中，会在这片广阔的湿地上停留休整。罗莫岛（Rømø Island）上的这条休闲步道环线5.3千米，对于观鸟来说是一个不错的选择。春秋季节，成千上万只紫翅椋鸟会在此聚集，形成"椋鸟群飞"的壮观景象，有时数量之多甚至可以隐天蔽日，这种现象在丹麦语里被叫作"sort sol"，意为"黑色的太阳"。

## 233

### 北海步道
**曲半岛国家公园**
丹麦

这条步道长93千米，位于阿格尔（Agger）和布尔比艾格（Bulbjerg）之间，一路上可以欣赏到斯卡格拉克海峡（Skagerrak Strait）和北海的风景。人们一般从南侧一端出发，一路朝着汉斯特霍姆灯塔（Hanstholm Lighthouse）的方向，晚上在沿途的海滨小城休息。步道沿着草地中的土路而行，穿过海边的沙丘，路旁还可以看到小鹿在觅食嬉戏。

右图：北海步道沿丹麦西北海岸而行

第三章 欧洲

## 瓦尔斯堡步道—梅恩文嫩步道环线
**梅恩维格国家公园**
荷兰

"荷兰"这个名字在外语里的字面意思是"低地国家",这个国家的地势也确实很低。不过在这个位于荷兰南部的国家公园里,却可以看到独特的阶梯式地貌,这是由莱茵河(the Rhine)和马斯河(the Meuse)在数千年间的沉积作用而形成。这条步道环线 17.2 千米,沿途需要翻过一座座小山丘,穿过森林、沼泽和荒野,体验公园里多样的地貌。公园全年开放,春季最适合赏花。

右图:在荷兰,彼得步道通常会被当成毕生的功课,一次完成一段,直到集齐 26 个路段

## 彼得步道
**德伦特河国家公园**
荷兰

彼得步道(Pieterpad)全长 500 千米,从北海出发,一路向南贯穿整个荷兰。海拔 110 米的圣彼得堡山(Sint-Pietersberg)是这条路线上唯一的山峰,这条路线也因此而得名。步道从沿海村落彼得比伦(Pieterburen)出发,一路跟随路标,穿过开阔的郁金香田、德伦特河国家公园(Drentsche Aa National Park)中的河谷以及荷兰中部静谧的森林,最后在南部的山区结束。整段路程共分为 26 个部分,每个部分都有公共交通和住宿服务,徒步这条路线的人们一般都是分段完成。

## 236

## 高费吕韦游客中心环线步道
### 高费吕韦国家公园
荷兰

这里的景观曾经是凡·高、莫奈和毕加索等画家创作灵感的源泉，如今在高费吕韦国家公园（Hoge Veluwe National Park）的克勒勒-米勒博物馆（Kröller-Müller Museum）里，还珍藏着他们的作品。这座国家公园位于荷兰中部，起初是一个私人猎场，保护着荒地、沙丘、森林等多种地貌。这条入门级步道环线长 6.4 千米，可以欣赏到公园里风景优美的森林，还有专门的野生动物观赏平台，供游客观赏马鹿、狍子、野猪和野羊等野生动物。

下图：高费吕韦国家公园中一头正在求偶的雄鹿

## 237

# 科瓦东加湖步道
## 欧罗巴山国家公园
### 西班牙

一次性打卡"欧洲之巅"的两座冰川湖，体验环西班牙自行车赛的赛道

◆ **距离**
  环线 4.8 千米，海拔爬升 213 米

◆ **起点**
  埃尔西纳湖

◆ **难度**
  初级

◆ **建议游览时间**
  全年开放

欧罗巴山（Picos de Europa）在西班牙语里意为"欧洲之巅"。欧罗巴山国家公园是西班牙首个国家公园，成立于 1918 年，保护着科瓦东加湖群（Lakes of Covadonga），其中包括埃诺尔湖（Lake Enol）和埃尔西纳湖（Lake Ercina）。从科瓦东加镇（Covadonga）上山前往这两座湖泊的路程十分陡峭，这里也是环西班牙自行车赛中最具挑战性的一个路段。每年夏天的游览旺季，公园会为游客提供从镇上往返于湖泊的班车。

这条科瓦东加湖步道（Covadonga Lakes Trail）环线长 4.8 千米，起点位于埃尔西纳湖，向上爬升到一个山口，从这里可以沿着一条支线往返帕隆贝鲁森林（Palomberu）。经过山口后，步道开始下降，来到埃诺尔湖，沿着湖岸行走一段，最后绕回到位于埃尔西纳湖的起点。

## 238

# 卡雷斯河步道
## 欧罗巴山国家公园
### 西班牙

在西班牙北部的山区里生活着一群体格不大，却十分坚韧的岩羚羊（rebeco），跟着它们坚实的步伐，来探索坎塔布里亚山脉（Cantabrian Mountains）吧！这条往返 42 千米的徒步路线穿过欧罗巴山国家公园的中心，跨越三个省份。步道沿着卡雷斯河，经过狭窄的峡谷，被陡峭的山脉所包围。其中有 12.9 千米的路段，从阿斯图里亚斯省的庞塞波斯（Poncebos），到莱昂省的该隐（Caín），景色尤为迷人。

埃诺尔湖

埃尔西纳湖

下图：科瓦东加湖步道上埃诺尔湖的美景

第三章 欧洲

## 239

### 昂斯岛灯塔和城堡步道
**加利西亚大西洋群岛国家公园**
西班牙

在西班牙西北海岸外有一片规模不大的群岛，昂斯岛（Ons Island）是其中的主岛。如果已经打算乘船到昂斯岛上一览，那么不妨花上1天的时间，来一场徒步旅行。岛上有多条徒步路线，一天下来，可以全部走完，包括北线、南线、灯塔步道和城堡步道，一共14.5千米。其中灯塔步道会来到整座岛屿的最高点，从这里可以欣赏到北边奥森托洛（O Centolo）和南边费多伦托斯（Fedorentos）的美景。

上图：在昂斯岛灯塔欣赏360°环绕美景

## 240

### 猎人步道
**奥尔德萨和佩尔迪多山国家公园**
西班牙

这条步道环线长20.1千米，使出浑身解数，让人心跳加速。在一开始的2.5千米中，海拔陡然上升900多米，两边陡峭的悬崖，更是让人提心吊胆。走完前半程后，恐高的人恐怕要原路返回了，因为接下来的行程更加令人望而生畏。不过如果有着十足信心，后半段的风景也是非常值得的，途中可以俯瞰奥尔德萨峡谷（Ordesa Valley）的美景，其壮观程度可以与美国科罗拉多大峡谷齐名，被誉为"欧洲版大峡谷"（Europe's Grand Canyon）。惊险过后，剩下的路段主要沿着阿拉河（Ara River）缓慢下降，途中会经过几座漂亮的瀑布。

## 花带步道
### 奥尔德萨和佩尔迪多山国家公园
西班牙

　　这座国家公园位于西班牙东北部的比利牛斯山脉（Pyrénées Mountains），有着欧洲最高的石灰岩壁，高达 900 多米，俯瞰着奥尔德萨峡谷。这条骨灰级步道环线长 33.8 千米，在 1000 米的高空，沿着峭壁上平行于地面的凹槽而行。有些地方过于狭窄，甚至只能小心翼翼地踮着脚走，还有一处叫作"科塔图埃罗之桩"（Clavijas de Cotatuero）的路段，岩壁里被打上了铁桩，装有扶梯、绳索或者桥板，来帮助徒步者安全通过。这种在岩壁上行走的方式也叫作飞拉达攀岩。有些徒步者在通过这一路段时会戴上安全绳，借助固定在岩壁上的绳索保证自己的安全。

## 蒙弗拉圭城堡
### 蒙弗拉圭国家公园
西班牙

这条步道环线长 11.3 千米，通往蒙弗拉圭城堡（Castle of Monfragüe）。其所在的这座国家公园位于西班牙西部的卡塞雷斯地区（Cáceres region），地处塔霍河（Tajo）和蒂塔尔河（Tiétar）的交汇处，是欧洲著名的观鸟胜地。一路上千万不要只顾着埋头赶路，一定要多抬头望望天，可以看到生活在这里的黑美洲鹫、欧亚兀鹫、白肩雕、金雕等 15 种猛禽。

这座城堡始建于 9 世纪，而后分别在 12 世纪和 15 世纪进行重建。附近岩洞里的岩画可以追溯到青铜时代。这些洞穴受到保护，仅在特定的时间开放。如果想进一步了解，也可以参观蒙弗拉圭岩画艺术中心（Monfragüe's Rock Art Interpretation Center），了解这一地区丰富而古老的洞穴艺术。

右上图：蒙弗拉圭城堡坐落在一处绝佳的观景之地，俯瞰塔霍河静静流淌

右下图：徒步莫纳奇尔步道，会经过好几座吊桥

◆ 243

## 穆拉森山
**内华达山脉国家公园**
西班牙

完成这场往返 24 千米的艰苦的徒步旅行，等于完成了攀登穆拉森山（Mulhacén）、打卡伊比利亚半岛（Iberian Peninsula）最高点的任务。晴朗无云的时候，从海拔 3479 米的山顶可以看到非洲的摩洛哥。攀登穆拉森山有多条路线，其中路程最短、最好走的一条是从南面的卡皮莱拉村（Capileira）出发的路线。

◆ 244

## 莫纳奇尔步道
**内华达山脉国家公园**
西班牙

这条步道环线长 7.2 千米，一定要等到春天的时候再来，漫山的野花争相盛开，满树的杏花、樱花、巴旦木花，更是一道平日里不可多得的风景。这条步道从莫纳奇尔（Monachil）出发，这里也是内华达山脉著名的滑雪胜地。步道沿着莫纳奇尔河（Monachil River）而行，一路上要走过好几座吊桥，河水穿过深邃的峡谷，时而跌落崖壁，造就了流水、瀑布与岩石彼此呼应的美景。

第三章 欧洲 **197**

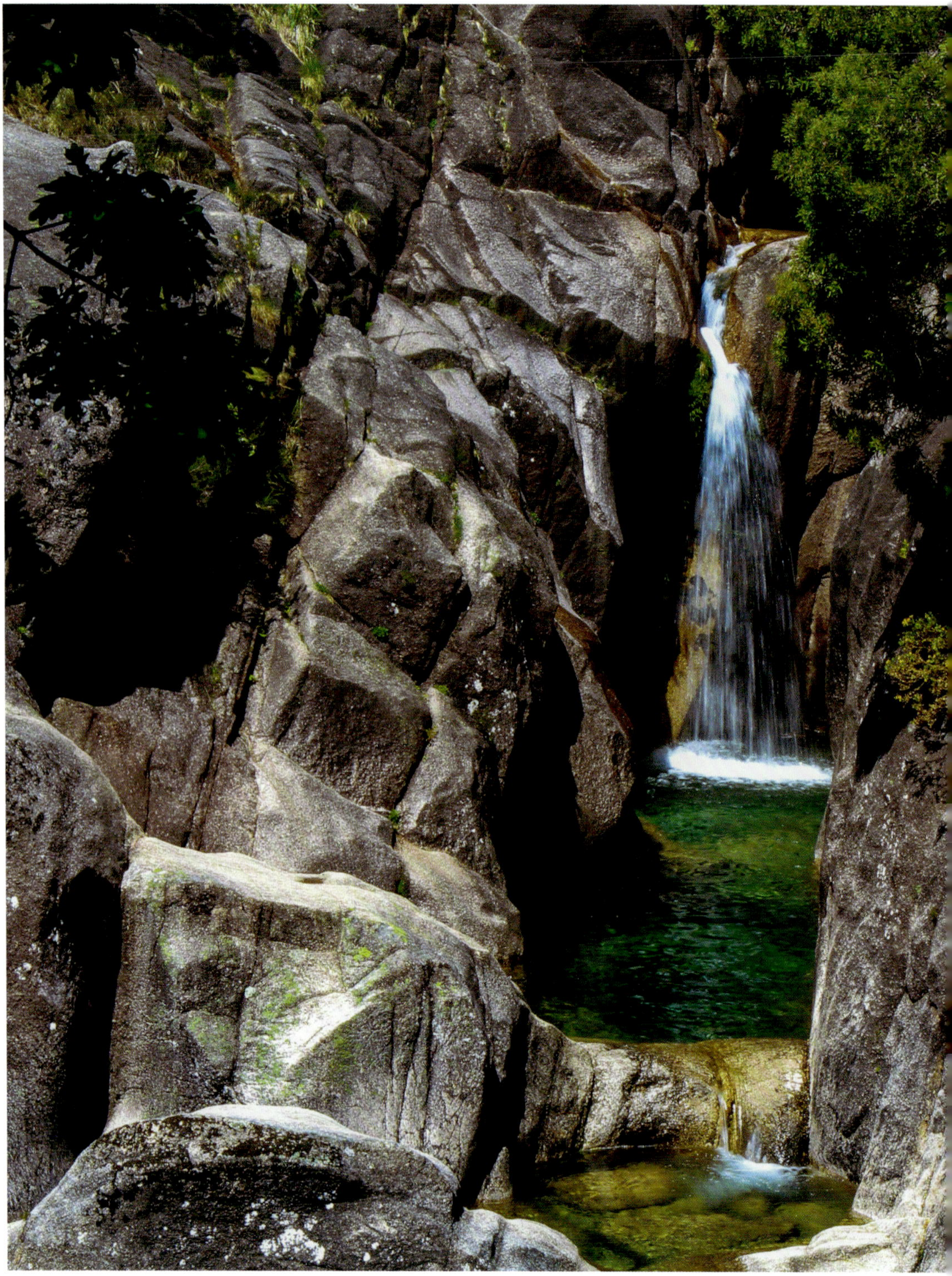

## 245

## 盖拉罗马古道
### 佩内达—格雷斯国家公园
葡萄牙

佩内达—格雷斯国家公园（Peneda-Gerês National Park）是葡萄牙境内唯一的国家公园，位于葡萄牙北部的边境，地处格雷斯山脉（Gerês Mountains）。公园里保护着一条长达 322 千米的罗马古道，建于公元 1 世纪，连接着罗马帝国时期的阿斯图里卡·奥古斯塔（Asturica Augusta，现西班牙阿斯托尔加）和布拉卡拉·奥古斯塔（Bracara Augusta，现葡萄牙布拉加）两座城市。这条步道往返 4.2 千米，多次穿过奥梅姆河（Homem River），还会经过博特拉德奥梅姆瀑布（Portela de Homem Waterfall）。

## 246

## 妙石步道
### 佩内达—格雷斯国家公园
葡萄牙

这条步道环线 12.9 千米，一开始就是一处风景甚美的观景台，可以俯瞰格雷斯山脉和卡瓦杜河（Cávado River），而后顺时针穿过森林，回到起点。步道两旁有石堆路标指引方向，还可以欣赏到阿拉多瀑布（Arado Waterfall）。

左图：阿拉多瀑布底部的池水

上图：步道起点的西班牙桥

右图：比利牛斯山步道从大西洋延伸至地中海，全程880千米

## 247

### 西班牙桥瀑布步道
#### 比利牛斯山国家公园
法国

这条往返8千米的步道上，有着6座主要的瀑布，小瀑布更是数不胜数。步道沿马卡杜河（Gave de Marcadau River）而行，一路穿越茂盛的绿地，满眼尽是绿草和鲜花。起点是一座名为西班牙桥（Pont d'Espagne）的石桥，横跨在马卡杜河和戈布河（Gave de Gaube）的交汇处，湍急的水流中泛着白色的浪花。建议在春季和初夏前来游览，天气回暖，融雪从高山奔流而下，此时的瀑布最为壮观。

## 248

### 比利牛斯山步道
#### 比利牛斯山国家公园
法国

从大西洋到地中海，这是一场长达880千米的徒步挑战。这条步道又叫GR10步道，一般由西向东完成，从比斯开湾（Bay of Biscay）开始，到滨海巴尼于尔镇（Banyuls-sur-Mer）结束，历时两个月。整条路线贯穿比利牛斯山脉，平行于法国和西班牙边境线，途中有红白色的路标。

这条步道时而钻进深山老林，时而穿过城镇村庄。与比利牛斯山脉中的野生棕熊相比，游客更要当心村民家里用来保护羊群的比利牛斯山犬。一定要和羊群保持距离，而且千万不要让自己处在狗和它看护的羊群之间。

第三章　欧洲

## 249

### 苏吉顿峡湾和茂尔吉乌峡湾
**卡朗格峡湾国家公园**
法国

峡湾是地中海沿岸一种独特的景观，是在巨大的石灰岩体上冲刷出来的狭长而立体的海湾。卡朗格峡湾国家公园（Calanques National Park）中有 9 处这样的峡湾，沿着一条 10.8 千米的环线步道，可以游览其中的两处。按照顺时针方向，首先会来到苏吉顿峡湾（Calanque de Sugiton），它的形状是一条狭长的缝隙，游客可以在这里下水，拥入清澈透明的海水中。继续向南，再向西，绕过半岛，将来到茂尔吉乌峡湾（Calanque Morgiou）。这里有一个洞穴，只有一部分露出水面，里面有 2.7 万年前留下的洞穴壁画。当时的海平面比较低，人们可以步行进入，如今只有专业的潜水员才能进去了。

## 250

### 米欧港—庞港—恩沃峡湾
**卡朗格峡湾国家公园**
法国

这条 8 千米的环线步道可以欣赏到国家公园里另外 3 处峡湾。河流和海浪长时间的侵蚀，在白色的石灰岩上开出一道口子，形成了陡峭细长的峡湾。步道从卡西斯镇（Cassis）附近出发，沿着米欧港峡湾（Calanque de Port-Miou）的边缘而行，然后穿过一个小小的半岛，来到庞港峡湾（Calanque de Port-Pin）。恩沃峡湾（Calanque d'En-Vau）与庞港峡湾相邻，它们中间有一处观景台，可以同时欣赏到两侧的风景。绕到恩沃峡湾里面，可以在碧蓝的海水中游泳。这里一到夏季便酷热难耐，许多峡湾在最热的那几天会暂停开放。

## 251

### 索特湖—萨西耶尔湖
**瓦娜色国家公园**
法国

瓦娜色国家公园（Vanoise National Park）成立于1963年，旨在保护当时濒临灭绝的羱羊。这是一种野生山羊，头上长有近1米长的角，双角向后弯曲，看起来气场十足。经过不懈努力，如今有大约2000只羱羊和5000只臆羚生活在这里，徒步的时候便可见到它们的身影。这条长7千米的休闲步道位于两座湖泊之间，其中小一些的是索特湖（Lac du Saut），湖面较大的是萨西耶尔湖（Lac de la Sassière）。步道全程位于海拔2400米以上，而海拔爬升只有206米。

## 252

### 壮游步道
**瓦娜色国家公园**
法国

这里是法国的第一座国家公园，也是当地有名的滑雪胜地，与意大利的大帕拉迪索国家公园（Gran Paradiso National Park）相通，使得这一区域成为阿尔卑斯山脉最大的保护区之一。这条161千米的环线步道从普拉洛尼昂拉瓦娜色村（Pralognan-la-Vanoise）出发，穿过公园的中心地带。沿途设有简易的徒步驿站，也可以在村子里找到旅店，可以大大减少背包的负重。这条路线上的亮点包括园中的最高峰——海拔3855米的大卡斯山（Grande Casse），还有海拔2796米的沙维耶尔山（Col dè Chaviere）以及瓦娜色冰川（Vanoise Glaciers）。

左图：在苏吉顿峡湾晶莹剔透的海水里洗去一身的疲惫

上图：壮游步道上的瓦娜色山脉（Vanoise Massif）

## 253

# 黑白冰川
**埃克兰国家公园**
法国

探寻法国阿尔卑斯山脉中静静流淌的冰川

- **距离**
  往返 20.4 千米，海拔爬升 1158 米
- **起点**
  上圣皮埃尔山谷自然保护区（Upper Saint Pierre Valley Nature Reserve）
- **难度**
  高级：距离较长，海拔爬升较大
- **建议游览时间**
  6月至10月

埃克兰国家公园（Écrins National Park）内有着数十座冰川，全部藏在阿尔卑斯山的中心地带，然而，由于气候变暖和降雪减少，许多冰川已经大幅消退。黑冰川步道（Glacier Noir trail）往返 10.8 千米，沿着冰川消退后形成的冰碛而行，这些黑色的碎屑便是黑冰川（Glacier Noir）名字的由来，也记录着这座冰川原本的规模。

沿着黑冰川步道继续向前，在悬谷里有一条往返 9.7 千米的支线，可以到达旁边的白冰川（Glacier Blanc）。如果体力较好，可以在一天之内游览黑白两座冰川，也可以在途中的徒步驿站住上一晚。

## 254

# 劳维特尔湖
**埃克兰国家公园**
法国

劳维特尔湖（Lauvitel Lake）是埃克兰国家公园中最大的湖泊，来这里游玩可要带上野餐和泳衣，好好放松一番。这条步道环线 5.6 千米，虽然坡度较陡，但路面维护得很好。步道沿着一条溪流而上，经过 320 米的海拔爬升，来到坐落于海拔 1530 米的劳维特尔湖。冬季偶有雪崩，建议在每年 5 月至 10 月游览。

上图：埃克兰国家公园里巨大的白冰川

### 255

#### 米勒丰湖步道
**梅康图尔国家公园**
法国

　　梅康图尔国家公园（Mercantour National Park）里有总计超过550千米的步道，就算花上一整个夏天也游览不完。这些步道将公园里的7座山谷和28座藏在阿尔卑斯山中的村庄串联起来。米勒丰湖步道（Lacs des Millefonts Trail）是其中一条7.6千米的环线步道，颇具挑战性，途经5座湖泊，一直通往海拔2674米的佩波里山（Mount Pépoiri）顶峰。

## 256

### 西路步道
**黑森林国家公园**
德国

德国的黑森林（Black Forest）曾经是格林兄弟（the brothers Grimm）灵感的源泉，以此为背景创作出了《韩赛尔和葛雷特》《睡美人》等家喻户晓的童话故事。西路步道（Westweg）由北向南穿越黑森林，全长286千米，全程设有红白相间的路标，途经多个城镇和村庄。游客可以预订行李转运服务，提前把大号的背包运往下一个城镇，轻装上阵。

## 257

### 洛塔尔步道
**黑森林国家公园**
德国

在童话故事《韩赛尔和葛雷特》里，主人公兄妹俩在这片森林里迷失了方向，害怕至极。不过童话终归是童话，在现实生活中，游客并不用像兄妹俩一样，沿途撒下面包屑来做标记。这条环线步道长约1000米，所穿过的一片区域曾在1999年被洛塔尔飓风（Cyclone Lothar）严重摧毁。在飓风的摧残下，这里的树木折的折、倒的倒，而这如今留存的残枝败叶可供科学家研究森林在经历破坏性天气后如何自我修复。

### 258

## 易北河峡谷
**萨克森小瑞士国家公园**
德国

易北河（Elbe River）发源于捷克，流入德国后在易北河砂岩山脉（Elbe Sandstone Mountains）里开出了一道陡峭而狭窄的缺口，将这一地区复杂的地貌暴露无遗，形成欧洲最深的砂岩峡谷（300米）。河道两岸修建了自行车道，路面平整，美景在侧，将崖壁、峡谷和山峰的俊朗一并纳入眼底。如果不想骑车，也可以沿着这条路线走上一段，游玩尽兴后再搭乘公共交通回来。

左图：黑森林国家公园成立于2014年，规划有多条徒步路线

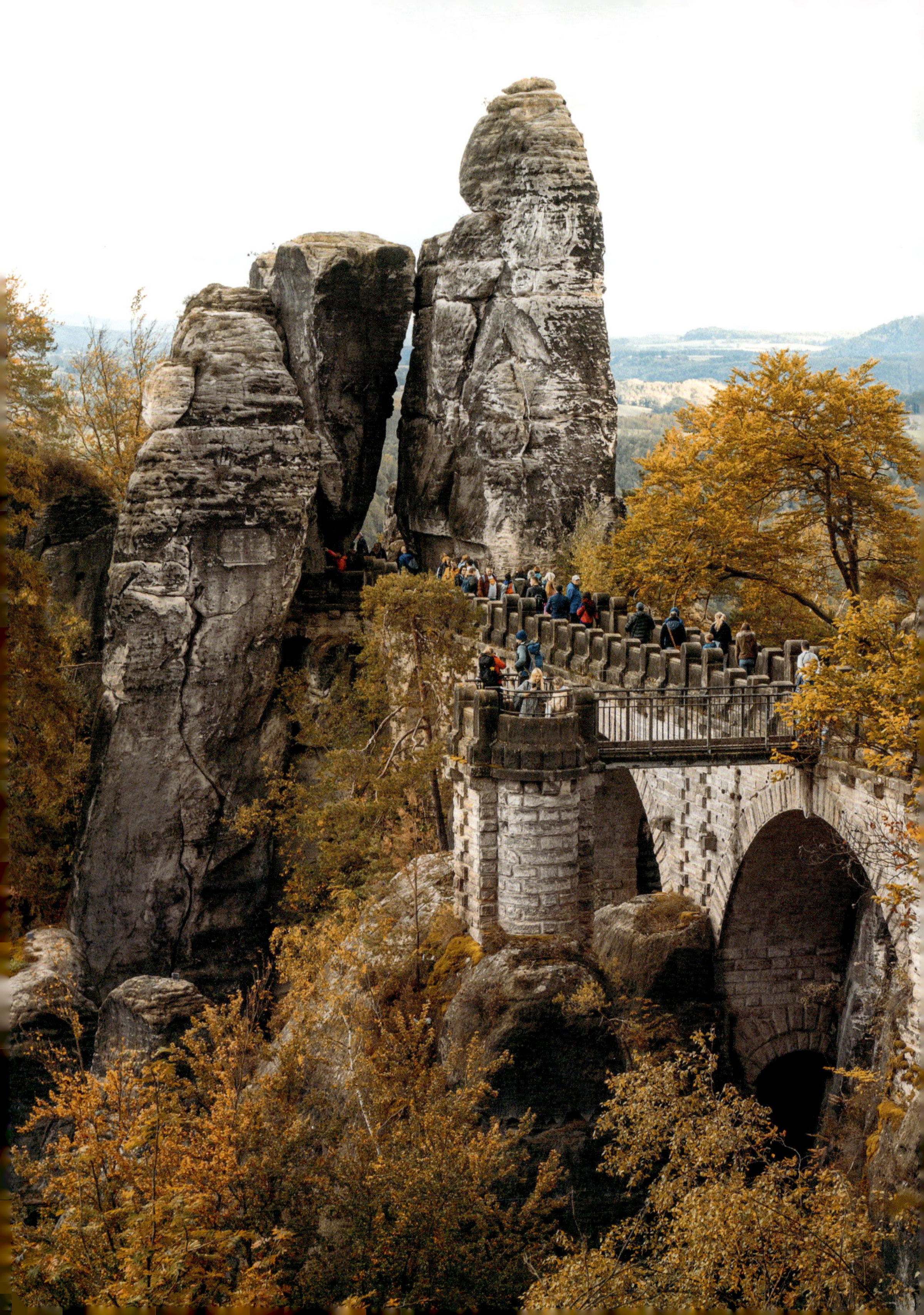

## 259

# 棱堡桥
### 萨克森小瑞士国家公园
德国

当人类的心灵手巧，遇上大自然的鬼斧神工

◆ **距离**
　环线 5.6 千米，海拔爬升 259 米

◆ **起点**
　乘船到拉森村

◆ **难度**
　初级，但有台阶

◆ **建议游览时间**
　全年开放，10月秋色最浓

左图：建于19世纪的棱堡桥，好似断桥，不知通向何方

　　这里的山峰如高高的石柱一般，棱角分明，威严凛然，看起来像是城堡要塞，事实上也确实曾是新拉森城堡（Neurathen Castle）防御圈的一部分。如今，城堡遗址成为一座露天博物馆，有一座建于1851年的石桥，横跨在塔楼的顶部，巧妙地利用这些天然的山峰作为底部的支撑。

　　这条初级步道环线长5.6千米，起点位于拉森村（Rathen），只能乘船穿过易北河到达，这里也因此见不到汽车。建议按逆时针方向游览，这样可以把棱堡桥（Bastei Bridge）留到最后。途中会经过一处叫作"瑞典洞"（Swedish Holes）的狭窄的过道，两侧高大的砂岩几乎贴在一起，宛如"一线天"，旁边还有一座漂亮的瀑布。这条步道非常受欢迎，游客较多，建议早上早些出发，或者选择在冬季游览。

## 260

# 施拉姆岩
### 萨克森小瑞士国家公园
德国

　　萨克森小瑞士国家公园（Saxon Switzerland National Park）里独特的地貌，造就了这里的17000条攀岩路线，吸引着欧洲各地的攀岩爱好者前来一试身手。不过这里也有一座山峰，是一块叫作施拉姆岩（Schrammsteine）的巨石，不需要攀岩，只需要会爬梯子就可以征服。有一条7.2千米长的环线步道蜿蜒穿过一片"巨石阵"，爬上一系列的台阶、梯子和小桥，可以安全地抵达一处观景平台。从这里可以纵览脚下林石相间的美景，领略来自大自然的奖赏。

第三章 欧洲 **209**

# 瓦茨曼山
## 贝希特斯加登国家公园
### 德国

带上你的攀岩技术，和"命运之山"来一场约会吧

◆ **距离**
单程 22.5 千米，海拔爬升 2256 米（到霍赫埃克峰单程 6.4 千米）

◆ **起点**
位于拉姆绍镇的停车场

◆ **难度**
高级：需攀岩经验，自行选择合适的路线

◆ **建议游览时间**
7 月至 10 月，如遇积雪请勿攀登

瓦茨曼山（Watzmann Peak）的海拔高度在德国排名第三，有一条高难度路线可以穿越瓦茨曼山的"三连峰"，但是除了徒步，更需要专业的攀岩技术，有些路段上设有固定在岩石中的铁钉和绳索作为辅助。想要穿越"三连峰"，必须具备攀岩经验，并且能够在垂直的岩壁上寻找合适的路线。如果不准备攀岩的话，也可以只登顶其中的第一座山峰，即霍赫埃克峰（Hocheck）。

这条路线从拉姆绍镇（Ramsau）出发，徒步前往海拔 1930 米的瓦茨曼徒步驿站（Watzmannhaus），需要的话可以在这里过夜。从这里继续向前 2 个小时，便可以登顶霍赫埃克峰。这段路程虽然较陡，但仍在徒步者的能力范围之内。登顶"第一峰"后，如果想要继续前行，就必须穿戴好头盔、攀岩鞋和安全绳这些装备了。从这里开始，路线沿着崎岖的山脊，先是登顶全程的最高点，海拔 2713 米的中峰（Mittelspitze），然后翻过南峰（Südspitze），最后沿着陡峭的山路下山。整条路线需耗时 10~18 个小时。

这条路线上曾经多次发生游客被困、需要救援的事件，为了劝退一些经验不足的户外爱好者，有一部分路段上的攀岩设施已被移除。对于经验丰富的职业登山者来说，这些路段可以徒手经过，但是也一定要提高警惕，毕竟"命运之山"这个绰号可不是随便起的。

右图：想要征服瓦茨曼山，既要有技术，也要有胆量

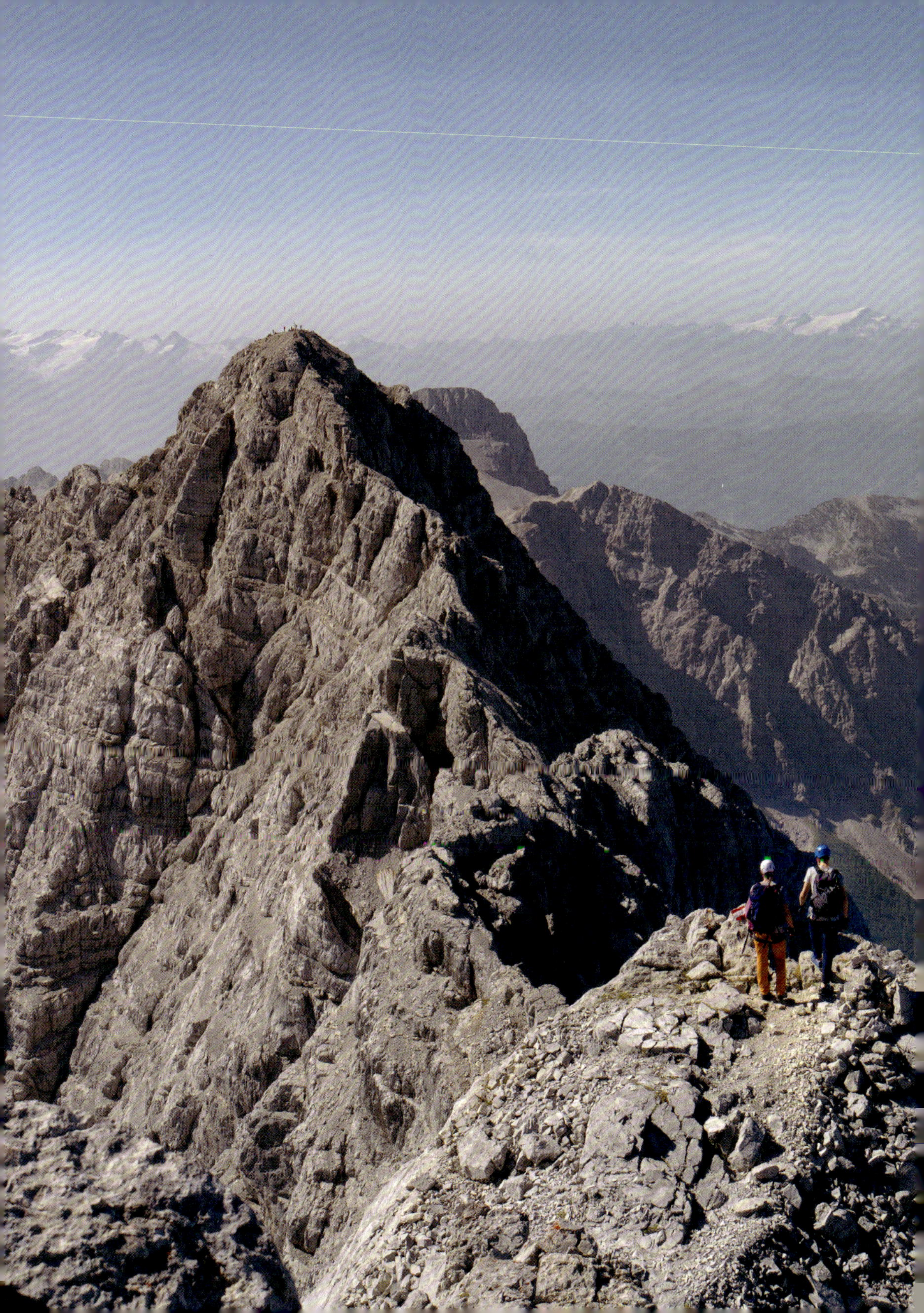

## 262

### 画家采风点
**贝希特斯加登国家公园**
德国

这条 6.4 千米的环线步道难度不大，却性价比极高，可以一览国王湖（Königssee）的壮阔磅礴。早在侏罗纪时期，地壳运动导致地面开裂，而后又受到冰川的挤压，形成了这座德国第三深的湖泊。"画家采风点"（Malerwinkel）是一处观景台，从这里可以看到在湖的西岸，有一处带有红色穹顶的建筑，那便是圣巴尔多禄茂教堂（Saint Bartholomä），是一座罗马天主教的朝圣胜地。

## 263

### 国王湖—丰滕湖畔卡林格驿站
**贝希特斯加登国家公园**
德国

这条路线往返 19.3 千米，首先从国王湖乘船前往圣巴尔多禄茂教堂，而后沿着湖岸徒步 3.2 千米，这一段曾经是信徒的朝圣之路。随后海拔开始爬升，站在高处，可以看到国王湖和奥伯湖（Obersee）的迷人美景。一路爬升之后可能已经气喘吁吁，后面还有一处名为索加斯（Saugasse）的盘山路，一共 36 个发卡弯，海拔连续爬升 396 米，直至石海高原（Steinerne Meer）。之后可以原路返回，也可以在卡林格驿站（Kärlingerhaus）过夜。

下图：在画家采风点欣赏国王湖的震撼美景

上图：特鲁普春山谷位于瑞士东部的西雷蒂亚山脉（Western Rhaetian Alps）

## 264

# 特鲁普春山谷
### 瑞士国家公园
瑞士

瑞士有 18 个自然保护区，但是只有一座国家公园。瑞士国家公园（Swiss National Park）是瑞士境内唯一一片原始区域，禁止狩猎、放牧、伐木、采矿等活动。在这里发生的自然界的活动，比如洪水、火灾、雪崩以及野生动物间的弱肉强食，也几乎不会受到人为影响。

顺着特鲁普春山谷（Val Trupchun），沿特鲁普春河（Ova de Trupchun River）而上，进入这片原始区域的中心地带。河岸两侧均可徒步，途中多处架有桥梁，游客可以自行决定路程的长短。沿途经常会看到土拨鼠，同时也有可能看到羱羊、鹿和臆羚。到了 9 月底进入交配的季节，还会听到动物求偶时发出的诡异的叫声。

### 265

## 维托里奥·塞拉登山驿站
**大帕拉迪索国家公园**
意大利

踏着意大利国王维托里奥·埃马努埃莱二世（Vittorio Emanuele II）的足迹，来探索奥斯塔山谷（Aosta Valley）。这条路线沿瓦农泰河（Valnontey River）而行，进入大帕拉迪索国家公园（Gran Paradiso National Park）的高地，经过 4.8 千米的徒步，抵达维托里奥·塞拉登山驿站（Vittorio Sella Refuge）。这座驿站建于 1860 年，曾是国王在此狩猎时的行宫，如今很多游客把这里当作探索周围山脉的大本营。驿站里设有餐厅和床铺，可以同时容纳 150 位客人。

### 266

## 瓦农泰河步道
**大帕拉迪索国家公园**
意大利

这条步道沿瓦农泰河而行，老少皆宜，可以欣赏到海拔 4061 米的大帕拉迪索山（Gran Paradiso Mountain）以及周围山间数不胜数的冰川。这条步道大部分宽阔平坦，沿河徒步 6.4 千米后才开始上山。步道全年开放，不过在秋季，当漫山的落叶松披上金黄色的外衣时，景色尤为壮观。

右图：瓦农泰河步道穿过一处秀美的山谷，周围群山环绕

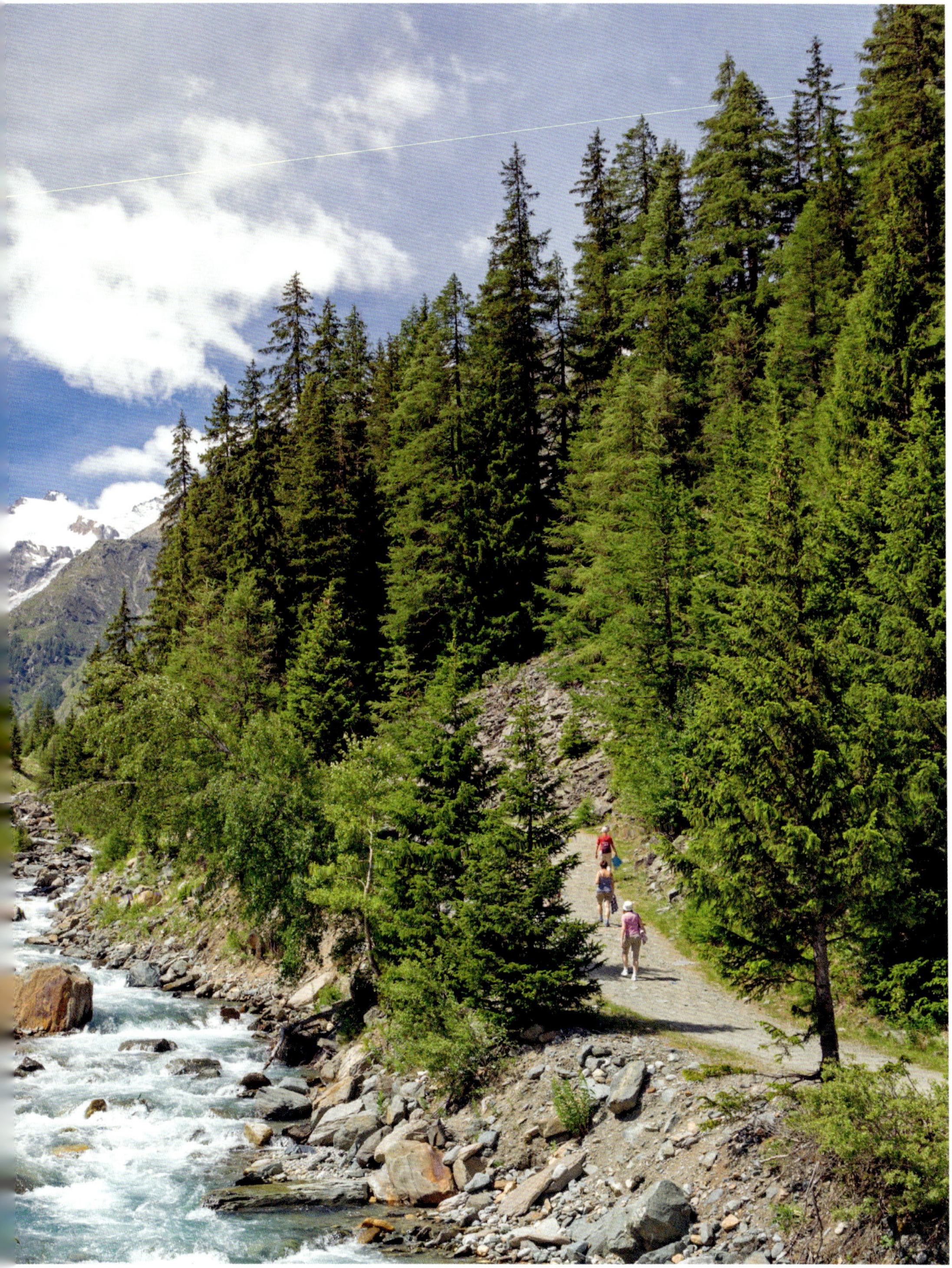

## 267

### 拉加佐伊山
**贝卢诺多洛米蒂国家公园**
意大利

多洛米蒂国家公园（Dolomiti Bellunesi National Park）位于贝卢诺省，自罗马时代以来，这里的山峰在许多战争中都扮演天然堡垒的角色。第一次世界大战期间，意大利和奥匈帝国的军队曾在拉加佐伊山（Mount Lagazuoi）的两侧对峙，双方所建造的隧道工事纵横铺张。

有一条长 5.8 千米的环线步道可以登顶海拔 2778 米的拉加佐伊山。这条路线经意大利一侧的隧道上山，而后沿陡峭的"奥地利行军道"下山。全程大约有 45 分钟的路程需要在漆黑的隧道内进行，记得带上头盔、头灯和备用电池。

## 268

### 多洛米蒂山高山步道
**贝卢诺多洛米蒂国家公园**
意大利

每一条多洛米蒂的登山路线都可以让人一饱高山美景的眼福，但同时也极具挑战性。经验丰富的徒步者可以尝试传说中的"高路"（Alta Via）系列，即编号 1~10 的 10 条高山徒步路线。步道沿途建有徒步驿站，每处驿站间隔约 1 天的路程。其中高路 1 号线（Alta Via 1）全长 150 千米，从布拉耶斯湖（Pragser Wildsee）到贝卢诺（Belluno），是 10 条路线中风景最为优美、且对登山者要求相对较低的一条路线。

## 269

### 蒙佐尼高山步道
**贝卢诺多洛米蒂国家公园**
意大利

在多洛米蒂众多的高级步道中，能有这样一条中等难度的单日步道，也算是十分难得。游客可以从圣佩莱格里诺山口（Passo San Pellegrino）的滑雪场搭乘缆车，省下大概 1 千米的海拔爬升，来到步道的起点。这条步道长 16.1 千米，先是穿过郁郁葱葱的奶牛牧场，然后来到海拔 2528 千米的德勒塞勒山口登山驿站（Passo delle Selle Mountain Refuge），可谓群峰环绕。随后道路变得狭窄起来，这是第一次世界大战时奥地利和意大利的战壕，沿途还可以看到当时的狙击点、炮台和炮兵隧道，这些历史遗迹都被保存了下来，成为一座露天博物馆。可以请一位了解那段历史的向导，会给这次徒步之旅增添许多难得的体验。

右上图：位于意大利东北部的多洛米蒂山十分壮观

右下图：多洛米蒂山脉中有着数百座山峰，其中最高的海拔高达 3343 千米

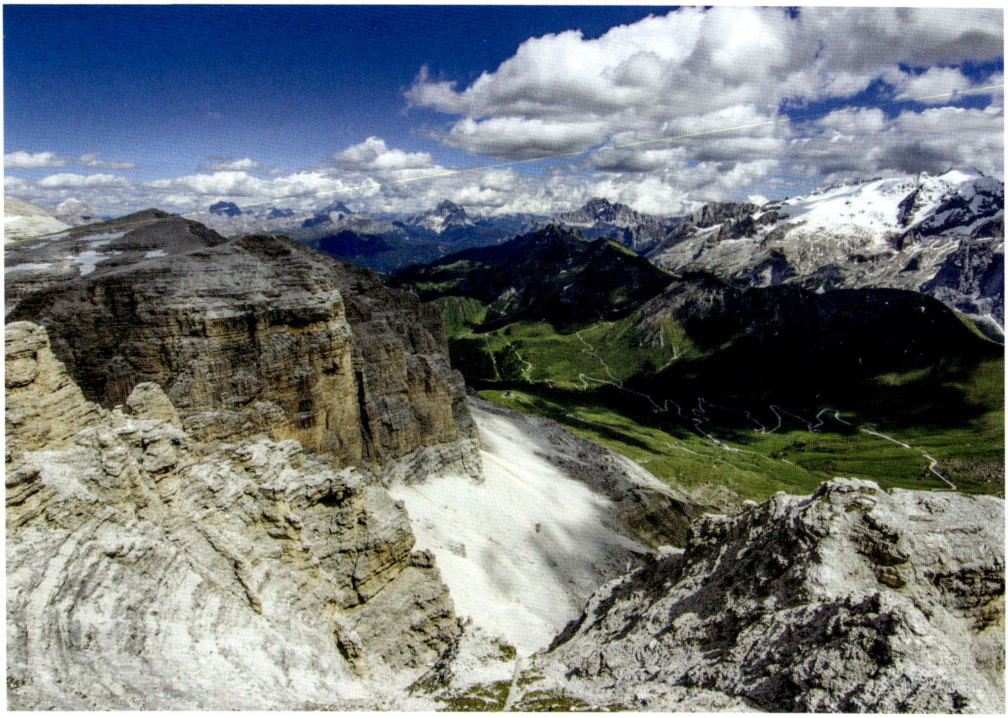

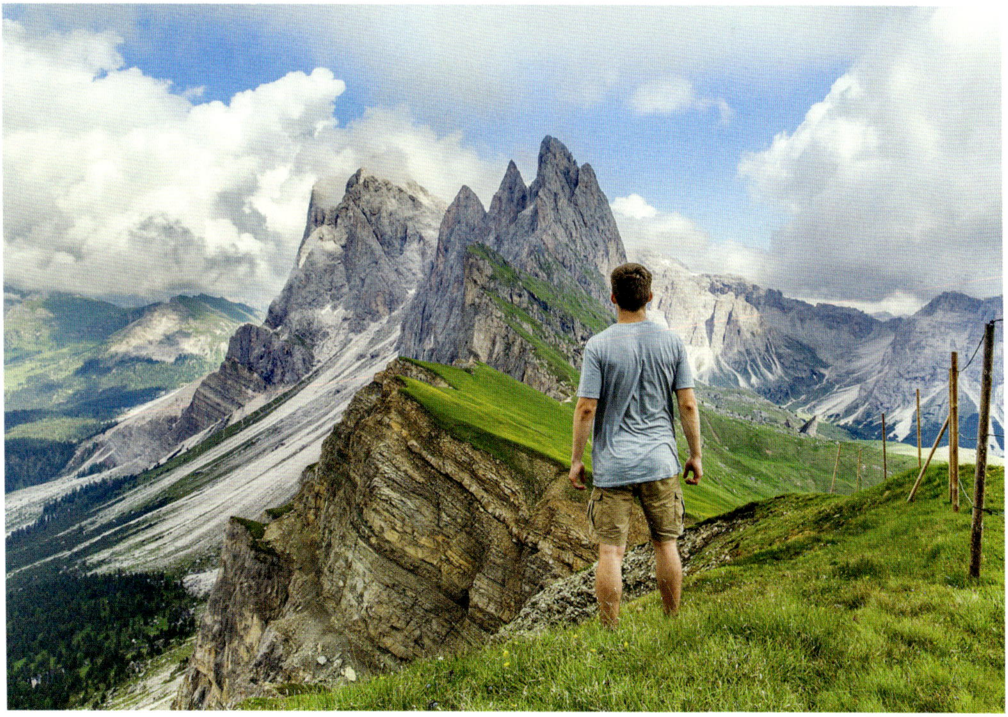

## 270

# 蓝色步道
## 五渔村国家公园
意大利

在峭壁上与村镇间，拥抱地中海

- **距离**
  单程 12.1 千米，海拔爬升 518 米，设有摆渡车
- **起点**
  蒙特罗索或里奥马焦雷
- **难度**
  中级
- **建议游览时间**
  夏季是旺季，9 月到 10 月天气要凉爽一些，游客也少一些

五渔村国家公园（Cinque Terre National Park）是意大利最小的国家公园，也是人口最密集的国家公园。这里占地不到 40 平方千米，却有着 5 座城镇，生活着约 5000 人。房子一座挨着一座，坐落在悬崖边上，俯瞰着地中海，从远处望去，色彩纷呈。1997 年，这座五颜六色的悬崖被联合国教科文组织列为世界文化遗产，1999 年又在此设立了国家公园，足以彰显该地区的景观、历史和文化价值。

"五渔村"所指的 5 座城镇分别是蒙特罗索（Monterosso）、韦尔纳扎（Vernazza）、科尔尼利亚（Corniglia）、马纳罗拉（Manarola）和里奥马焦雷（Riomaggiore）。这条"蓝色步道"（Sentiero Azzurro）将这些城镇连接起来，从蒙特罗索出发，到里奥马焦雷结束，全长 12.1 千米。步道沿海边陡峭的悬崖而行，一路上色彩缤纷，风景迷人。如果不想走完全程，也可以自行选择两座城镇之间的路段，其中一些路段需要连续上下台阶。

落石是这条路线上的一个长期的困扰，尤其是在有着高达 500 万人次游览的夏季。出发前请一定先询问路况，如遇步道因维修或天气原因而关闭的情况，也可早做打算。

右上图：蓝色步道上科尔尼利亚和韦尔纳扎两座城镇之间的岩石路段

右下图：蓝色步道上五颜六色的马纳罗拉镇

## 271

### 里奥马焦雷环线步道
**五渔村国家公园**
意大利

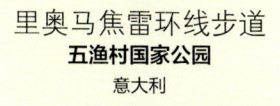

　　这条步道长 3.5 千米，起点位于里奥马焦雷，建议按顺时针方向徒步，将地中海北部的利古里亚海（Ligurian Sea）尽收眼底。步道途经蒙特内罗圣殿（Sanctuary of Montenero），这是一座 18 世纪的教堂，海拔 300 多米，巍峨庄严。走进殿中，可以看到顶部华美的画作。从这里远眺，美景令人心旷神怡。

第三章　欧洲　**219**

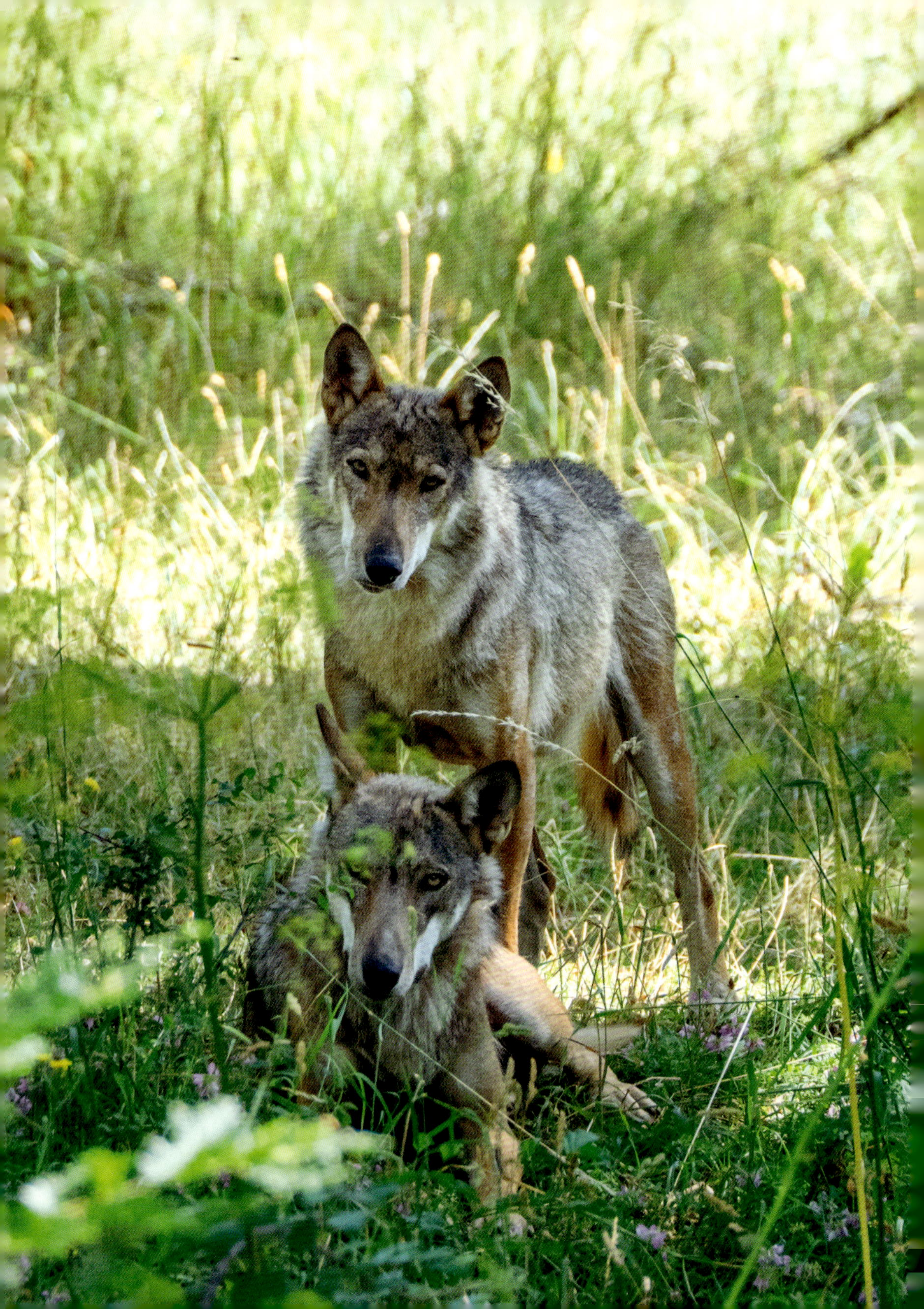

## 约里奥动物保护区
### 阿布鲁佐 – 拉齐奥 – 莫利塞国家公园
意大利

到访欧洲的动物保护区，探索狼与熊的野外栖息地

◆ **距离**
往返8千米，海拔爬升229米

◆ **起点**
佩斯卡塞罗利

◆ **难度**
中级

◆ **建议游览时间**
每年5月至10月

左图：阿布鲁佐 – 拉齐奥 – 莫利塞国家公园里保护着数百匹意大利狼

下图：徒步前往约里奥动物保护区，可从佩斯卡塞罗利镇出发

　　传说，罗马城的建立者罗慕路斯（Romulus）与雷穆斯（Remus）两兄弟，是由一匹母狼哺育养大，罗马人因而一直将猎杀狼的行为视为禁忌。然而，20世纪大规模的猎杀行动，险些使意大利半岛特有的意大利狼灭绝。

　　经过一系列的保护措施，如今在意大利境内生活着约700匹意大利狼，在阿布鲁佐 – 拉齐奥 – 莫利塞国家公园一带，有几个日益壮大的狼群。此外，这里还生活着约50头亚平宁棕熊，对于这一濒危物种，这里是它们在地球上唯一的家园。这种体型庞大的棕熊以采食浆果为生，很少对人类表现出攻击性。

　　在约里奥动物保护区，可以很好地观赏到这些野生动物。保护区依托在一个美丽的山谷之中，可以从佩斯卡塞罗利（Pescasseroli）出发前往，徒步往返8千米。在大部分的月份里，游客必须由向导陪伴而行。

上图：蒙塔尔托山顶美景

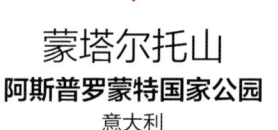

### 273

# 蒙塔尔托山
**阿斯普罗蒙特国家公园**
意大利

　　意大利在世界地图上形似一只高跟的靴子，而巍峨的阿斯普罗蒙特山脉（Aspromonte Mountains）正好坐落在靴子上脚趾的位置，俯瞰着墨西拿海峡（Strait of Messina）、海峡对面的西西里岛（Sicily）以及海峡两侧的第勒尼安海（Tyrrhenian Sea）和伊奥尼亚海（Ionian Sea）。长久以来，这片山地是归隐的修道士和意大利黑手党的栖身之地。有一条往返14.5千米的步道，可以登上海拔1955米的蒙塔尔托山（Montalto Mountain）山顶，一览地中海和阿斯普罗蒙特山脉的壮丽景色。有兴致的话还可以带上一个便携式野营炉，在山顶泡上一杯格雷伯爵茶（Earl Grey），这道茶中独特的香味，便是出自原产于这片地区的香柠檬。

## 274

## 卡帕巨石到圣彼得石
### 阿斯普罗蒙特国家公园
意大利

阿斯普罗蒙特（Aspromonte）意为"崎岖的山脉"，几个世纪以来，这里是修道士的世外桃源，也是亡命之徒的藏身之所。这条全长5.6千米的环线步道穿梭于巨石谷（Valley of the Great Stones）中，绕着高达140米的卡帕巨石（Pietra Cappa）而行。受到早期的冰川作用，这里有许多巨石，形状各异，每一个都有着各自的名字和故事。来到圣彼得石（Saint Peter's Rocks）的旁边，想象着面前曾是拜占庭时期的修道士在岩土中一点点抠出的修道院，便会明白这个地区如今依然充斥着神秘与传奇的原因。

## 275

## 那不勒斯湾
### 马达莱纳群岛国家公园
意大利

这座海洋地质公园坐落于地中海，保护着撒丁岛（Sardinia）附近的马达莱纳群岛（Maddalena Archipelago）。游客一般乘船前往，或者也可以开车搭乘轮渡，从撒丁岛的帕劳（Palau）前往马达莱纳（La Maddalena），然后驱车经跨海大桥前往卡普雷拉岛（Caprera）。

卡普雷拉岛上一直生活着大量的野山羊，这座岛屿也因此而得名[①]。这条8千米的环线步道位于岛屿的北端，沿途设有红白相间的木质路标，避免游客误入错综复杂的"羊道"。

途中会路过几处藏在礁石之间的私人沙滩，平静而清澈的海水令人向往。马达莱纳群岛的地质构成主要是坚硬的花岗岩，这条步道因而也不怎么平整，所以请穿着坚固耐磨的徒步鞋。

---

① 卡普雷拉岛（Caprera），Capra在意大利语中意为"山羊"。

左图：阿斯普罗蒙特国家公园里的"龙石"（Rocca tu Dracu）

第三章 欧洲 **223**

## 276

### 普莱希山
**舒马瓦国家公园**
捷克

舒马瓦国家公园（Šumava National Park）也叫波希米亚森林国家公园（Bohemian Forest National Park），拥有欧洲中部面积最大的森林。然而，许多原始树木已被砍伐，取而代之的是外来的云杉树，其中很多都遭受病虫害的侵扰。幸运的是，公园里仍保护着一些原始林区。登上普莱希山（Plechý），便可以俯瞰整座森林。普莱希山位于捷克、奥地利和德国的交界处，海拔 1379 米，是公园内的最高点。有一条往返 16.1 千米的步道可以登顶，海拔爬升 610 米。

## 277

### 仙女洞
**波希米亚瑞士国家公园**
捷克

易北河砂岩山脉（Elbe Sandstone Mountains）的地下布满了洞穴，比起地面上的层峦起伏，更显神秘。从克拉斯纳利帕镇（Krasna Lipa）出发，有一条往返 4 千米的步道，可以前往位于基约夫谷（Kyjov Valley）的仙女洞。与大多数洞穴一样，这里的温度要比地表低很多，内壁和穴顶上常年挂着冰凌，脚边还有大大小小的冰柱，到处冰光闪闪。洞穴全年开放，游客在向导的带领下参观，冬季前往需要准备雪鞋。

上图：普雷比施门是电影《纳尼亚传奇》的取景地

左图：仙女洞中的冰柱，梦幻无穷

## 278

## 普雷比施门
**波希米亚瑞士国家公园**
捷克

易北河砂岩山脉从德国延伸至捷克，坐落于波希米亚瑞士国家公园（Bohemian Switzerland National Park）。有一条 18.9 千米的环线步道途经园内多处特色景观，其中也包括普雷比施门（Pravčická Brána）。如果时间有限，也可以通过另一条往返 9.7 千米的步道，前往普雷比施门。无论选择哪一条，都不虚此行，这座拱形砂岩有着 26.2 米的跨度，是欧洲最大、世界第二大的天然石拱。

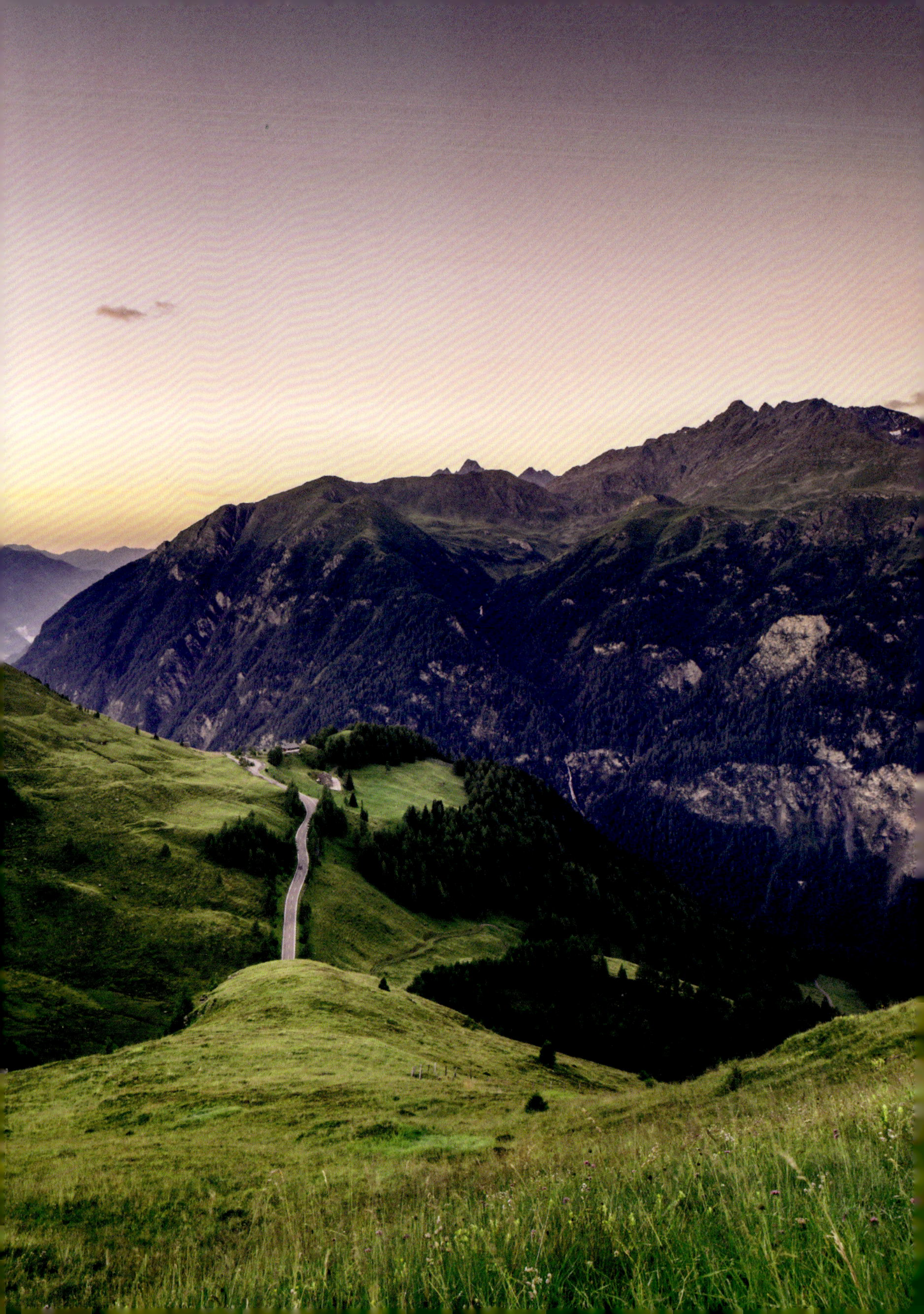

## 279

# 凯罗古道
## 高地陶恩国家公园
奥地利

沿着阿尔卑斯山古老的商道，探索奥地利境内的最高峰

◆ **距离**
往返 3.2 千米，海拔爬升 122 米

◆ **起点**
霍赫托尔山口停车场

◆ **难度**
初级

◆ **建议游览时间**
高山公路 5 月至 10 月开放

左图：在凯罗古道上，踏着前人的足迹，感受数千年的沉淀

高地陶恩国家公园（High Tauern National Park）是奥地利最大的国家公园，横跨阿尔卑斯山脉上百千米。人类徒步穿越奥地利阿尔卑斯山（Austrian Alps）已有数千年的历史。1935 年，随着大格洛克纳阿尔卑斯高山公路（Grossglockner High Alpine Road，又译"大钟山阿尔卑斯高山公路"）的开通，使得这段路程通行起来更加方便。这条收费公路穿梭于萨尔茨堡州的布鲁克（Bruck）和克恩顿州的海利根布卢特（Heiligenblut）之间，经过霍赫托尔山口（Hochtor Pass），海拔 2504 米。

考古学家和历史学家发现，至少在 3500 年前，人类就已经开始经霍赫托尔山口穿越阿尔卑斯山了。在修建这条高山公路期间，曾经出土一尊罗马时期的半神赫拉克勒斯（Hercules）雕像，还有凯尔特人和罗马人使用的钱币。这些文物如今都陈列在霍赫托尔山口的小型博物馆里。这条凯罗古道往返 3.2 千米，可以从停车场走到当初凯尔特人和罗马人穿越阿尔卑斯山的古道上。

## 280

### 大格洛克纳山
**高地陶恩国家公园**
奥地利

　　大格洛克纳山（Grossglockner Peak）海拔 3798 米，是奥地利境内的最高点。登顶的常规路线从大格洛克纳山西侧的卡尔斯镇（Kals）出发，往返 16.1 千米。途经约翰大公登山驿站（Erzherzog Johann Hut），海拔 3454 米，是奥地利境内海拔最高的山间屋舍。大多数人会在这里过夜，第二天一早开始攀登峰顶。请备好冰爪、冰镐，登顶需要具备一定的冰川徒步的经验，没有的话最好聘请向导。

## 281

### 克里姆尔瀑布和陶恩古道
**高地陶恩国家公园**
奥地利

　　克里姆尔河（Krimml River）从克里姆尔河谷（Krimml Ache Valley）倾斜而下，跌落三层断崖，形成克里姆尔瀑布（Krimml Waterfalls），落差高达 380 米。作为奥地利境内最高的瀑布，每年吸引 40 余万游客。其中一条 8 千米的环线步道最受欢迎，常常人满为患。如果想避开人群，可以绕到陶恩古道（Old Tauern Trail）上走一个环线，这条古道的历史可以追溯到 16 世纪，相比之下要清静许多。

下图：登顶大格洛克纳山，打卡奥地利最高点

## 282

### 乌尔鲍尔科格尔观景台环线步道
**卡尔克阿尔卑斯国家公园**
奥地利

这座国家公园位于阿尔卑斯的北石灰岩山脉（Northern Limestone Alps），山上有一个名叫乌尔鲍尔科格尔（Wurbauer Kogel）的玻璃观景台。遇上晴朗无云的天气，在塔顶上可以看到森克森山脉（Sengsengebirge）和西拉明格山脉（Reichraminger Hintergebirge）中 21 座海拔 1800 米以上的山峰。游客可以从温迪施加尔施滕镇（Windischgarsten）乘坐缆车抵达观景台，也可以从多条登山路线中选择一条适合自己的，徒步前往观景台。如果是在夏季，下山的时候还可以滑滑道。

## 283

### 梅克斯多夫镇和大回环山
**塔亚谷国家公园**
奥地利

塔亚谷国家公园（Thayatal National Park）是奥地利最小的国家公园，位于奥地利北部，与之相邻的是捷克的波迪伊国家公园（Podyjí National Park），共同保护着塔亚河（Thaya River）一段蜿蜒曲折的流域。这条 10.1 千米的环线步道穿过森林，绕过河流的一处"U"形弯，其弧度之大几乎是将大回环山完整地环绕了一周。公园为罕见的艾鼬提供了栖身之所，这种动物外形和雪貂相似，主要捕食地松鼠。

左图：登上乌尔鲍尔科格尔观景台，可以望到奥地利境内多座山脉

### 284

## 莫斯特尼察峡谷
**特里格拉夫斯基国家公园**
斯洛文尼亚

带上相机和三脚架，给湍急的河水拍摄一组长曝光作品

◆ **距离**
环线 12.9 千米，海拔爬升 396 米

◆ **起点**
斯塔拉弗津纳村

◆ **难度**
中级

◆ **建议游览时间**
5月至10月

随着最后一个冰期的结束，冰川融水在这个狭窄而蜿蜒的峡谷中奔腾而过。如今，莫斯特尼察河（Mostnica Creek）依然经久不息，是欧洲东部最能出片的水景。

有一条步道从斯塔拉弗津纳村（Stara Fužina）出发，穿过蜿蜒曲折的峡谷，一路上翡翠色的河水冲刷着形状各异的岩石，用温柔与力量，精心雕刻着这幅美景。最受摄影爱好者欢迎的是一处叫作"小象"（Little Elephant）的石拱，形似象鼻。沿着河流一侧走上 6.4 千米，便可到达莫斯特尼察瀑布（Mostnica Waterfall），而后沿另一侧返回，途中会经过几座横跨峡谷的桥梁。

右图：莫斯特尼察峡谷步道上的小象石拱（Little Elephant）

### 285

## 文特加峡谷环线
**特里格拉夫斯基国家公园**
斯洛文尼亚

文特加峡谷（Vintgar Gorge）之所以能够成为这座国家公园里最受欢迎的景点，这条 5.6 千米的初级环线步道将带你一探究竟。峡谷中流淌的河水清澈湛蓝，这般颜色唯有亲眼所见，才显得真实。早晨早些出发，步道上会清静很多。

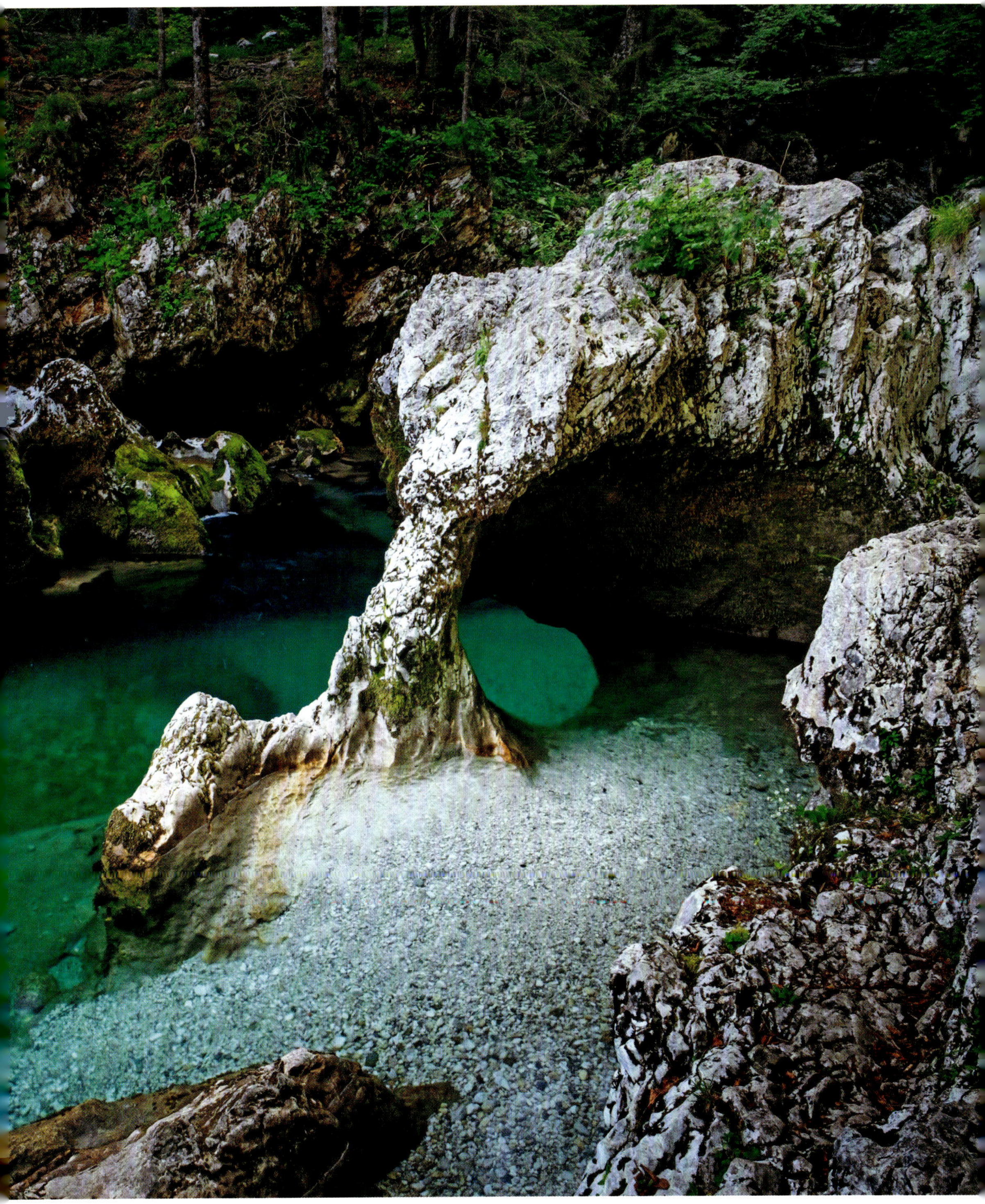

## 286

### 特里格拉夫山
**特里格拉夫斯基国家公园**
斯洛文尼亚

特里格拉夫山（Mount Triglav）海拔2864米，是特里格拉夫斯基国家公园（Triglavski National Park）的最高点，也是尤利安山（Julian Alps）的最高峰。想要登顶，可要辛苦一番，全程往返25千米，海拔爬升2164米，其中包括一段需要借助钢缆才能通过的垂直岩壁路段。游客从特伦塔镇（Trenta）出发，通常会在克尔马山谷（Krma Valley）的克雷达里卡徒步驿站（Kredarica Hut）过夜，而后在第二天登顶。

## 287

### 七湖谷
**特里格拉夫斯基国家公园**
斯洛文尼亚

这座山谷位于博希尼镇（Bohinj）和特伦塔镇（Trenta）之间，虽然叫"七湖谷"（Valley of the Seven Lakes），但这里其实有着10座湖泊。这条往返25.7千米的徒步路线，穿越风景宜人的尤利安山，这是欧洲阿尔卑斯山脉中一个相对小众的部分。

这里有许多山间驿站，可以为游客提供基本的住宿和餐食。如果想进行更长距离的徒步，也可以选择全长595千米的斯洛文尼亚高山步道（Slovenian Mountain Trail）。

## 288

### 里斯尼亚克山
**里斯尼亚克国家公园**
克罗地亚

里斯尼亚克山（Veliki Risnjak）海拔1528米，是这座国家公园内的最高点。登顶路线往返6.4千米，海拔爬升427米，难度适中。虽然不是长距离徒步，但是很多游客还是会在途中的斯罗瑟罗夫登山驿站（Šloserov Hut）住上一晚，因为这里有着克罗地亚"最美山间小屋"的美称，每年在6月至10月开放。

左图：登特里格拉夫山，打卡尤利安山脉的最高点

**289**

## 罗斯基瀑布
**克尔卡国家公园**
克罗地亚

罗斯基瀑布（Roški Waterfall）是一处著名的阶梯式瀑布，形成于克尔卡河（Krka River）一处湍急的流段。一条2.6千米的环线步道绕奥格利采湖（Ogrlice Lake）而行，可以到达一处欣赏瀑布的观景台。蓝绿色的河水沿着河面宽大的阶梯流下，汇入下方的水潭。带上泳衣，还可以游到瀑布后方，从独特的视角体验不同的美景。

下图：克尔卡国家公园（Krka National Park）里湍急的罗斯基瀑布

## 290

# 普利特维采湖群环线步道
## 普利特维采湖群国家公园
### 克罗地亚

在风景如画的国家公园里，欣赏秀丽的湖群和精美的瀑布

◆ **距离**
环线 8 千米，海拔爬升 442 米

◆ **起点**
普利特维采湖群

◆ **难度**
中级

◆ **建议游览时间**
全年开放，夏季游客非常多

右上图：普利特维采湖群有着 90 多座瀑布，是世界最大的瀑布群

右下图：大瀑布（Veliki Slap）是克罗地亚境内最高的瀑布

距离亚得里亚海（Adriatic Sea）上游 72.4 千米，在狄纳拉山脉（Dinaric Alps）的一个山谷中，多条河流汇集于此，形成普利特维采湖群（Plitvice Lakes）。这个湖群由 16 座湖泊组成，每一座都有着独特的颜色。湖与湖之间，由天然的石灰华湖堤分隔开。石灰华是一种从水中沉淀出来的矿物质，赋予了水体超自然的蓝色色调。这些石灰华堤经常被洪水冲垮，随着矿物质的沉淀又组建出新的湖堤，造就了这里独有的变幻莫测的瀑布景观。

在这座 8 千米长的山谷里，有着许许多多的步道和观景台。这条 14.5 千米的环线步道绕湖群的北侧一半而行，从北边的卡卢杰罗瓦茨湖（Kaluđerovac Lake）开始，蜿蜒穿梭于 8 个湖泊之间，途经数十座瀑布。这条路线虽然距离较长，但是难度并不高，途中的栈道和小桥让这条步道走起来相对轻松，沿途还设有小型餐馆和洗手间。

**291**

## 路线 A
### 普利特维采湖群国家公园
克罗地亚

这条 3.5 千米的环线步道绕着普利特维采湖群中较低的四个湖泊而行，分别是米兰诺瓦茨湖（Milanovac）、加瓦诺瓦茨湖（Gavanovac）、卡卢杰罗瓦茨湖（Kaluđerovac）和诺瓦科维奇布罗德湖（Novakovića Brod）。每个湖都有着各自的传说，如加瓦诺瓦茨湖，据说里面藏着宝藏，然而湖水是如此的清澈，看起来似乎无处可藏。这条路线还会经过几座瀑布，十分壮观，其中包括 78 米高的"大瀑布"（Veliki Slap）。

## 292

### 斯特巴奇布克瀑布
**乌纳国家公园**
波黑

这里是波黑最大的国家公园，保护着在此相汇的三条河流，分别是乌纳河上游（Upper Una）、科尔卡河（Krka）和乌纳茨河（Unac）。这里每年都会举办著名的乌纳河国际漂流大赛（International Una Regatta），湍急的河流和沿途的瀑布为比赛提供了绝佳的场地。游客可以通过一条往返11.3千米的步道感受乌纳河的波涛汹涌，从库科维镇（Ćukovi）前往公园里最大的瀑布——斯特巴奇布克瀑布（Štrbački Buk）。

## 293

### 狄那里克步道群
**苏杰斯卡国家公园**
波黑

苏杰斯卡国家公园（Sutjeska National Park）成立于1962年，是波黑首座国家公园。狄那里克步道群（Via Dinarica）由三条史诗级长距离步道构成，行程共计2028千米，途经斯洛文尼亚、克罗地亚、塞尔维亚、波黑、黑山、阿尔巴尼亚和北马其顿，沿狄纳拉山（Dinaric Alps）横跨巴尔干半岛。其中，从苏杰斯卡国家公园到黑山杜米托尔国家公园（Durmitor National Park）的这段路程约65千米，是首个建成的路段。

上图：斯特巴奇布克瀑布附近的激流，吸引着水上运动爱好者

右图：杜米托尔冰洞纵深40米，常年银装素裹

## 杜米托尔冰洞
**杜米托尔国家公园**
黑山

每年12月到次年3月，杜米托尔山（Durmitor Mountains）都会成为黑山最大的滑雪胜地。哪怕是在夏天，也可以钻进杜米托尔冰洞（Ledena Pécina）感受一丝冰雪的气息。有一条往返12.4千米的步道可以前往杜米托尔冰洞（Durmitor Ice Cave），从双湖出发，途中绕过两座海拔2000米以上的山峰。进入洞穴后是一个长长的冰坡，记得带上防滑装备。游览时请不要破坏洞中的冰凌和冰柱。

## 博博托夫库克山
**杜米托尔国家公园**
黑山

博博托夫库克山（Bobotov Kuk）海拔2523米，是杜米托尔国家公园中的最高点。这座山曾经在很长一段时间里被认为是黑山的最高峰，后来经测量发现，在与阿尔巴尼亚的边境还有三座海拔更高的山峰。从塞德罗山口（Sedlo Pass）出发，这条登顶路线往返9.7千米，海拔爬升约900米，规划清晰。站在山顶，在绝壁和陡坡的映衬下，当真是"一览众山小"，一座座高山湖泊宛如华美的宝石，镶嵌于山间，点缀着脚下的美景。

# 瓦尔博纳山口
## 瓦尔博纳山谷国家公园
### 阿尔巴尼亚

昔日的贫苦禁地，今日的旅行目的地

◆ **距离**
单程 10 千米（含接驳车），海拔爬升 975 米

◆ **起点**
瓦尔博纳镇或泰斯镇

◆ **难度**
中级

◆ **建议游览时间**
7 月至 9 月

巴尔干和平公园（Balkans Peace Park）坐落于阿尔巴尼亚山脉（Albanian Alps），由三座国家公园组成，阿尔巴尼亚的瓦尔博纳山谷国家公园（Valbona Valley National Park）便是其中之一，另外两座分别位于塞尔维亚和黑山。此前这里曾一度与世隔绝，还被称作"受诅咒的山脉"（Accursed Mountains），在几十年里一直是禁区，与外界鲜有联系，当地居民的生活也较为艰难。如今，这个几乎已经被世人遗忘的地方，接待来自世界各地的游客，旅游业正在带动当地的发展。

瓦尔博纳山口（Valbona Pass）是这座公园中一个重要的景点，可以俯瞰山下广阔而起伏的地貌。游客可以选择从瓦尔博纳镇（Valbona）或者泰斯镇（Theth）开始登山，两个镇子位于山的两侧，都可以为游客提供接驳、住宿和餐饮服务。步道两侧设有清晰的路标，从一侧上山，约 5 千米后到达山口。欣赏完这绝世美景后，可以从另一侧下山，路程同样是 5 千米左右。

上图：瓦尔博纳山口是阿尔巴尼亚北部的一处高山山口

左图：阿尔巴尼亚山，也叫"受诅咒的山脉"，如今面向游客开放

### 297

## 斯蒂洛角
**布特林特国家公园**
阿尔巴尼亚

布特林特国家公园（Butrint National Park）里有着在欧洲范围内保存最完好的遗迹，比如2500年前的阿斯克勒庇俄斯神庙（Temple of Asclepius）以及奥斯曼帝国的城堡。这里的徒步路线相互交错，更是延伸到古城的残垣断壁之外，深入周围的湿地、森林和海滩。其中有一条往返5.1千米的登山步道，可以前往斯蒂洛角（Cape of Stillo），俯瞰周围广阔的全景。

## 298

### 雷贝斯景观步道
**卡鲁拉国家公园**
爱沙尼亚

这条 7.2 千米的步道从雷贝斯（Rebäse）附近的托尼迈瞭望塔（Tornimäe observation tower）出发，途中经过另外两个制高点，分别是阿勒山（Mount Ararat）和林纳梅吉山（Linnamägi Hill），从这三个地方都可以欣赏到周围的田园风光。这一地区有着浓厚的历史底蕴，比如在林纳梅吉山上发现的铁器时代的人类遗迹，另外还有一处可以追溯到 16 世纪的农庄。沿途可以看到野猪、河狸和麋鹿。每年春天，还可以看到成片的雪花莲，洁白的花瓣配上黄色的花蕊，纯净宜人。

## 299

### 图拉伊达城堡露天博物馆
**戈雅国家公园**
拉脱维亚

戈雅国家公园（Gauja National Park）是拉脱维亚最大的国家公园，位于戈雅河谷（Gauja River Valley）附近，人们在这里盖房子、定居已有数百年。公园里保护着 500 多座历史建筑和纪念碑，构成一座露天博物馆。这条 4.8 千米的环线步道绕图拉伊达城堡（Turaida Castle）而行，登上城堡的主塔，可以欣赏到河流的美景。沿途还会经过许多雕塑、洞穴等遗迹。

上图：图拉伊达城堡的历史可以追溯到 13 世纪

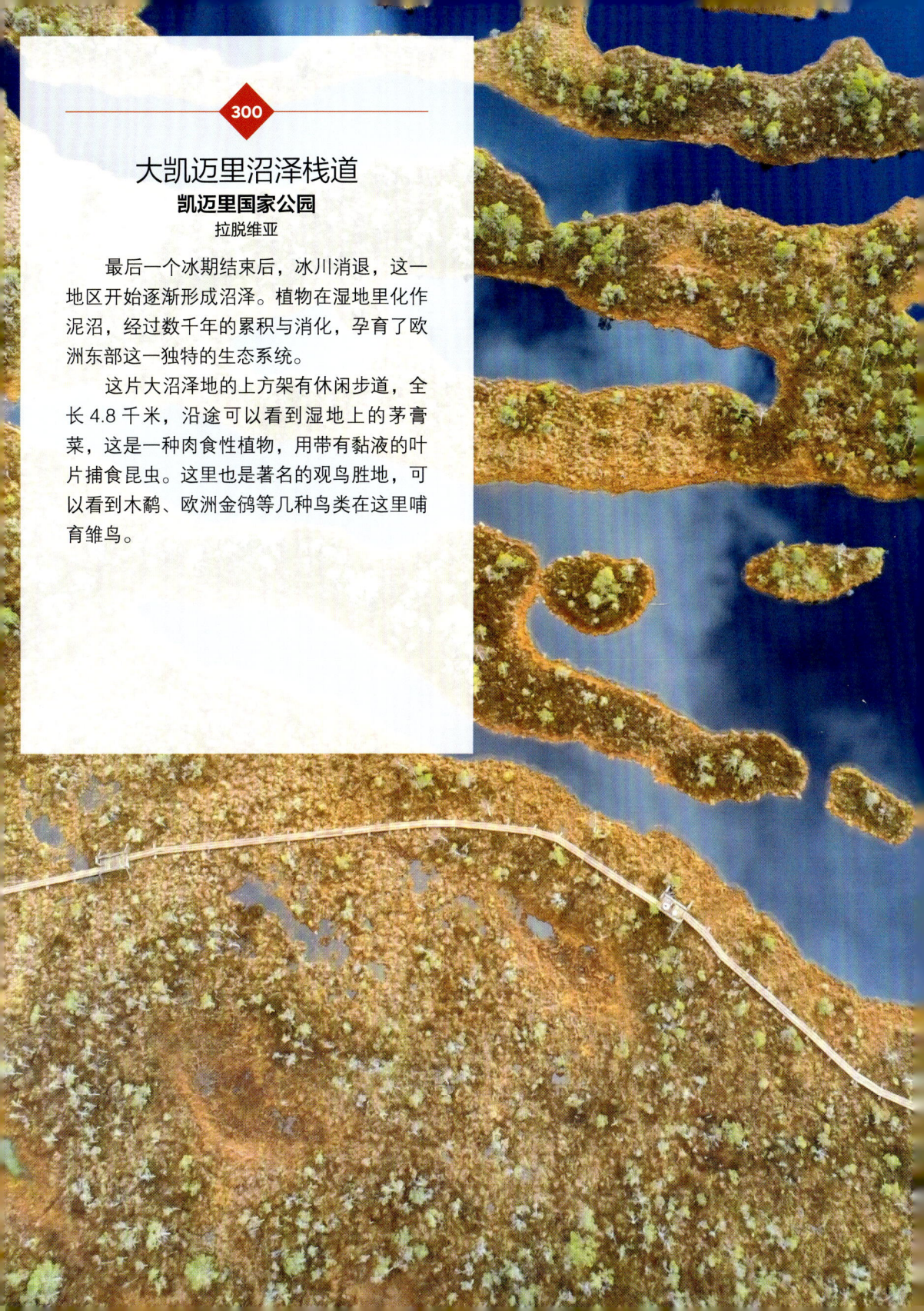

## 大凯迈里沼泽栈道
**凯迈里国家公园**
拉脱维亚

最后一个冰期结束后，冰川消退，这一地区开始逐渐形成沼泽。植物在湿地里化作泥沼，经过数千年的累积与消化，孕育了欧洲东部这一独特的生态系统。

这片大沼泽地的上方架有休闲步道，全长 4.8 千米，沿途可以看到湿地上的茅膏菜，这是一种肉食性植物，用带有黏液的叶片捕食昆虫。这里也是著名的观鸟胜地，可以看到木鹬、欧洲金鸻等几种鸟类在这里哺育雏鸟。

## 301

### 瓦茨卡沙丘
**斯沃温斯基国家公园**
波兰

斯沃温斯基国家公园（Słowiński National Park）位于波罗的海沿岸，千变万化的沙丘是这里独特的景观。公园里的韦巴湖（Łebsko Lake）与波罗的海仅一沙之隔，有一条12.9千米的环线步道徘徊于湖面和海面之间一条狭窄的沙地中。沿途经过几片松树林，林中深处也尽是被风吹过去的沙丘。走在步道上，可能会看到捕鱼的白尾海雕，湖水和海水都是它们的猎场。如果发现它在空中盘旋，暂且停下脚步等一等，很快就会看到这只大鸟收起翅膀，如鱼雷一般对准水面俯冲下去。随着水花飞溅，便会看到它的爪子里擒了鱼，任凭鱼儿如何翻腾扭动，都被牢牢地抓住，一同回到高空之中。

## 302

### 比亚沃维耶扎森林保护区
**比亚沃维耶扎森林国家公园**
波兰

欧洲中部内陆地区曾经由一片幅员辽阔的原始森林所覆盖，比亚沃维耶扎森林（Białowieża Forest）是其中最大的一片"幸存者"。这座国家公园106平方千米，相比之下，比亚沃维扎森林联合国教科文组织世界遗产林区则覆盖了近1500平方千米。这些有着800年历史的橡树，也保护着现存数量最多的一群欧洲野牛，由欧洲野牛繁殖中心（European Bison Breeding Center）追踪管理。为了保护这片原始森林，园区中只有小部分区域面向公众开放，同时使科学家能够潜心研究这片保存完好的温带森林生态系统。游客可以使用其中的一些步道，但是必须由向导陪同。

上图：皮耶尼内国家公园（Pieniny National Park）里赫然突兀的三冠山

左图：瓦茨卡沙丘步道上的韦巴沙漠（Łeba Desert）

303

## 三冠山
**皮耶尼内国家公园**
波兰

　　这座国家公园位于波兰与斯洛伐克边境，有着著名的杜纳耶茨河（Dunajec River）峡谷漂流，也有着多条徒步步道，纵横交错。这条高级步道往返 9.2 千米，攀登三冠山（Three Crowns），其中奥克拉格力察峰（Okrąglica）海拔 982 米，是三冠山的最高峰。峰顶有一处观景台，可以俯瞰山河交映的秀丽风景。

## 304

### 横山口环线步道
**塔特拉山国家公园**
斯洛伐克

游览塔特拉国家公园（Tatra National Park），如果想挑战一下自己，而时间又有限，可以考虑这条 16.9 千米的环线。一路上山川秀丽，途经高山湖泊和多座瀑布，还能体验一把肾上腺素飙升的感觉。有一处陡峭的岩壁，需要借助一组固定在岩石上的铁链和金属梯子才能通行，十分刺激。这条路线只在 6 月至 9 月开放。

## 305

### 考斯切利斯卡山谷
**塔特拉山国家公园**
波兰

考斯切利斯卡山谷（Kościeliska Valley）位于波兰南部，地处塔特拉山脉（Tatra Mountains）的一处峡谷中。每年春天番红花盛开的时候，整个山谷便化身成一片紫色的海洋，风景甚美。山谷中有一条 13.7 千米的环线步道，途经几处岩洞。其中的"霜洞"（Jaskinia Mroźna）面向游客开放，记得带上头灯和备用电池。

下图：考斯切利斯卡山谷位于波兰南部旅游小镇扎科帕内（Zakopane）附近

## 306

## 海洋之眼
**塔特拉山国家公园**
波兰

"海洋之眼"（Morskie Oko）是塔特拉山脉最著名的一座湖泊，也是这座国家公园里最受欢迎的景点。碧蓝的湖水映着周围的群山，美得让人无法自拔。旁边就是波兰境内的最高点——海拔2499米的莱西山（Mount Rysy）。有一条2.6千米的环线步道环湖而行。如果愿意多走上1.5千米，还可以欣赏到另一座湖泊的美景——"黑池"（Czarny Staw），其景色也丝毫不亚于"海洋之眼"。

## 307

### 干白峡谷
**斯洛伐克天堂国家公园**
斯洛伐克

这座国家公园因斯洛伐克天堂山脉（Slovak Paradise Mountain Range）而得名。这里河流众多，经过流水的冲刷，形成了园内的喀斯特地貌，到处都是深谷、峡谷和岩洞，瀑布更是多得数不过来。

在苏查贝拉峡谷（Roklina Suchá Belá）有一条8.9千米的环线，这里也叫干白峡谷（Dry White Gorge）。步道先是沿着溪水逆流而上，沿途有几处瀑布。在经过一些陡峭的路段时，可以借助岩壁上的梯子和铁链。一路上要多次过河，有时还要蹚河而行，水边的岩石有时会很滑，一定要穿着鞋底纹路较深的登山鞋。回程相对轻松好走一些，穿过一片茂盛的森林，绕回到起点。

## 308

### 什特尔布斯凯湖—波普拉茨基湖
**高塔特拉山国家公园**
斯洛伐克

探索高塔特拉山国家公园（High Tatras National Park）最好的方式，莫过于在什特尔布斯凯湖（Štrbské Pleso）来一场湖边漫步，有一条3.2千米的步道环湖而行，是公园里唯一一座不用费什么力气就可以游览的高山湖泊。与湖泊相呼应的是高塔特拉山山坡上茂密的植被，以及顶部的岩石山峰。游客可以在湖边的咖啡馆休息片刻，而后沿着红色观景步道（Red Trail）继续徒步3.2千米，游览另一座高山湖——波普拉茨基湖（Popradské Pleso）。这里虽然较为偏远，但是有马伊拉托瓦登山驿站（Majláthova Mountain Hut），为游客提供完备的餐饮服务。

左图：位于波普拉茨基湖边的马伊拉托瓦登山驿站，安静怡人

上图：塔特拉高山步道是一条穿越高塔特拉山脉的长距离步道

### 309

## 塔特拉高山步道
**高塔特拉山国家公园**
斯洛伐克

塔特拉高山步道（Tatranská Magistrála）全长 42 千米，从波德班斯克镇（Podbanské）到韦勒凯别雷湖（Vel'ké Biely Pleso），穿越高塔特拉山脉。完成整条路线一般需要 4 天的时间，起点和终点均有公共交通可以抵达，沿途还有许多短距离的支线可供选择。途中设有登山驿站，可以提供食宿，游客只需要准备睡袋和白天途中所需的物品即可。山区天气阴晴不定，请携带足够的衣物和雨具。

### 310

## 绿湖
**高塔特拉山国家公园**
斯洛伐克

从塔特兰斯卡鲁门尼卡镇（Tatranska Lomnica）乘坐缆车，到达石山湖（Skalnaté Pleso），而后徒步前往绿湖并返回镇上，全程需步行 16.1 千米。一路上，纵观山脉崎岖，山谷斑斓，美不胜收。当然也少不了刺激的体验，途中有一处陡坡，需要借助岩石上的铁链才能顺利通过。

第三章 欧洲 **247**

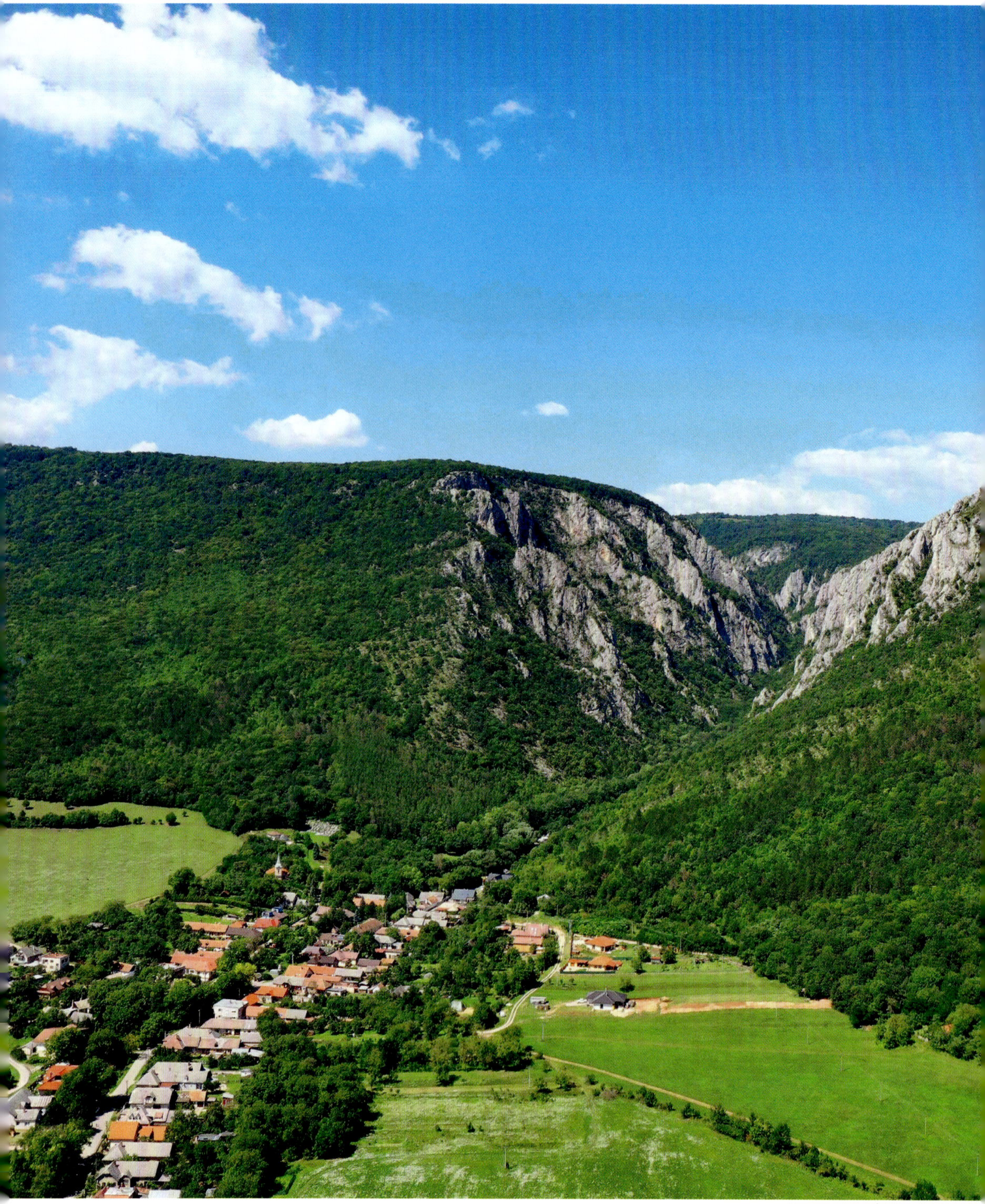

## 311

# 扎迪尔斯卡山谷
## 斯洛伐克喀斯特山脉国家公园
斯洛伐克

在斯洛伐克最深的峡谷中，探索壮观的喀斯特地貌

◆ **距离**
环线 8 千米，海拔爬升 610 米

◆ **起点**
扎迪尔镇（Zadiel）

◆ **难度**
中级

◆ **建议游览时间**
5 月至 10 月

左图：准备好在扎迪尔斯卡山谷"半日游"中大饱眼福吧

喀斯特地貌也叫岩溶地貌，由石灰岩、白云岩等可溶性岩石被流水溶解所形成，其间是大大小小的峡谷和岩洞。斯洛伐克喀斯特山脉（Slovak Karst Mountains）位于斯洛伐克东南部，有着多处峡谷，还有数百个岩洞以及深入地下上百米的垂直坑洞。

公园里有一条 8 千米的环线步道，深入探索扎迪尔斯卡山谷。这里也被称为扎迪尔斯卡峡谷（Zádielska Gorge），是斯洛伐克境内最深的峡谷，深达 299 米，而最狭窄的地方只有 9.1 米宽。这条步道原是一条古道，虽然峡谷本身超凡脱俗，但是步道还是比较平易近人的，难度并不高。从高处远眺，四周山脉起伏，风景迷人。

## 312

# 杜姆比尔峰—乔波克峰环线
## 低塔特拉山国家公园
斯洛伐克

低塔特拉山国家公园（Low Tatras National Park）是斯洛伐克境内最大的国家公园，保护着低塔特拉山脉（Low Tatras Mountains）。与高塔特拉山脉相比，这里海拔较低，植被也更为茂密。这条 15.3 千米的环线可以打卡两座峰顶，分别是海拔 2043 米的杜姆比尔峰（Ďumbier）和海拔 2024 米的乔波克峰（Chopok）。两峰之间的山脊路段十分壮观。

## 313

### 提萨湖
**霍尔托巴吉国家公园**
匈牙利

霍尔托巴吉国家公园（Hortobágy National Park）位于匈牙利东部，保护着匈牙利大平原（Hungarian Great Plains）上的一大片区域。数千年来，人们在这片草原上放牧，形成了该地区独特的牧羊文化，游客可以在牧羊人博物馆（Shepherd Museum）中了解一二。20世纪70年代，人们在提萨河（Tisza River）上筑坝蓄水，形成了提萨湖，也为候鸟提供了栖息地。这里也是提萨湖水生态保护区（Lake Tisza Water Nature Reserve），湖岸边铺设了无障碍栈道，供游客使用，全长1.6千米。带上望远镜，可以观察到数百种鸟类，有的常年栖息在这里，有的则是迁徙途中在此歇脚。

## 314

### 巴拉德拉溶洞
**阿格泰列克国家公园**
匈牙利

和东欧的许多地区一样，匈牙利的地质主要由石灰岩构成，是典型的喀斯特地貌，壮观的峡谷和岩洞数不胜数。阿格泰列克国家公园（Aggtelek National Park）内有着至少280个岩洞，其中包括欧洲最大的钟乳石洞——巴拉德拉溶洞（Baradla Cave）。在导游的带领下参观巴拉德拉岩洞，在巨大的隧道和洞穴中，随处可见形态各异的钟乳石，十分壮观，有些还起了有意思的名字，比如"丈母娘的舌头"（Mother-in-Law's Tongue）和"圣诞老人"（Santa Claus）。洞中约有2.4千米的路段向游客开放，一路上上下下，有许多台阶。

## 315

### 比克高原
**比克国家公园**
匈牙利

比克高原（Bükk Plateau）十分开阔，风景秀丽、植被茂密，有着奇山异石，也有春天遍地的野花。这里有多条标记清晰的步道，纵横交错，游客可以根据自己的情况，自行规划徒步路线。在加里湖（Lake Gyári）和海拔959米的伊斯塔罗斯科山（Istállós-kő）之间，有一条往返11.3千米的步道，可以将整座公园的美景尽收眼底。公园里还有着匈牙利最长的岩洞和最高的瀑布。

## 316

### 哈尼伊斯托克自然步道
**费尔特—洪沙格国家公园**
匈牙利

费尔特湖（Lake Fertő）位于匈牙利和奥地利边境，是欧洲中部最大的咸水湖。这里独特的生态环境每年吸引着几百万只候鸟，包括红胸黑雁、白尾鹞和白尾海雕等数百种鸟类。这条自然步道长5.6千米，起点位于埃斯特哈齐观鸟站（Esterházy Bird Watchpoint），站上设有鸟类相关的展览。步道沿湖而行，途经主要的观鸟区域。

左图：巴拉德拉溶洞的入口

下图：巴拉德拉溶洞中的钟乳石

第三章 欧洲 **251**

## 317

### 贝伊湖
**内拉峡谷—贝乌什尼察国家公园**
罗马尼亚

这座国家公园地处偏远，保护着阿尼纳山脉（Aninei Mountains）中的一片区域，有着深邃的峡谷和亮蓝色的流水。有一条 1.6 千米的步道往返于贝伊桥（Podu Beiului）到贝伊湖（Ochiul Beiului）之间，这里的湖水来自附近的泉眼，水中溶解的矿物质将湖水染成独特的蓝色，令人着迷。传说在当地的仲夏节（Sânziene）之夜，仙女们会来到贝伊湖，翩翩起舞，芬芳沐浴。

## 318

### 赖斯科托·普拉斯卡洛瀑布
**中巴尔干国家公园**
保加利亚

这座瀑布落差 122 米，是巴尔干地区最高的瀑布。它的名字在保加利亚语里意为"来自天堂的喷雾"，其脚踏花田、背倚劲峰的淡雅风光，也的确令人心醉神迷。往返瀑布有一条 10.5 千米的步道，着实要费些力气，其中有一段要攀登一座名为"地狱"（Dzhendema）的陡坡。建议途中在山里休息一晚，瀑布底部有一处登山驿站，名为"天堂小屋"（Heaven Chalet），可以过夜。从这里还可以攀登海拔 2376 米的博泰夫峰（Botev Peak），是巴尔干地区的最高峰。

下图：贝伊湖的水温常年维持在同一水平，从不结冰

## 319

### 里拉七湖
**里拉国家公园**
保加利亚

"里拉七湖"（Seven Rila Lakes）可以说是保加利亚最著名的自然景观，由里拉山脉（Rila Mountains）中的七座冰川湖组成，之间由小溪和瀑布相连。有一条 10 千米的环线步道，可以近距离欣赏每一座湖泊。游客先乘坐滑雪场的缆车上山，然后环湖而行。七座湖泊各不相同，比如奥科托湖（Okoto）呈椭圆形，因而也叫"眼湖"，是保加利亚最深的湖泊；形状独特的巴布雷卡湖（Babreka），也被叫作"肾湖"，它的湖岸最为陡峭。在"鱼湖"里布诺托·埃泽罗湖（Ribnoto Ezero）的东北岸，有一座小屋，游客可以在这里过夜，欣赏群峰之间的日落和日出。

下图：里拉七湖每一座都因其独一无二的形状和特征而得名

## 320

### 穆萨拉峰
**里拉国家公园**
保加利亚

穆萨拉峰（Musala Peak）海拔 2925 米，是里拉山脉中的最高峰。幸而从博罗维茨镇（Borovets）有缆车可以搭乘，想要登顶也不是什么难事，徒步往返只需要 6.4 千米。游客可以当天下山，也可以在穆萨拉小屋（Musala Chalet）过夜。从山顶远眺，可以看到保加利亚境内所有主要的山脉，包括脚下的里拉山脉、西北侧的维托莎山（Vitosha）、北侧的巴尔干山脉（the Balkans）、东北侧的斯雷那山脉（Sredna Gora）、东南侧的罗多彼山（the Rhodopes）、南侧的皮林山（Pirin）以及西侧的奥索戈沃和鲁伊山脉（Osogovo and Ruy ranges）。

### 321

## 萨马利亚峡谷
**萨马利亚峡谷国家公园**
希腊

　　萨马利亚峡谷（Samariá Gorge）位于希腊克里特岛（Crete）的西南部，是欧洲最长的峡谷。这条徒步路线沿着峡谷而行，单程 16.1 千米。从山上出发，一路下降到利比亚海（Libyan Sea）的一片海滩，全程海拔落差 1219 米，终点是海边的阿吉亚·鲁梅利村（Agia Roumeli）。这条路线上最著名的景点是"石门"（the Portes），游客会穿过一处狭窄的路段，两侧的山体壁立千仞。

### 322

## 维科斯峡谷步道
**维科斯—奥斯国家公园**
希腊

　　维科斯峡谷（Vikos Gorge）位于希腊北部品都斯山脉（Pindus Mountains）。根据吉尼斯世界纪录的记载，维科斯峡谷是世界上同等宽度的峡谷中最深的一座。峡谷长 11.3 千米，深约 1100 米，除了靠近底部的部分坡度较缓，其余 1000 米的海拔落差几乎是直上直下。从莫诺登德里镇（Monodendri）出发，有一条单程 11.7 千米的步道，沿着峡谷底部的沃科马蒂斯河（Voidomatis River）而行，一路向北到达维科斯。沃科马蒂斯河是一条季节性河流，只有在峡谷的最低处才能看到常年的流水。

左图：萨马利亚峡谷中的"石门"景观，最窄的地方宽度只有 4 米

## 323

### 奥克西亚观景台
**维科斯—奥斯国家公园**
希腊

这条步道很短，往返不到 1 千米，难度也适中，却可以站在绝佳的角度欣赏维科斯峡谷的壮丽风光。从峡谷的边缘望下去，首先是陡峭的白色石灰岩壁，目光随着绝壁一路向下，可以看到绿色的谷底，深度可达 600 多米。从观景台向东望去，便是梅加斯·拉科斯峡谷（Megas Lakos）与维科斯峡谷的交汇处，为这宏伟的风景提供了独特的视角。

## 324

### 奥尔利亚斯瀑布
**奥林匹斯山国家公园**
希腊

在奥林匹斯山（Mount Olympus）东北坡的奥尔利亚斯峡谷（Orlias Canyon）中，奥尔利亚斯河（Orlias River）奔流而过，留下一连串的瀑布和潭水，绵延不绝，神圣崇净。碧绿的河水冲刷着河道中的大石头，震耳欲聋，滔滔不绝。从利托霍罗镇（Litochoro）出发，有一条往返 23.3 千米的步道，穿越整座峡谷。

上图：从奥克西亚观景台欣赏维科斯峡谷，震撼无比

## 奥林匹斯山
**奥林匹斯山国家公园**
希腊

这条奥林匹斯山的登顶路线往返 17.1 千米,海拔爬升 1920 米,十分辛苦,可能需要希腊神话中的"万神之首"宙斯(Zeus)赐予你一些力量。奥林匹斯山共有 52 座山峰,这条路线从普里奥尼亚镇(Prionia)出发,登顶其中的最高峰,即海拔 2917 米的米蒂卡斯峰(Mytikas)。其中大部分路段都属于非技术路线,只有在最后登顶前,从较低的斯卡拉峰(Skala)向米蒂卡斯峰冲刺的阶段,被评为 3 级难度,需要手脚并用。山里有 6 处登山驿站,可以选择其中一处过夜。

下图:神秘的奥林匹斯山是希腊神话中诸神的居所

**326**

## 品都斯马蹄步道
### 品都斯国家公园
希腊

品都斯国家公园位于希腊北部的品都斯山脉（Pindus Mountains）。由于此处偏远，鲜有游客到访，十分清静，但同时也为勇敢者创造了潜心挑战的机会。这条路线从莫诺登德里镇（Monodendri）出发，终点位于弗拉德托镇（Vradheto），全长58千米，一般需要4~6天的时间。一路上风景秀丽，沿着几个世纪前的古道，穿过维科斯峡谷，领略高山湖泊、峻峭山峰，还会经过几座石拱桥，探访扎格瑞地区（Zagori）古老的石头村庄，其中许多村庄如今依然只能步行到达。

下图：阿里斯蒂（Aristi）是扎格瑞地区的一处村庄

# 泽米谷环线步道
## 格雷梅国家公园
土耳其

探访土耳其中部神秘的石林和岩洞

◆ **距离**
环线 3.2 千米，海拔爬升 76 米

◆ **起点**
位于格雷梅东侧 1.5 千米处的步道入口

◆ **难度**
初级

◆ **建议游览时间**
全年开放

对页图：泽米山谷里的露天考古博物馆，尽是奇形怪状的岩石

下图：泽米山谷中的石柱，在岁月的侵蚀下露出锋芒

数百万年前，一次次的火山喷发将土耳其中部地区覆盖在厚厚的火山灰之下。随着时间的推移，火山灰固化形成火山凝灰岩。这些凝灰岩以及上面的玄武岩被雕蚀成了一根根石柱、石塔、石笋，形状各异。

几千年前，人们发现这些火山凝灰岩质地较软，很容易挖空作为栖身之所，于是这里便逐渐形成了一个庞大的岩洞"社区"，各个洞室彼此相通，甚至还有刷了颜色的小教堂，以及一座可以延伸到地下八层的地下村庄。如今仍有人居住在这些洞室里。这里的酒店也开发了地下客房项目，为游客提供原汁原味的格雷梅体验。

沿着一条 3.2 千米的初级步道可以一览这些奇观异景。步道穿过泽米山谷（Zemi Valley），先经过一处天然的露天考古博物馆，而后穿梭在形态各异的岩石之间，感受这片文化遗址的魅力。

## 328

## 玫瑰谷和赤谷
**格雷梅国家公园**
土耳其

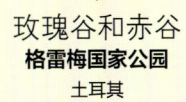

探索格雷梅国家公园（Göreme National Park）中的自然和文化景观，还可以选择这条8千米的环线步道。从格雷梅北侧出发，穿过玫瑰谷和赤谷，途经多座历史悠久的教堂，还有传统茶园和石窟村庄，其中一些村庄向游客开放。这片区域有多条徒步路线，而且有部分路段相互重叠，所以最好带上公园的地图，避免迷路。夏季的山谷气温较高，建议在春季前往，不仅凉爽一些，还可以欣赏漫山遍野的小花。

## 329

### 利西亚之路
**贝达拉里海岸国家公园**
土耳其

利西亚之路（Lycian Way）是土耳其第一条长距离徒步路线，全长509千米，沿着地中海海岸线，行走在纵横交错的古罗马道路上。从安塔利亚市（Antalya）南部出发，穿越有着丰富历史遗迹的贝达拉里海岸国家公园（Beydağları Coastal National Park），而后调转方向，向西沿海岸线抵达终点西撒奥努（Hisarönü）。沿途的岩石和树木上绘有红白色条纹的标记，间隔约15米，为徒步者指路。这条路线可以分段完成，中途可以露营，也可以入住沿途酒店和旅舍。

## 330

### 内姆鲁特山
**内姆鲁特山国家公园**
土耳其

攀登内姆鲁特山（Mount Nemrut），像是一场朝圣之旅，邂逅希腊神话、罗马神话和波斯神话中的诸神。内姆鲁特山海拔2134米，山顶散布着残败的巨型雕像，有狮子、老鹰，还有宙斯、赫拉克勒斯和阿波罗等神像。这些雕像的断头部分被挖掘出来，一尊尊立在山上，像露天雕像展一样。游客可以开车上山，把车停在山顶附近的停车场，之后有一条往返3.2千米的小路，可以去往西侧的寺庙。

右图：内姆鲁特山上巨大的头像雕塑，多到数不过来，只是这幅满是人头的景象，不免有些诡异

## 331

## 克普吕律峡谷
**克普吕律峡谷国家公园**
土耳其

早在数千年前,人们就已经开始在克普吕律峡谷(Köprülü Canyon)中生活,这片区域也因此出土了大量的历史和考古遗迹。峡谷中有一条古罗马古道,由鹅卵石铺就,连接着附近的几座村庄。途中会经过几座拱形石桥,造型十分独特。其中,尤里梅登桥(Eurymedon Bridge)的历史,可以追溯到公元2世纪。这座峡谷长14千米,游客可以沿着峡谷徒步体验数千年前的土耳其。

# 第四章
# 非洲和中东地区

从摩洛哥的群山,到阿拉伯的沙漠,再到南非的猎场——穿上战靴,探索这片狂野的大陆。

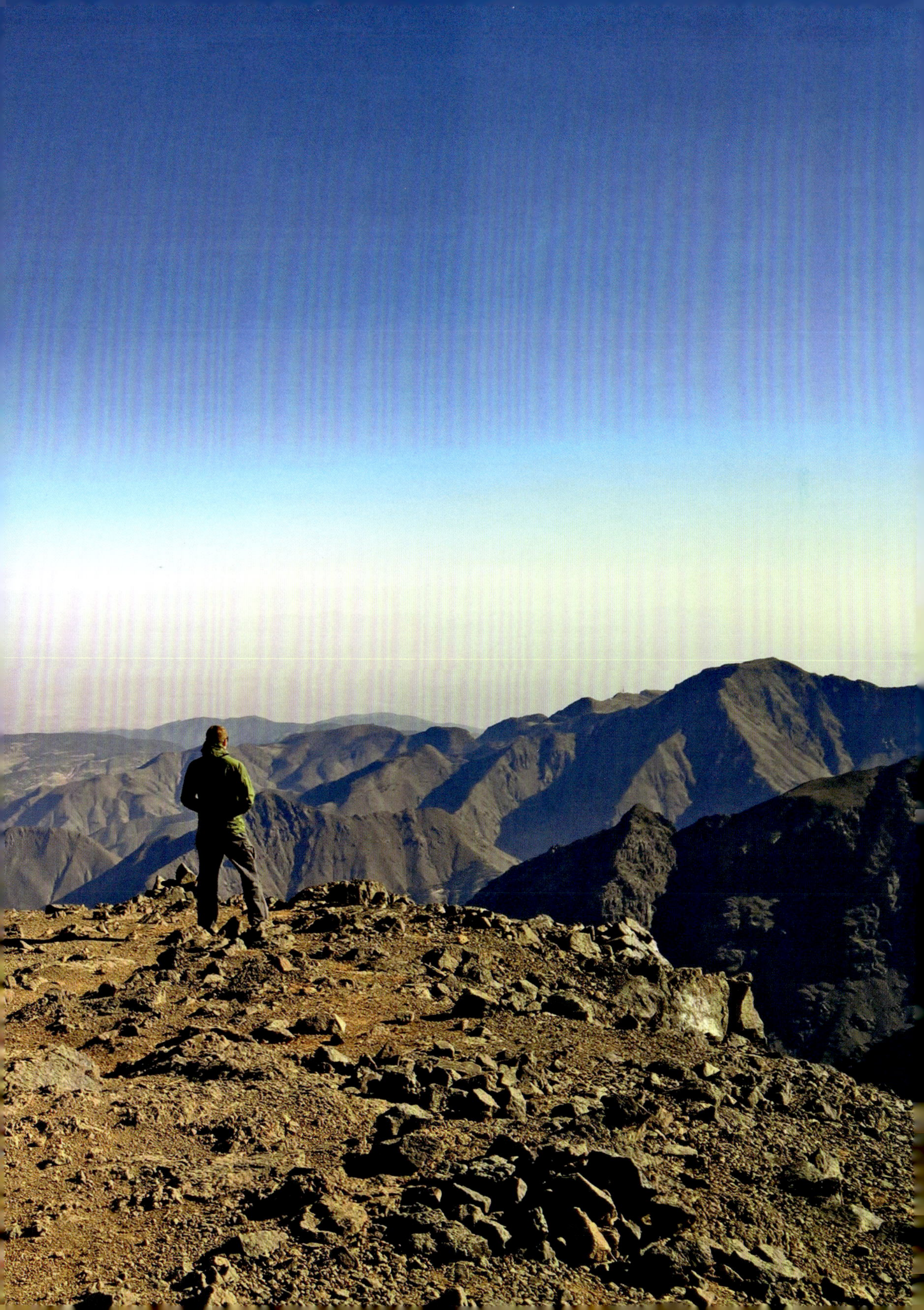

## 332

# 泰德山
**泰德国家公园**
加那利群岛（西班牙）

问顶活火山，登上加那利群岛的最高点

◆ **距离**
往返 16.1 千米，海拔爬升 1362 米

◆ **起点**
停车场（距离缆车站约 4 千米）

◆ **难度**
中级

◆ **建议游览时间**
全年开放，冬季有积雪

右图：泰德山虽然远在特内里费岛上，却是西班牙领土上的最高点

泰德山坐落于加那利群岛的特内里费岛（Tenerife）上，海拔 3715 米。这座火山还有很大一部分隐藏在海面之下，如果算上水下的部分，其高度可达 7498 米。作为全球 16 座"十年火山"（Decade Volcanoes）之一，这座活火山对当地构成非常大的威胁，受到有关部门的密切监测。

登顶泰德山的白山步道（Montaña Blanca Trail）还不算太难。虽然有些路段很陡，但是道路维护得较好，而且标识清晰。从顶部的火山口俯瞰加那利群岛、大西洋和非洲沿海，景色十分迷人。游客可以乘坐缆车下山，缆车终点站距离停车场约 4 千米。

## 333

# 钦耶罗火山环线步道
**泰德国家公园**
加那利群岛（西班牙）

这条步道长 6.4 千米，难度初级，穿过一片崎岖的火山岩区域。这些火山岩来自 1909 年的那次喷发，如今依然可以看到这片区域逐渐恢复的痕迹。途中记得竖起耳朵，捕捉敲击的声音，也要留意眼前一闪而过的一抹红色，有可能会看到大斑啄木鸟，它们经常在这里的松林中活动。

第四章 非洲和中东地区

## 洛斯布雷西托斯 – 巴兰科观景台
### 塔武连特山国家公园
加那利群岛（西班牙）

在 15 世纪西班牙人征服加那利群岛以前，这里生活着原住民"关契人"（Benahoarita）。如今位于拉帕尔马岛（La Palma）上的塔武连特山国家公园（Caldera De Taburiente National Park），正是关契人奋力坚守的最后一处家园。塔武连特山是一处巨大的火山口，形成于 200 多万年前，是原有的火山口经过长期的侵蚀所留下的一片巨大的坑地。如今，这座火山口已经长满了茂密的植被，在外观上与加那利群岛其他年轻的岛屿形成鲜明的对比。这条步道单程 12.9 千米，沿着火山口底部的塔武连特河（Taburiente River），穿过 9.6 千米的火山口，沿途可以欣赏到伊达费石（Idafé Rock），这些天然石柱曾是关契人的图腾。

## 埃尔海湾
### 蒂曼法亚国家公园
加那利群岛（西班牙）

蒂曼法亚国家公园（Timanfaya National Park）位于兰萨罗特岛（Lanzarote），这座公园以前叫作"泰特罗加卡"（Tyterogaka），意为"满是赭黄的岛屿"。这条 9 千米的环线步道沿顺时针方向，脚下是黑色火山岩，眼前则是火山地貌特有的一簇簇褐色与赤色，途中还会经过一片名叫埃尔帕科（El Paco）的黑沙滩。

下图：埃尔海湾环线步道上神秘的火山地貌

### 336

## 遗忘森林环线步道
**伊夫兰国家公园**
摩洛哥

这条 7.1 千米长的环线步道穿过一片有着 800 年历史的大西洋雪松林，原是用来运输圆木的通道。途中还会进入一片密不透光的树林，这片树林十分古老，不知何故一直没有被人发现。然而，近几十年来，这些雪松因其商业价值，一直被砍伐。如今，人们正在努力保护幸存的树木，并且重新种植新的树木，希望可以恢复摩洛哥大西洋雪松昔日的繁盛。

### 337

## 猕猴步道
**伊夫兰国家公园**
摩洛哥

这座国家公园位于摩洛哥中阿特拉斯山脉（Middle Atlas Mountain Range），是地中海猕猴的主要栖息地。这是一种浅棕色或褐色的灵长类动物，属于濒危物种。在这条 7.4 千米的环线步道上，有机会见到它们。这里还生活着两种小型猫科动物，分别是薮猫和狞猫，但是很少被人类看到。

右图：遗忘森林环线步道上的大西洋雪松

第四章　非洲和中东地区

## 338

# 蒂斯利特湖和伊斯利湖
## 上阿特拉斯山东方国家公园
### 摩洛哥

游览两座隽丽的湖泊,感受当地相亲活动对新人的美好祝福

◆ **距离**
往返 16.1 千米,海拔爬升 396 米

◆ **起点**
伊米勒希勒村

◆ **难度**
中级

◆ **建议游览时间**
6 月至 10 月

在柏柏尔语中,"蒂斯利特"(Tislit)和"伊斯利"(Isli)分别是"新娘"和"新郎"的意思。柏柏尔语是北非一种古老的语言,如今在阿特拉斯山脉(Atlas Mountains)的村庄中仍在使用。传说这两座湖泊中的湖水,是两个来自敌对部落的恋人的眼泪,用自己的悲伤,写就摩洛哥版的《罗密欧与朱丽叶》。

500 年来,伊米勒希勒村(Imilchil)每年都会在附近的蒂斯利特湖举办"伊米勒希勒婚礼节"(Imilchil Marriage Festival)。整个活动为期 3 天,通常在 8 月或 9 月举行,是附近村庄年轻人之间的相亲活动。

在两座湖泊之间,有一条往返 16.1 千米的步道。一路上穿过一片干旱的高原,登上两座湖泊之间的山脊,可以欣赏到阿特拉斯山脉令人震撼的美景。游客可以带着帐篷,在伊斯利湖边过夜,第二天原路返回;也可以提前预订接送服务,从终点坐车回到起点。

## 339

# 拉克拉山
## 塔拉西姆塔内国家公园
### 摩洛哥

摩洛哥本来是一个较为干旱的国家,而塔拉西姆塔内国家公园(Talassemtane National Park)却隐藏着一片绿洲。从海拔 2159 米的拉克拉山(Mount Lakraa)山顶上,可以将这片绿色尽收眼底。这条登顶路线往返 9.2 千米,海拔爬升 503 米,难度中等。

蒂斯利特湖

伊斯利湖

伊米勒希勒村

下图：伊米勒希勒村附近的蒂斯利特湖。几百年来，见证了无数对新人的姻缘

第四章　非洲和中东地区　**269**

## 图卜卡勒堡
**图卜卡勒国家公园**
摩洛哥

图卜卡勒国家公园（Toubkal National Park）的入口位于伊姆利勒村（Imlil），距离马拉喀什市（Marrakech）约60千米。图卜卡勒堡酒店坐落在图卜卡勒峰（Jebel Toubkal）的侧坡上，历史悠久，风景优美，可以俯瞰山下的村镇。这座酒店不通车，只能通过一条800米左右的步道前往。游客可以预订行李服务，把行李交给骡子来运送，自己则能腾出双手，用相机记录村庄和周围的群山。从图卜卡勒堡酒店还可以踏上其他的几条步道，其中有一条可以登顶图卜卡勒峰。

## 图卜卡勒环线
**图卜卡勒国家公园**
摩洛哥

在这条72千米的环线上，将阿特拉斯山脉的最高峰收入囊中。步道从伊姆利勒村出发，需要4~6天的时间完成。途中沿着柏柏尔人修建的道路，到访古老的村庄和生机勃勃的绿洲，还可以欣赏高山山口和山脊的美景。海拔4167米的图卜卡勒峰顶，是整条路线的高潮部分。游客无须聘请向导，沿途有食宿可供选择。

上图：登上图卜卡勒峰，仿佛登上世界之巅

## 342

### 阿库尔瀑布和上帝之桥
**塔拉西姆塔内国家公园**
摩洛哥

这条步道往返 13.7 千米，有两条岔路，分别前往阿库尔瀑布（Akchour Cascades）和上帝之桥（Bridge of God）两处景点。首先沿着一段风景优美的河流来到阿库尔瀑布的观景台，然后原路返回。途中穿过河流，一路爬升，便可来到一座天然石拱桥，这便是横跨峡谷两侧的上帝之桥。

## 343

### 甘迪奥尔灯塔
**巴巴里半岛国家公园**
塞内加尔

这座国家公园于 1976 年成立，坐落在海边，保护着一片玳瑁筑巢地和候鸟栖息地。每年秋季到春季，一群群鹈鹕、火烈鸟和琵鹭落在公园里，在这里歇歇脚、补充体力，再继续出发，飞往长途迁徙的目的地。这里的甘迪奥尔灯塔（Gandiol Lighthouse）虽然已被废弃，却风姿不减，有一条单程 6 千米的步道可以前往。记得带上望远镜，登上灯塔的旋转楼梯，可以俯瞰巴巴里海岸的无尽风景。

## 344

### 伊其克乌尔湖
**伊其克乌尔国家公园**
突尼斯

伊其克乌尔湖（Lake Ichkeul）位于突尼斯北部，是候鸟迁徙途中另一个重要的休息区，在飞越地中海前后可以好好休整一下。在每年两次的迁徙高峰期，会有多达 30 万只野鸭降落到伊其克乌尔湖和周围的湿地上。有一条 53 千米的步道环湖而行，为游客提供了极好的观鸟体验。

左图：伊其克乌尔湖上的白鹭

第四章　非洲和中东地区

### 345

## 杰拉特干河峡谷
### 阿杰尔高原国家公园
阿尔及利亚

探索 12000 年前的岩画和热带草原

◆ **距离**
往返 58 千米，海拔爬升 457 米

◆ **起点**
杰拉特干河峡谷北侧入口

◆ **难度**
中级

◆ **建议游览时间**
4 月至 10 月

右上图：杰拉特干河峡谷的岩壁上布满了雕刻和岩画

右下图：杰拉特干河峡谷中有着 300 多座石拱

阿尔及利亚是非洲北部最大的国家，其大部分地区被撒哈拉沙漠（Sahara Desert）所覆盖。不过这个国家也并非全是沙子，比如阿杰尔高原国家公园（Tassili N'ajjer National Park）所处的高原上，其地貌就以不同形态的岩石为主。红黑相间的岩石造就了非同寻常的景观，而这里真正稀奇的是岩壁上的数千幅雕刻和岩画。

杰拉特干河峡谷（Oued Djerat Gorge）贯穿公园的北部，当初劈开这座峡谷的河流，如今早已干涸。其中有一段峡谷，可以欣赏到岩壁上的雕刻，这段峡谷从干涸的河口开始，一路向南，一共 29 千米。游客可以自行决定在峡谷中徒步的距离，但是必须由向导陪同，这是由于公园地处偏远，这些雕刻又极为珍贵，游客和雕刻的安全都要得以保障。

### 346

## 耶玛古拉亚山
### 古拉亚国家公园
阿尔及利亚

耶玛古拉亚山（Yemma Gouraya）的登顶路线往返 6.4 千米，沿途可以欣赏阿尔及利亚一侧的地中海海岸线。站在山顶上，可以俯瞰贝贾亚（Béjaïa）和地中海的美景，也许还能一窥抹香鲸、海豚和港湾鼠海豚的身姿。幸运的话，还有可能看到巴巴里猕猴。

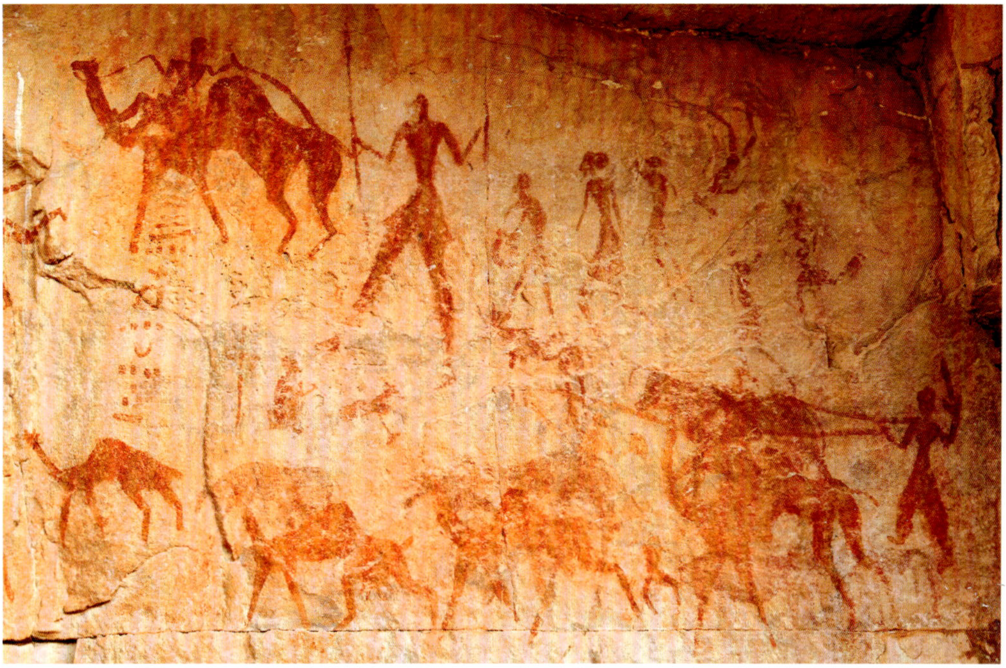

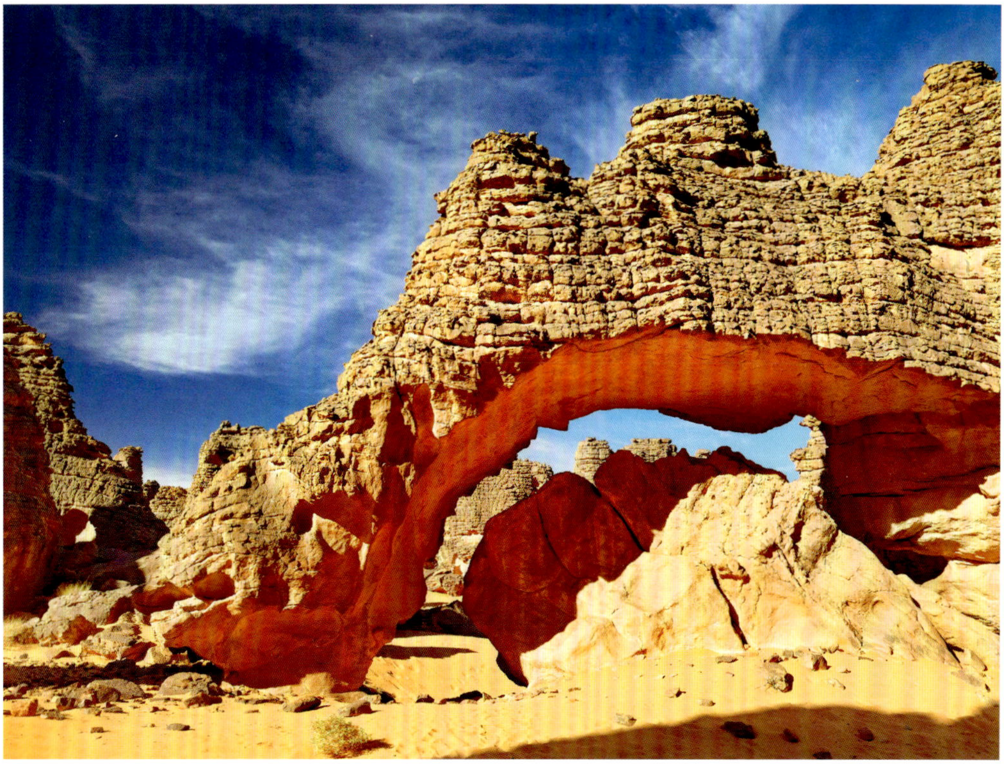

### 347

## 撒哈拉沙漠徒步
**白色沙漠国家公园**
埃及

法拉弗拉盆地（Farafra Depression）位于撒哈拉沙漠，面积约980平方千米。皑皑白沙和形态各异的岩石，造就了这里梦幻的景象。踏上这条历时12天的环线徒步之旅，像贝都因人一样，征服全世界最大的沙漠。为了避开夏季高温，建议把行程安排在10月至次年4月。但是冬季的撒哈拉也可能出现严寒和降雪天气，请提前做好准备。

### 348

## "蘑菇伞下的母鸡"步道
**白色沙漠国家公园**
埃及

这条休闲步道长约800米，终点是一处独特的岩石景观：一只母鸡卧在一把蘑菇伞的下面，十分逼真。这其实是两座相邻的岩石，经过风沙的打磨，形成了如此独特的造型。这种岩石形态是典型的风磨石，是沙粒在风的作用下，经时间一点点雕琢而成，教科书上也选用了这处景观作为实例。

下图：白色沙漠国家公园（White Desert National Park）中的蘑菇伞下的母鸡景观

## 349

### 基奇营地—切内克
**塞米恩山脉国家公园**
埃塞俄比亚

塞米恩山脉国家公园（Simien Mountains National Park）是埃塞俄比亚最大的国家公园，保护着埃塞俄比亚高原（Ethiopian Highlands）的大片区域，其中包括埃塞俄比亚的最高峰，海拔4550米的拉斯·达善峰（Ras Dejen）。塞米恩山脉中不乏挺拔的山峰，还有着在非洲十分少见的季节性降雪。这条徒步路线从基奇村（Geech）到切内克村（Chenek），单程14.5千米。途中沿山脊而行，欣赏着周围群山的峻峭美景，先后登顶伊米特戈戈峰（Imet Gogo）和伊纳塔耶峰（Inataye）。下山的时候穿过一片巨大的榛树林和一片开阔的草甸，最终抵达历史悠久的切内克营地（Chenek Camp）。

## 350

### 贝卡利卡利
**萨隆加国家公园**
刚果（金）

有没有想过，如何在丛林中寻找大象？最好的办法是找到那片"咸咸的地方"。这条徒步路线往返22.5千米，起点位于卢伊拉卡河（Luilaka River）的洛科法巡查站，一路穿过雨林，到达一个被当地人叫作"贝卡利卡利拜伊"（Bekalikali baï）的地方。"拜伊"是指森林中的一片开阔的泥沼地，富含矿物质，动物们经常会聚集在这里，吮食里面的矿物盐，在泥浆中清洁自己的身体。在贝卡利卡利，有一个两层高的观景平台，供游客观察这些野生动物。除了大象，还可能看到羚羊、倭黑猩猩以及众多鸟类。

下图：在从基奇到切内克的途中，有机会看到著名的埃塞俄比亚狼

第四章 非洲和中东地区

## 尼拉贡戈火山
**维龙加国家公园**
刚果（金）

维龙加国家公园（Virunga National Park）成立于1925年，是非洲大陆上第一座国家公园，成立之初主要是为了保护尼罗河（Nile River）和刚果河（Congo River）的部分流域。公园内主要的景观来自两座活火山，分别是尼拉贡戈火山（Mount Nyiragongo）和尼亚穆拉吉拉火山（Mount Nyamuragira）。尼拉贡戈火山自1882年以来至少爆发了34次，最近一次是在2002年。这条登顶路线长16.1千米，需要向导陪同。攀登的过程颇具挑战性，当然收获也很可观，可以俯瞰火山口里翻滚的岩浆，是世界上最大的岩浆湖。

## 352

### 猩猩步道
**维龙加国家公园**
刚果（金）

在维龙加国家公园的"常驻民们"里，要数山地大猩猩最出名，全世界目前仅剩约1000只，有三分之一都生活在这座公园中。游客可以跟着护林员徒步去寻找这些大猩猩。虽然是野生的，但是它们已经习惯了人类的存在。至于徒步的距离，主要取决于大猩猩当时的活动区域，一般来说往返约10千米。这座公园位于乌干达、刚果（金）和卢旺达三个国家交界的地方。

## 353

### 魏斯曼峰
**鲁文佐里山国家公园**
乌干达

鲁文佐里山脉（Rwenzori Mountains）位于乌干达西南部，有着非洲最高的几座山峰。其中魏斯曼峰（Weissman's Peak）海拔4315米，登顶路线长43千米，历时5天，需要有向导陪同。随着海拔的上升，所经之处的植被从草甸变成丛林，在经过一片竹林之后，来到高山冻原地带。登顶前，游客一般会在海拔4084米的布加塔登山驿站（Bugata Hut）休整，之后再向"雪顶"冲刺。

## 354

### 艾薇河步道
**布恩迪国家公园**
乌干达

艾薇河步道（Ivy River Trail）往返14.5千米，从位于恩库林戈（Nkuringo）的公园管理处出发，沿艾薇河而行。当地人从恩库林戈前往恩特科（Nteko）的市场，走的也是这条路线。这里动植物种类繁多，其中有1000多种被子植物、163种树木和104种蕨类植物，还有350种鸟类和300多种蝴蝶。

右图：艾薇河步道穿过一片古老而茂密的雨林

第四章　非洲和中东地区　277

# 黑猩猩步道
## 基巴莱国家公园
### 乌干达

跟随向导，探索灵长类动物的栖息地

- **距离**
  不定
- **起点**
  公园管理处
- **难度**
  初级至中级
- **建议游览时间**
  旱季：6月至10月

右上图：乌干达基巴莱国家公园里一只年幼的黑猩猩

右下图：公园里的黑猩猩已经习惯了人类的到访

本页图：乌干达西非红疣猴

位于乌干达西部的基巴莱国家公园（Kibale National Park）生活着大量的灵长类动物，是整个非洲物种最丰富、数量最集中的地区之一。在护林员的带领下，游客可以看到黑猩猩以及另外12种灵长类动物，其中包括西非红疣猴和尔氏长尾猴。

黑猩猩是群居动物，一个族群可以由多达100只黑猩猩组成。国家公园的护林员会定期与其中的一些族群互动，让它们习惯人类的到访。经过"驯化"，这些黑猩猩会逐渐适应人类，不会因为游客的出现而太过焦躁，或者影响到它们正常的活动，但前提是游客需要和它们保持一定的安全距离。

这些黑猩猩在公园里四处游荡，所以徒步路线的长度也不尽相同。游客通常会在茂密的雨林中徒步2~5小时，往返6千米左右，其中会预留约1小时的时间，来观察黑猩猩。

### 356

## 默奇森瀑布
**默奇森瀑布国家公园**
乌干达

　　默奇森瀑布国家公园（Murchison Falls National Park）是乌干达最大、最古老的国家公园，奔腾的尼罗河（Nile River）也在此留下浓墨重彩的一笔。河水从维多利亚湖（Lake Victoria）探身而出，在狭窄的悬崖间跌落，翻滚的浪花经过一处7米的缺口，争先涌入阿尔伯特湖（Lake Albert）中。有一条往返4.8千米的步道可以抵达瀑布的顶部，脚下是隆隆的瀑布，目送尼罗河汇入开阔的阿尔伯特三角洲（Albert Delta）。三角洲所在的区域也是公园里绝佳的鸟类和野生动物观赏地。

第四章 非洲和中东地区　279

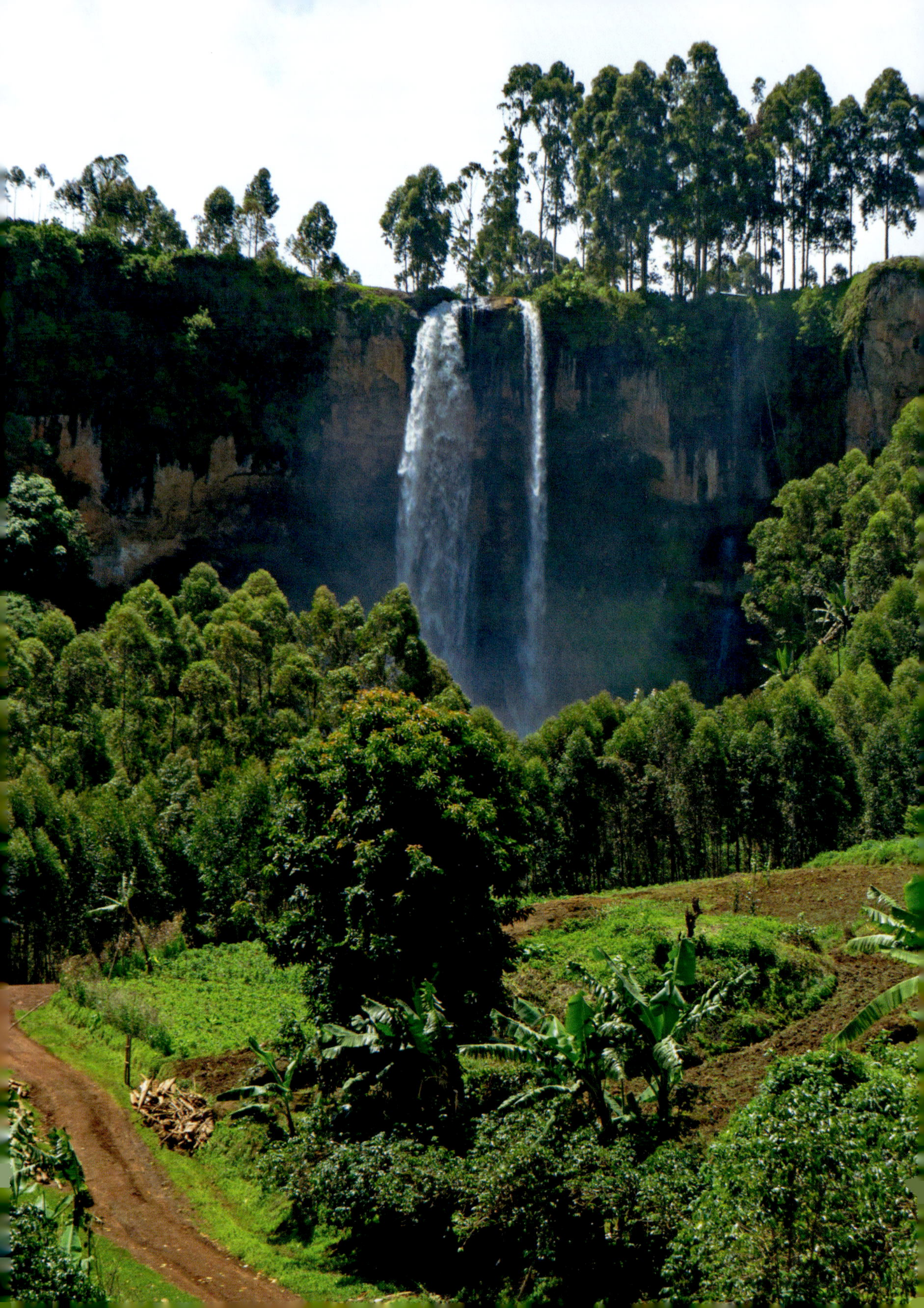

## 357

# 西皮瀑布
**埃尔贡山国家公园**
乌干达

在埃尔贡山，赏瀑布，品咖啡

- **距离**
  环线 7.2 米，海拔爬升 549 米
- **起点**
  布达迪里村（Budadiri）
- **难度**
  中级
- **建议游览时间**
  全年开放

左图：茂盛的植被衬托着西皮瀑布

埃尔贡山（Mount Elgon）是一座死火山，位于乌干达和肯尼亚两国的边境。山上的西皮瀑布（Sipi Falls）十分壮观，分为上、中、下三层，分别高 98 米、73 米和 85 米。这条步道环线 7.2 米，从位于上层的主瀑布开始，沿途穿过茂密的植被和咖啡种植园，来到中层和下层的瀑布，流水倾盆而下，源源不断。从西皮瀑布出发，还有一条登顶埃尔贡山的萨飒步道（Sasa Trail）。

西皮瀑布的名字来自西皮河（Sipi River）河岸上独有的一种名为"赛普"（Sep）的植物。这种植物是一种草药，当地的土著人一直用它来治疗麻疹和发烧。这里还是著名的布吉苏产区（Bugisu），种植着阿拉比卡咖啡。游客可以报名参加体验活动，从采摘咖啡豆开始，煮上一杯独一无二的咖啡。

## 358

# 基图姆洞
**埃尔贡山国家公园**
肯尼亚

埃尔贡山上一共有 5 个有名字的洞穴，基图姆洞（Kitum Cave）便是其中之一。洞壁上的盐分吸引着大象、水牛和鬣狗前来刮取舔食。进入这座洞穴不需要专业的技术，只要带上手电筒即可，但是最好找一位向导，在向导的帮助下可以避开野生动物，并且使用合适的手套和口罩等防护设备。洞里生活着大量的蝙蝠，这些蝙蝠可能携带马尔堡病毒，这种病毒与埃博拉病毒有关，严重时可以致命。

## 359

### 中央塔步道
**地狱之门国家公园**
肯尼亚

东非大裂谷由北向南,将肯尼亚一分为二,"地狱之门"便是裂谷悬崖之间一处狭窄的缺口。这里有着多座活火山,其地貌是动画电影《狮子王》中的原型。这条步道往返2.7千米,难度初级,沿着"中央塔"的底部而行,这座石塔原是在火山颈中冷却的熔岩,十分坚硬。

## 360

### 奥尔恩约罗瓦峡谷
**地狱之门国家公园**
肯尼亚

少了狮子等大型肉食动物的威胁,这座国家公园是长颈鹿、斑马、非洲疣猪和羚羊的世外桃源,也是肯尼亚为数不多的野外徒步和露营地。这条路线往返48.3千米,穿越奥尔恩约罗瓦峡谷(Ol Njorowa Gorge),适合2~3天完成。宏伟的峡谷中,一条小溪蜿蜒流淌,岸边偶尔还会看到翻滚的温泉。

下图:奥尔恩约罗瓦峡谷中干涸的河道

上图:"马赛马拉徒步游猎"途中传统的马赛村庄

**361**

## 马赛马拉徒步游猎
### 马赛马拉国家公园
肯尼亚

　　这里是肯尼亚最著名的野生动物保护区,也是"非洲五霸"——狮子、豹子、大象、水牛和犀牛的老家。除此之外,这里还栖息着成群的角马和斑马。出于安全的考虑,徒步活动在这里受到严格的限制,游客只能参加"马赛马拉徒步游猎",跟随马赛人历经数天穿梭于他们的营地和村庄之间。马赛人是东非的一支半游牧民族,已经在这里生活了数千年。

### 362

## 隆戈诺特山
**隆戈诺特山国家公园**
肯尼亚

　　隆戈诺特山（Mount Longonot）海拔2776米，是一座层状火山，由多层熔岩和火山灰堆积而成，最近一次喷发于1863年。从公园的入口处出发，有一条长2.9千米的步道，直达火山口。登上这个巨大的火山口后，有一条7.2千米的环线步道，绕火山口一周。这座火山虽然是一座活火山，但是并不活跃，周围长满了矮小的植被，偶尔可以看到有蒸汽喷出。这里茂盛的植被也为多种野生动物提供了养料。

上图：隆戈诺特山坐落于肯尼亚的东非大裂谷

### 363

## 肯尼亚山步道西里蒙线
**肯尼亚山国家公园**
肯尼亚

　　肯尼亚山（Mount Kenya）是一座层状火山，其最高峰海拔5199米，是肯尼亚境内的最高点。攀登肯尼亚山有多条徒步路线，其中最高峰只能通过攀岩登顶，挑战性较高。非技术路线主要集中在第三高峰，即海拔4985米的莱纳纳峰（Point Lenana）。在8条登顶路线中，要数西里蒙线（Sirimon Route）的风景最为优美，并且过程相对缓和，不过也需要2700多米的海拔爬升。西里蒙线全程50千米，通常需要3天的时间，途中可以在奥地利小屋（Austrian Hut）休整。

## 364

### 内罗毕徒步游猎
**内罗毕国家公园**
肯尼亚

内罗毕国家公园（Nairobi National Park）距肯尼亚首都南部仅6.4千米，公园的东、西、北三面设有围栏，防止野生动物进入内罗毕市区，南面开放，保证野生动物可以在公园和旁边的基坦吉拉保护区（Kitengela Conservation Area）之间自由迁徙。这条步道长6.4千米，沿着蜿蜒的木栈道穿过三种不同的地貌，依次经过湿地、稀树草原以及森林，沿途设有指示牌，详细介绍途中可能会看到的动植物。

## 365

### 坦噶尼喀湖
**马哈勒山脉国家公园**
坦桑尼亚

坦噶尼喀湖（Lake Tanganyika）位于东非裂谷的阿尔伯蒂支谷（Albertine），是世界上最大、最深的淡水湖之一。湛蓝的湖水与洁白的沙滩交相辉映，背靠巍峨的马哈勒山脉（Mahale Mountains）。这座国家公园里没有修路，想要进山只能先乘船，而后徒步探索。游客可以从马哈勒旅舍（Mbali Mbali Mahale Lodge）出发登山，也可以包船游览坦噶尼喀湖沿岸一些小众的景点。

下图：游客可以包船探索坦噶尼喀湖

第四章 非洲和中东地区

# 乞力马扎罗山
## 乞力马扎罗山国家公园
### 坦桑尼亚

适应稀薄氧气，登顶非洲之巅

◆ **距离**
环线 56.3 千米，海拔爬升 5120 米

◆ **起点**
马切姆入口

◆ **难度**
高级：高海拔

◆ **建议游览时间**
旱季：每年 1 月至 3 月、8 月至 10 月

右图：在非洲最高点乞力马扎罗山顶云端漫步

乞力马扎罗山（Mount Kilimanjaro）海拔 5895 米，高耸于坦桑尼亚的广阔平原之上。这里有 7 条常规登顶路线，海拔爬升超过 4500 米，通常需要 1 周的时间。为了避免出现严重的高原反应，建议放缓行程，让身体逐渐适应山上更为稀薄的空气。

其中，马切姆线（Machame Route）全长 56.3 千米，向导会控制好每天徒步的千米数，让游客逐渐适应不断提升的海拔。这条路线从乞力马扎罗山的西南侧出发，首先是一片云雾森林，然后穿过如月球表面一般的高山地带。这条半专业路线的难点会出现在第四天，是一处名为"峡谷墙"（Great Barranco Wall）的岩壁，难度为 3 级，需要手脚并用，顺着岩石向上攀爬。

乞力马扎罗山由三座火山锥组成，最高点位于基博峰（Kibo）上的乌呼鲁峰（Uhuru Peak），峰顶有一处木制标志，记录着最高点的海拔。登山者一般会在行程的倒数第二天清晨登顶，在宽阔的雪顶上观看日出，而后沿姆维卡线（Mweka Route）下山。

## 367

### 徒步游猎
**塞伦盖蒂国家公园**
坦桑尼亚

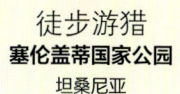

塞伦盖蒂（Serengeti）这个名字来自马赛语中"siringet"一词，意为"无垠之地"。这座位于坦桑尼亚北部的国家公园占地近1.5万平方千米，的确辽阔。园区内野生动物密集，能够徒步游览的机会十分有限，游客一般搭乘游猎车进行探索。一些公司也提供徒步向导游，通常持续2~5天，游客可以跟随一名持枪的向导进入野生动物观赏区，晚上则在传统的游猎营地过夜。

## 368

### 梅鲁山瀑布环线
**阿鲁沙国家公园**
坦桑尼亚

这条步道环线9千米，沿着隽丽的溪流，穿过草原和森林，登上梅鲁山（Mount Meru），前往一处迷人的瀑布。游客需要在公园入口处聘请一名持枪的护林员陪同游览，途中会看到长颈鹿、水牛、大象、疣猪和猴子。

第四章 非洲和中东地区

### 369

# 梅鲁山
**阿鲁沙国家公园**
坦桑尼亚

在梅鲁山顶，观非洲之巅

◆ **距离**
往返 27 千米，海拔爬升 3350 米

◆ **起点**
莫梅拉入口

◆ **难度**
高级：高海拔

◆ **建议游览时间**
旱季：每年 1 月至 3 月、8 月至 10 月

　　梅鲁山海拔 4562 米，是坦桑尼亚的第二高峰，仅次于乞力马扎罗山。这两座复合火山相隔约 70 千米，天气晴朗的时候，可以在山顶彼此相望。攀登梅鲁山只有一条常规路线，起点位于莫梅拉入口（Momella Gate），往返 27 千米，一般需要 3 天时间完成，途中可以在海拔 2500 米的米里亚坎巴登山驿站（Miriakamba Hut）和海拔 3570 米的塞斗登山驿站（Saddle Hut）过夜。

　　数千年前，山顶的火山口曾发生过一次巨大的坍塌，形成了梅鲁山马蹄形的山脊。几千年来，梅鲁山仍然活跃，最近一次喷发发生在 1910 年。如今，火山口内有一座火山灰锥正在不断累积，未来很可能会再次喷发。

### 370

# 桑杰瀑布
**乌德宗瓦山脉国家公园**
坦桑尼亚

　　这个国家公园有着"非洲加拉帕戈斯"（the Galápagos of Africa）之称，只因这里和加拉帕戈斯群岛一样，有着许多当地特有的物种，其中包括高度濒危的桑杰河白眉猴、奇庞吉猴和乌德宗瓦山林鹑，这座国家公园是它们在地球上唯一的栖息地。这条步道往返 11 千米，前往桑杰瀑布（Sanje Waterfall），记得带上泳衣，瀑布底部的深潭是绝佳的嬉水之地。

上图：梅鲁山顶的撼人美景

### 371

## 卢梅莫步道
**乌德宗瓦山脉国家公园**
坦桑尼亚

这座国家公园里没有公路，只能通过步行探索。卢梅莫步道（Lumemo Trail）是其中最长的步道，全长 64 千米，一般需要 5 天的时间完成。步道沿卢梅莫河（Lumemo River）而行，穿越茂密的雨林。每年 6 月，公园的管理人员会对步道进行清理，此后的夏末是一年当中最适宜游览的时节。由于乌德宗瓦山脉（Udzungwa Mountains）中栖息着两种危险的动物——非洲森林象和非洲水牛，游客入园需要聘请一位持枪的护林员作为向导。

第四章 非洲和中东地区 289

## 372

### 海滩徒步
**基萨马国家公园**
安哥拉

长达几十年的内战,使得基萨马国家公园(Kissama National Park)中的野生动物流离失所,惨淡萧条。幸而后来的"诺亚方舟行动"(Operation Noah's Ark),让这座国家公园又恢复了活力。这次大规模的动物运输行动,将数百只野生动物从南非等国送至园内,填补了数量上的不足。沿着南大西洋的海岸线漫步,便可以观赏到生活在这里的鸟类和海洋生物。

## 373

### 橄榄步道
**纳米布—诺克卢福国家公园**
纳米比亚

这座国家公园干旱多岩,园内的纳米布沙漠(the Namib)是世界上最古老的沙漠之一。这里还矗立着诺克卢福山脉(Naukluft Mountain Range)。在非洲大陆南部的海岸线上,有一处非常壮观的悬崖,叫作"大陆崖"(Great Escarpment),而诺克卢福山脉正是被夹在大西洋和大陆崖之间。橄榄步道(Olive Trail)长11千米,沿顺时针方向形成一条环线,无须向导陪同。步道从一处小高原的顶部开始,一路下降到峡谷之中。这条步道途经几处谷底的积水,游客可以游过去,也可以借助水面上方的铁链而行。

左图:在经过谷底的积水时,如果不想涉水,可以借助岩壁上的铁链

上图：沃特克鲁夫步道上有多处适合游泳的水潭

## 374

# 沃特克鲁夫步道
### 纳米布—诺克卢福国家公园
纳米比亚

　　沃特克鲁夫步道（Waterkloof Trail）长17千米，沿着诺克卢福河（Naukluft River）穿过幽深的峡谷。在暴风雨后，峡谷中的洼地满是积水，湛蓝清凉，非常适合游泳。步道的终点位于海拔1910米的山上，可以一览诺克卢福山脉的美景。

第四章　非洲和中东地区　　291

## 萨恩族徒步游猎
### 乔贝国家公园
博茨瓦纳

数千年来,这片土地上野生动物繁多,游牧民族在此打猎、采摘,与大自然和平共处,生生不息。如今,这里成立了乔贝国家公园(Chobe National Park),生活着约5万头大象,还有几个专门捕猎大象的狮群。当地的萨恩部落为游客提供名为"与萨恩人同行"(Walking with the San)的徒步体验,了解他们如何在这片美丽而原始的土地上繁衍生息。

## 赞比西河步道
**维多利亚瀑布国家公园**
津巴布韦

维多利亚瀑布（Victoria Falls）又叫莫西奥图尼亚瀑布（Mosi-oa-Tunya），也有"雷鸣雨雾"（the Smoke That Thunders）的美称，横跨近2千米，是世界上最大的瀑布之一。这条步道往返2.4千米，沿着赞比西河（Zambezi River）逆流而上，起点位于"恶魔瀑布"（Devil's Cataract）附近，终点是一棵名为"巨树"（Big Tree）的猴面包树，而后原路返回。步道沿着郁郁葱葱的河岸蜿蜒而行，途中可能会看到河里的疣猪、河马、大象。走到水边要当心，河水看上去很平静，实则十分湍急。

## "沸腾锅"步道
**维多利亚瀑布国家公园**
津巴布韦

从水平视角欣赏过维多利亚瀑布之后，还可以继续前往下游方向，换个角度感受瀑布之磅礴。这条步道往返2.4千米，下降到瀑布下游流经的峡谷，视野非常壮观。步道的终点是一个叫作"沸腾锅"（Boiling Pot）的观景点，可以俯瞰湍急的水流。峡谷上方，维多利亚瀑布大桥（Victoria Falls Bridge）悬于两侧的峭壁之间，这座金属桥也是蹦极项目的起跳点，可以看到勇敢的人们从桥上一跃而下，尖叫声在峡谷中回荡。

下图：沿着赞比西河步道逆流而上，欣赏壮观的维多利亚瀑布

# 亚历山大步道
## 阿多大象国家公园
南非

游览陆海双园区，悉数非洲各路神兽

◆ **距离**
环线 35.4 千米，海拔爬升 610 米

◆ **起点**
伍迪角游客中心

◆ **难度**
中级

◆ **建议游览时间**
每年 9 月至次年 4 月

右上图：如果在亚历山大步道上偶遇大象，请务必和它们保持距离

右下图：伍迪角自然保护区里的海狮

下图："海洋五霸"之宽吻海豚

阿多大象国家公园（Addo Elephant National Park）成立于 1931 年，当时这里只有 11 头大象。如今，有 600 多头大象徜徉于此，园区规划也已从祖尔贝格山脉（Zuurberg Mountains）向南延伸到沿海区域，将伍迪角自然保护区（Woody Cape Nature Reserve）和一个海洋保护区囊括其中。

海洋保护区的加入，意味着这座国家公园里除了"非洲五霸"以外，也栖息着"海洋五霸"，其中包括非洲企鹅、非洲毛皮海狮、宽吻海豚、大白鲨和南露脊鲸。

这条步道位于公园内的伍迪角自然保护区，沿海岸线而行，历时两天。起初穿过一片森林，而后进入亚历山大沙丘地带，走在金黄色的沙子上，速度会相对缓慢。步道沿途立有标杆，十分醒目，在变幻莫测的沙地上，为徒步者指明方向。到达海边后，巨大的岩石会让路况稍微容易一些。中途可以在朗格博斯徒步驿站（Langebos Huts）过夜，房间供电，并配有阳台和户外火炉。

## 379
### 祖尔贝格步道
**阿多大象国家公园**
南非

这条步道位于祖尔贝格山一带，环线长 11.3 千米，由赛卡德步道（Cycad Trail）和多林内克步道（Doringnek Trail）连接而成。步道穿过一片郁郁葱葱的山谷，这里长满了一种被当地人叫作"凡波斯"（fynbos）的灌木。每年 9 月至 12 月，这里野花盛开，五彩斑斓，游客可以在此感受南半球的春意盎然。在这一带通常不会看到大象，但可能会看到狷羚和蓝麂羚这两种体型相差巨大的羚羊。

第四章　非洲和中东地区　**295**

# 水獭步道
## 花园大道国家公园
南非

在非洲最著名的步道上，拥抱绝美的南非海岸线

◆ **距离**
单程45千米，有接驳车，海拔爬升2591米

◆ **起点**
斯托姆河口

◆ **难度**
中级

◆ **建议游览时间**
全年开放

右上图：非洲小爪水獭是出了名的难得一见

右下图：水獭步道从海平面出发，爬升到海拔150米的高度

水獭步道（Otter Trail）全长45千米，沿着南非迷人的海岸线，从斯托姆河口（Storms River Mouth）一路延伸到自然谷（Nature's Valley），途中有白色沙滩、岩石悬崖，还有多处瀑布。

走完这条步道一般需要5天的时间，这样每天都能留有充足的时间，去享受海滩、观赏野生动物。这里经常可以看到海豹、海豚、鹿和猴子。虽然名为"水獭步道"，也的确生活着非洲小爪水獭，但它们大多是昼伏夜出，因此不太容易被看到。沿途有简易的徒步驿站供游客过夜，但是游客需要自己准备食物和炊具。

行程的第四天，游客需要穿过布卢克兰斯河（Bloukrans River）。低潮时，水位大概会在膝盖和腰部之间，此时过河较为合适，需要带上潮汐表。还可以带上一个大垃圾袋，过河时套在背包上，避免背包被河水打湿。另外，最好把背包的腰扣解开，以免摔倒时被背包的重量拖入水下。

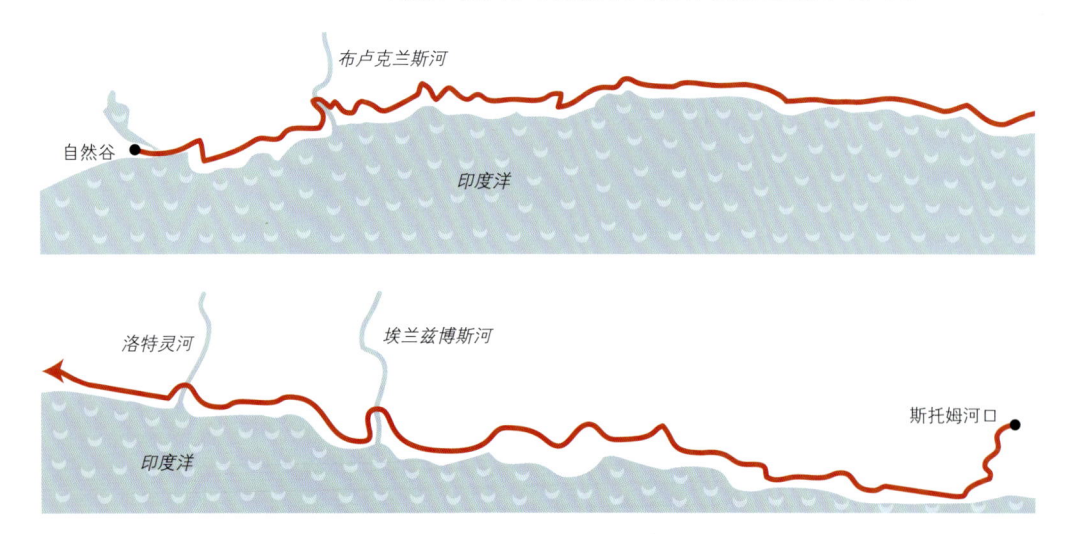

第四章 非洲和中东地区 297

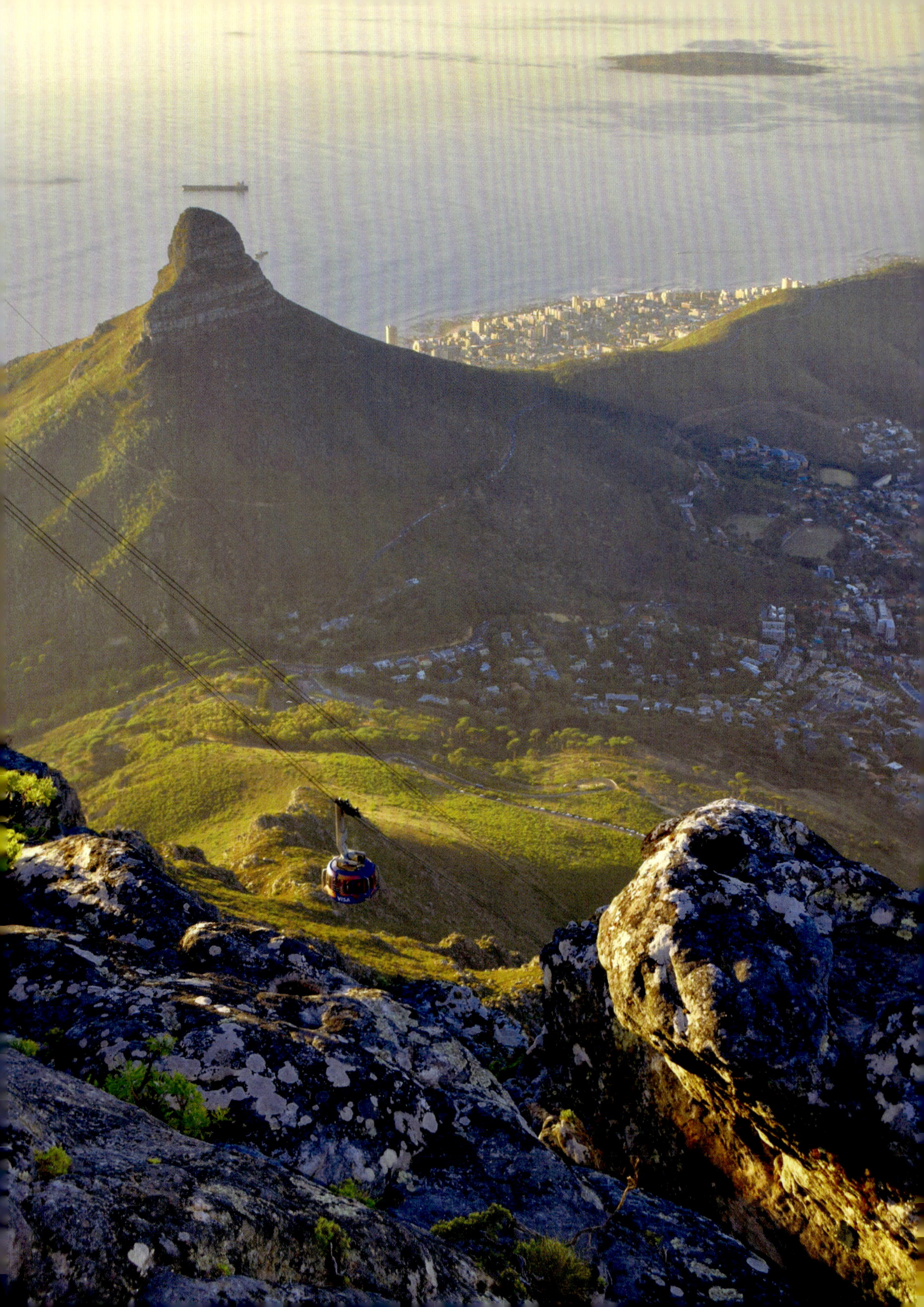

## 381

### 骷髅峡谷步道
**桌山国家公园**
南非

这条步道往返 6.1 千米，登上开普敦标志性的桌山（Table Mountain），沿途十分陡峭，但景色迷人。步道首先穿过科斯滕布什国家植物园（Kirstenbosch National Botanical Garden），坡度平缓，花朵相伴。之后来到骷髅峡谷（Skeleton Gorge），借助岩石和梯子向上攀登，海拔迅速爬升。抵达山顶高地后，可以眺望开普敦市区，欣赏山海碰撞的绝佳美景。下山可以沿原路返回，也可以乘坐观光缆车。

左图：征服骷髅峡谷步道，以美景作为奖赏

## 382

### 奥勒芬兹荒野步道
**克鲁格国家公园**
南非

沿着奥勒芬兹河（Olifants River），穿越非洲最大的野生动物保护区。克鲁格国家公园（Kruger National Park）中的大型哺乳动物的种类，比其他任何非洲公园都要多，其中包括濒危的非洲野犬以及 2 万多头大象。徒步探索克鲁格需要一些胆量，每支队伍都会由至少两名护卫陪同，这些护卫全程携带武器，并且对公园和当地的动物了如指掌。每天的行程大概控制在 6.5 千米，途中可在几个建在高处的野生动物观赏区停留，晚上则在奥勒芬兹营地（Olifants Camp）的"A"字形小木屋中过夜。

## 383

### 神圣瀑布环线步道
**安达西贝—曼塔迪亚国家公园**
马达加斯加

马达加斯加岛上曾是一片茂密的雨林。几个世纪以来，不断的伐木使得这片曾经严严实实的森林变得支离破碎，安达西贝—曼塔迪亚国家公园（Andasibe–Mantadia National Park）保护着马达加斯加东部三片幸存的雨林。这条环线步道全长 1.9 千米，途经多个瀑布，这些瀑布对雨林中的原始部落十分神圣。公园里栖息着 11 种狐猴，游客在徒步中可以捕捉到它们的踪迹。其中，大狐猴因其独特的黑白相间的外表以及毛骨悚然的叫声最容易被游客发现。

第四章 非洲和中东地区

## 天然泳池
### 伊萨鲁国家公园
马达加斯加

伊萨鲁国家公园（Isalo National Park）位于马达加斯加岛的西南角，园内以砂岩地貌为主，自三叠纪以来，经侵蚀形成了深谷、圆丘和平顶山等地貌，还有清澈见底的水塘。这条步道往返11.3千米，步道尽头是一个湛蓝的池塘，名叫"天然泳池"（Piscine Naturelle），旁边的瀑布源源不断地注入池塘之中。沿途注意观察树上的狐猴，这些小型灵长类动物只有在马达加斯加才能见到。

## 布比峰
### 安德林吉特拉国家公园
马达加斯加

布比峰（Pic Boby）是马达加斯加的第二高峰，岛上的原住民叫它"Imarivo-lanitra"，意为"靠近天空"。也有人把它称为"马达加斯加的优胜美地"，只因它和优胜美地国家公园一样，也有着无与伦比的天际线和高耸的花岗岩绝壁。这条登顶步道往返35.4千米，穿越公园里的多个生态区，从郁郁葱葱的森林到轮廓分明的石峰，一路上将各种景观尽收眼底。

上图：算好时间，在布比峰顶观看日出，收获不一样的风景

右图：登上黑色角观景台，纵览留尼汪岛上的崎岖山地

## 386

### 黑色角和玻璃瓶岩环线
**留尼汪国家公园**
法属留尼汪岛

留尼汪岛是印度洋中马达加斯加以东的一座法属岛屿。直到17世纪，岛上都无人居住，而人类的到来，使岛上许多独特的物种大规模灭绝。2007年，留尼汪国家公园（Réunion National Park）成立，将岛上近一半的区域纳入其中，保护着那些岛上特有的幸存物种。这条初级步道长3.2千米，难度初级，可以观赏到留岛鹃鵙和留尼汪日间壁虎。步道的终点是"黑色角"（Cap Noir）观景台，可以俯瞰岛上复杂的内陆地形。个别路段较为陡峭，需借助梯子攀爬。

## 387

### 熔炉峰
**留尼汪国家公园**
法属留尼汪岛

熔炉峰（Peak of the Furnace）又叫富尔奈斯火山（Piton de la Fournaise），是地球上最活跃的火山之一。这条往返12.1千米的步道，可以尽览留尼汪岛的火山地貌。步道首先下降到富歇火山口（Enclos Fouché），在这里沿着黑色熔岩流上的一排白点而行。途中可以稍微绕道，登上福尔米卡·里欧火山（Formica Leo），这是火山口内的一个小型火山渣锥，可以一览周围的地貌。而后攀登火山口的东壁，到达多洛米厄观景台（Balcon du Dolomieu）。请穿着结实的靴子，并远离火山口的边缘，因为这里经常发生山体滑坡。

第四章 非洲和中东地区

## 388

### 蛇形步道
**马萨达国家公园**
以色列

公元前37年至前31年，希律王（King Herod）在这座平顶高山上建造了一座冬宫，四周皆是陡峭的悬崖，宛如置身于孤岛之上，形成一座天然的壁垒，日后也经受住了多次入侵，是如今世界上保存最完整的古代防御工事。这条步道往返3.2千米，从马萨达博物馆（Masada Museum）出发，沿着陡峭的山路，呈"之"字形蜿蜒而上，海拔爬升305米。登上山顶，映入眼帘的是岁月与沧桑，这些遗迹有些得以修缮，有些仍是断壁残垣。从这里远眺，可以欣赏到约旦和死海的美景。下山时可以沿原路返回，或者乘坐缆车。

## 389

### 海滩步道
**凯撒利亚国家公园**
以色列

滨海凯撒利亚古城（Caesarea Maritima）兴建于希律王统治时期（约公元前22年至公元前10年）。古城的规模十分可观，其中包括一座圆形竞技场、一座罗马水渠以及一座希律王的跑马场，于20世纪50年代出土，并于2011年成立国家公园。公园内的步道都不算长，走遍整座古城大约需要半天的时间。这条海滩步道长2.3千米，沿地中海海岸线而行，途经多处历史建筑。有些遗迹和文物如今已栖身水下，公园提供潜水项目，探索水下古城。

右图：探索以色列的滨海凯撒利亚古城遗迹

## 390

### 瓦迪乌拉亚步道
**瓦迪乌拉亚国家公园**
阿联酋

这座国家公园里有着世界上最大的蛇绿岩套，这是海洋地壳随着板块运动而上升，最终暴露在地表的部分，为探索地球内部提供了重要的线索。这条步道往返23.3千米，贯穿河谷，途中多处路段需要涉水。公园所处的阿拉伯半岛较为干旱，这处河谷无疑是半岛上独特而美丽的绿洲。这里也是世界上蜻蜓最佳观赏地之一，在30种已知的阿拉伯蜻蜓中，有24种可以在这里找到。此外，这座公园也保护着一些濒危物种，其中包括阿拉伯豹和阿拉伯塔尔羊。

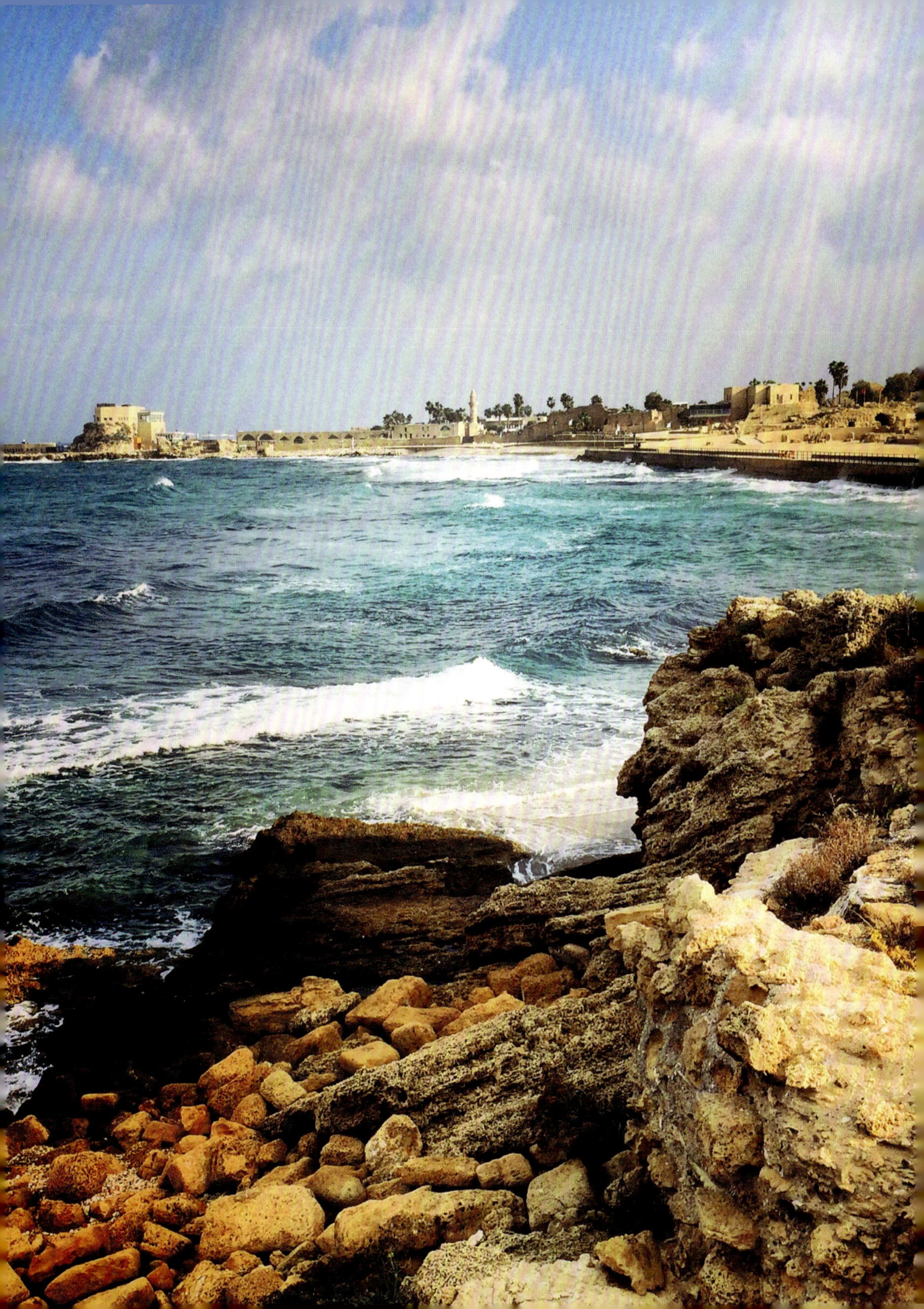

# 第五章
# 亚　　洲

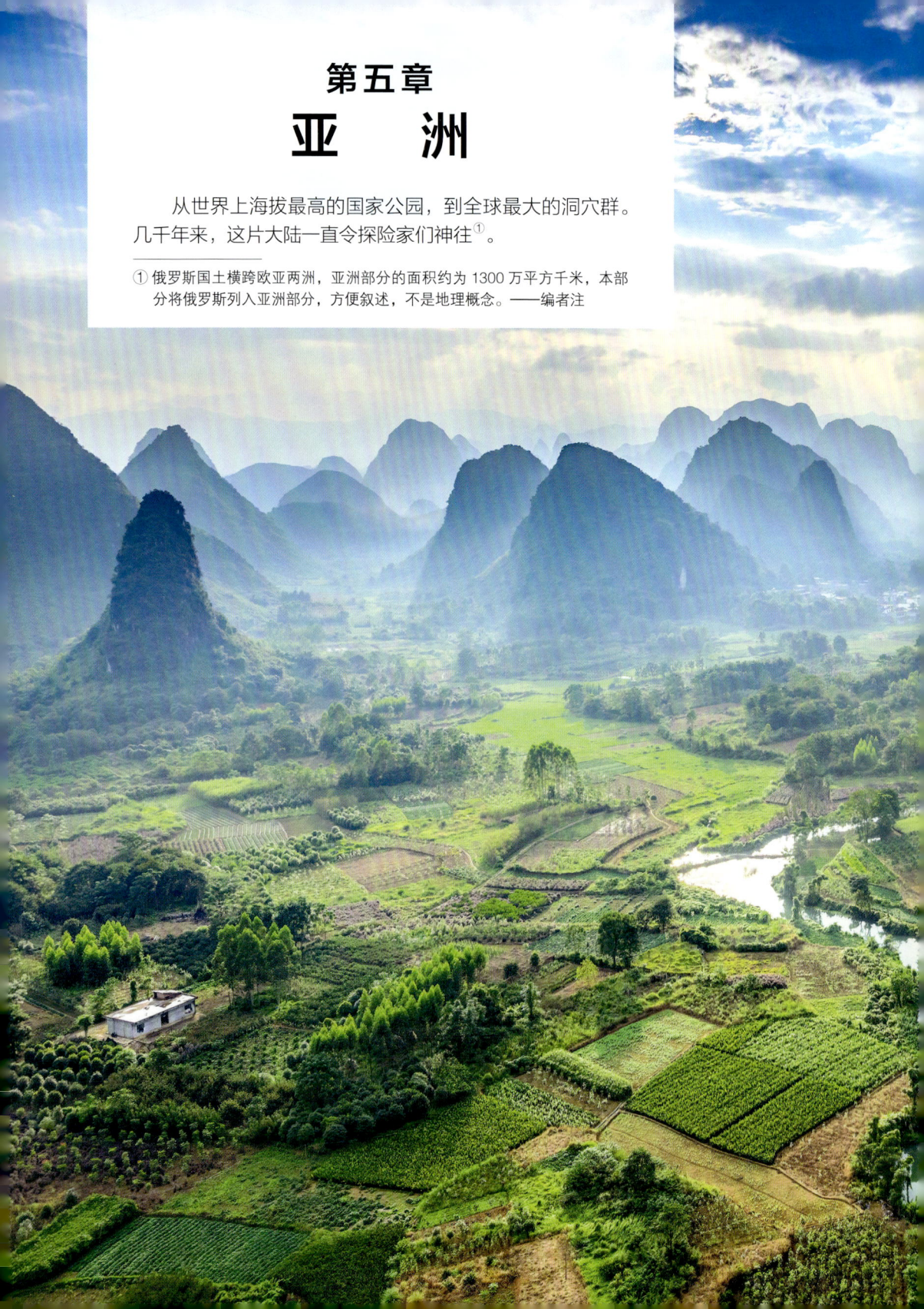

从世界上海拔最高的国家公园，到全球最大的洞穴群。几千年来，这片大陆一直令探险家们神往[1]。

[1] 俄罗斯国土横跨欧亚两洲，亚洲部分的面积约为1300万平方千米，本部分将俄罗斯列入亚洲部分，方便叙述，不是地理概念。——编者注

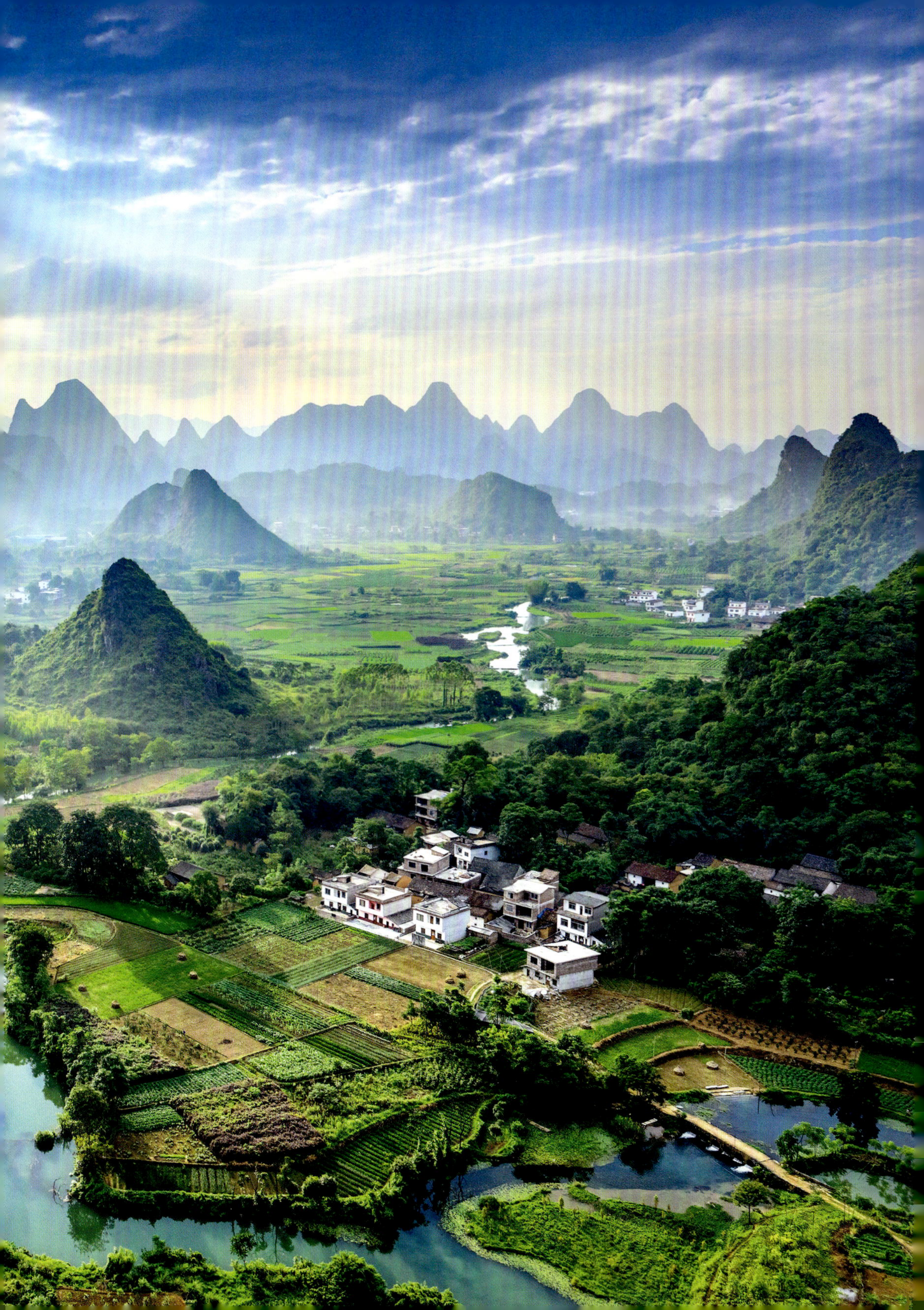

## 391

### 亚乌扎河
**驼鹿岛国家公园**
俄罗斯

　　驼鹿岛国家公园（Losiny Ostrov National Park）是欧洲最大的市内国家公园，坐落于莫斯科，起初是为俄罗斯的大公和沙皇设立的狩猎保护区。虽然离市区很近，但是占地广阔、植被茂盛，还有许多野生动物在此栖息，比如驼鹿、河狸、野猪和赤狐，以及隼、苍鹰和西红脚隼等猛禽。这条步道往返4.8千米，起点位于亚乌扎生态中心（Yauza Ecological Center），沿亚乌扎河（Yauza River）而行，看看沿途能见到多少莫斯科最野性的"市民"。

## 392

### 高山草甸和梅德韦日瀑布
**索契国家公园**
俄罗斯

　　索契国家公园（Sochi National Park）是俄罗斯的第一座国家公园，保护着索契附近西高加索山脉（Western Caucasus Mountains）的一片区域。2014年冬季奥林匹克运动会正是在索契举办。这条步道往返5.3千米，需要先乘坐高尔基哥罗德滑雪场（Gorky Gorod Ski Resort）的K3缆车上山，缆车夏季也开放，之后可以衔接邻近的两条步道，分别前往一处风景如画的高山草甸和一处美轮美奂的瀑布。

### 393

## 白岩峡谷
**索契国家公园**
俄罗斯

这条步道长4.2千米，起点位于纳瓦利申（Navalishinsky，意为"白色岩石"）峡谷的顶部，沿着霍斯塔河（Khosta River）下降，穿梭于两侧白色的峭壁之间，途经一处瀑布，最后抵达一个鹅卵石海滩，然后绕回起点。这里有着深邃的峡谷和茂密的森林，是波斯豹的主要栖息地，但是它们十分"社恐"，而且非常善于利用周围的环境伪装，所以游客不太容易看到它们。2007年，俄罗斯成立了高加索地区波斯豹保护中心（Russian Center for Reintroduction of the Leopard in the Caucasus），经过人工饲养，已经有数窝幼崽在该公园和旁边的保护区回归自然。

### 394

## 久拉特库尔山
**久拉特库尔国家公园**
俄罗斯

乌拉尔山脉（Ural Mountains）全长2575千米，从北冰洋一直延伸至哈萨克斯坦，是隔在欧洲和亚洲之间的天然边界，沿途有多个国家公园，分别保护着乌拉尔山脉北部、中部和南部，也保护着许多大型掠食性哺乳动物，包括棕熊、狐狸、狼、貂熊和猞猁。久拉特库尔国家公园（Zyuratkul National Park）位于南乌拉尔山脉，有一条往返12.9千米步道，可以登上海拔1157米的久拉特库尔山，欣赏久拉特库尔湖（Lake Zyuratkul）的美景。"久拉特库尔"（Bashkir）在巴什基尔语中意为"心湖"，是该地区海拔最高的湖泊。

左图：驼鹿岛国家公园里的鹿

上图：久拉特库尔湖海拔754米，是南乌拉尔山脉海拔最高的湖泊

第五章　亚洲

## 马尔科娃山
### 后贝加尔国家公园
俄罗斯

登上马尔科娃山，俯瞰世界上最古老、最深、水容量最大的淡水湖

◆ **距离**
往返14千米，海拔爬升1550米

◆ **起点**
圣角半岛步道起点

◆ **难度**
高级：海拔爬升较大

◆ **建议游览时间**
每年6月至10月

右上图：马尔科娃山是圣角半岛上的最高点

右下图：冬季的贝加尔湖，冰冻的湖水和"马头角"（Horin-Irgi）的冰岩

贝加尔湖（Lake Baikal）坐落在西伯利亚南部一个巨大的断裂带内，有着全球近四分之一的地表淡水，比"五大湖"（North American Great Lakes）的水量总和还要多。

后贝加尔国家公园（Zabaikalsky National Park）位于贝加尔湖东岸的中间部分，保护着巴尔古津山脉（Barguzin Mountains）的西脊、湖中的乌什卡尼群岛（Ushkany Islands）以及圣角半岛（Svyatoy Nos）。

公园里最受欢迎的步道之一是马尔科娃山（Mount Markova）的登顶步道，往返14千米，海拔爬升超过1500米。站在海拔1878米的山顶，欣赏贝加尔湖的撼人美景。

徒步途中别忘了留意这里的海豹，虽然贝加尔湖距离最近的海洋也有数百千米，但是这些淡水贝加尔海豹已经在此繁衍生息了200多万年。它们最初是如何从北冰洋来到贝加尔湖的，仍是一个谜。

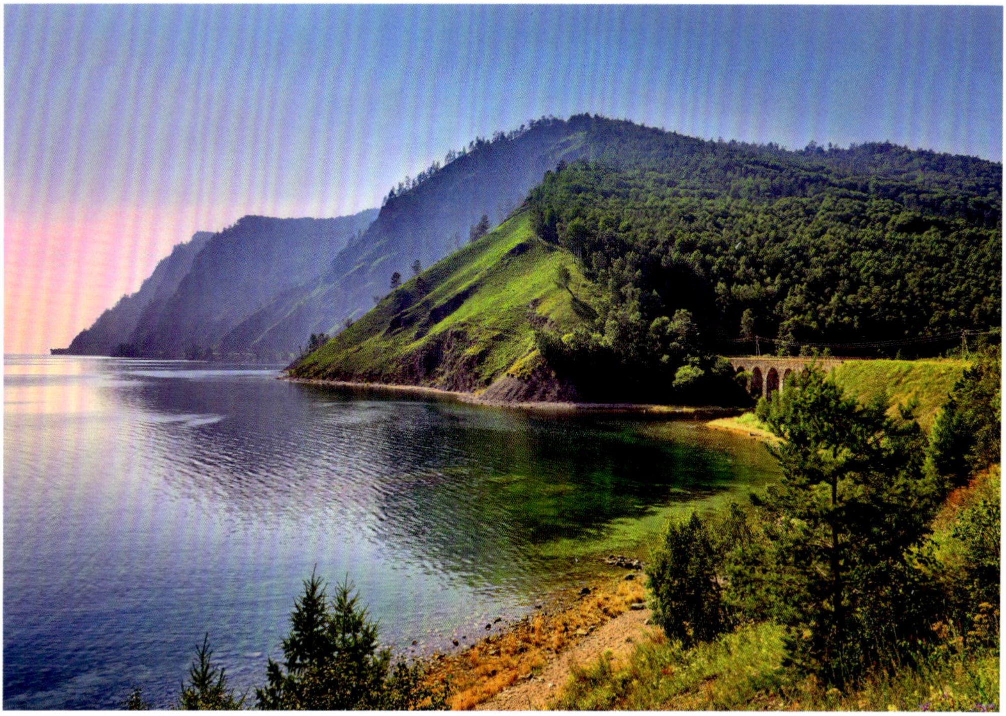

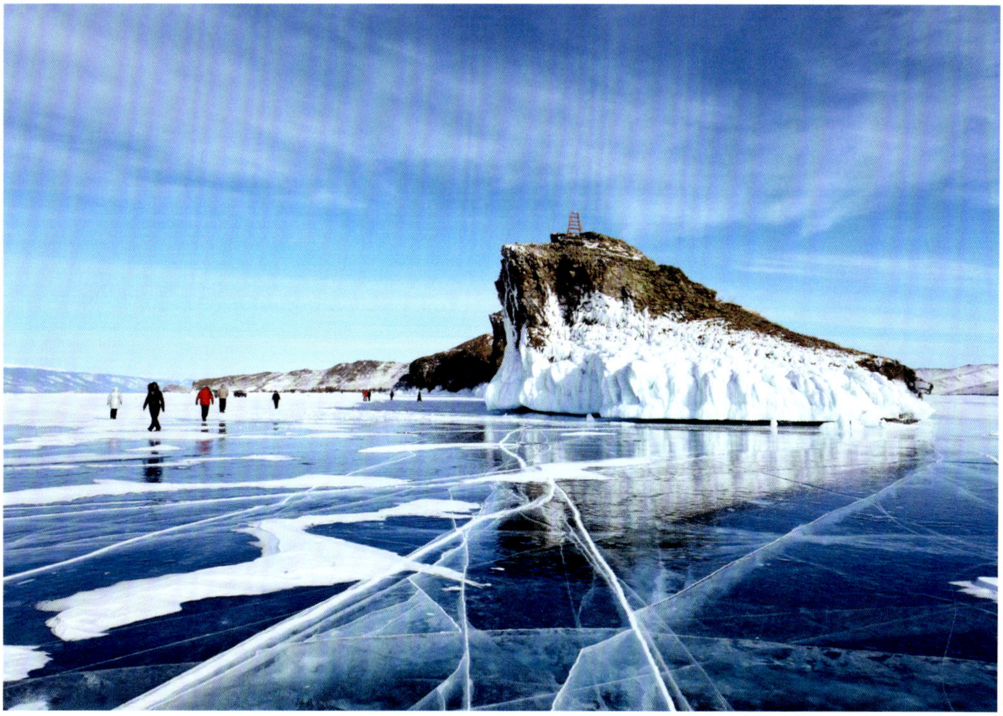

## 396

### 大贝加尔湖步道
**前贝加尔国家公园**
俄罗斯

20年来，一个名为"大贝加尔湖步道"的俄罗斯非营利组织一直致力于打造一条环贝加尔湖的徒步路线，为大众休闲提供更多的便利。这条步道计划修建2100千米，目前已有部分路段投入使用。其中最受欢迎的一段位于西南岸利斯特维扬卡村（Listvyanka）和布尔什科蒂村（Bolshie Koty）之间，单程22.5千米，游客可以当天乘轮渡返回，也可以在终点住一晚，第二天原路返回。

右图：走在阿尔金—埃梅尔国家公园（Altyn-Emel National Park）的鸣沙山上（Singing Dunes），可能会听到悦耳的音调

## 397

### 谢米韦尔斯特卡步道
**豹之乡国家公园**
俄罗斯

豹之乡国家公园（Land of the Leopard National Park）位于拉兹多利纳亚河（Razdolnaya River，亦称绥芬河）西岸，成立于2012年。当时远东豹十分稀有，在野外仅剩不到30只。于是，三家野生动物保护区合并成立了这座国家公园，扩大了远东豹在保护下的活动范围，并且得以繁衍。在不到十年的时间里，这里孕育了数十只幼崽，使得全球野生远东豹的数量增加了近两倍。

除了远东豹，公园里的运动感应相机也捕捉到了西伯利亚虎和欧亚猞猁的身影。这些猫科动物神出鬼没，游客不太容易亲眼看到，如果想要试试运气的话，在这条步道上看到的概率比较大。这条路线长9.7千米，除了徒步以外，同样适合自行车和北欧式滑雪，山路连绵起伏，途中有多处观景台。出于安全考虑，建议至少两人结伴而行，而且要弄些动静出来，可以防止野生动物靠近。另外，避免在清晨和傍晚出行，这是大型猫科动物一天当中最为活跃的时间段。

## 398

### 鸣沙山
**阿尔金—埃梅尔国家公园**
哈萨克斯坦

沙丘在地球上的任何一块大陆上都有，甚至在南极洲上也有，但是"会唱歌"的沙丘，只在少数几个具备条件的地方可以找到。"鸣沙"所发出的声响，是由一些特定大小的二氧化硅沙粒在固定的湿度下相互摩擦而产生的。当沙丘上方有风刮过，或者有人踩在沙子上时，便会激发这种声效。这条徒步路线往返7.2千米，将登上这片月牙形沙丘的顶部。徒步途中，来试试你能不能指挥一场鸣沙交响乐吧！

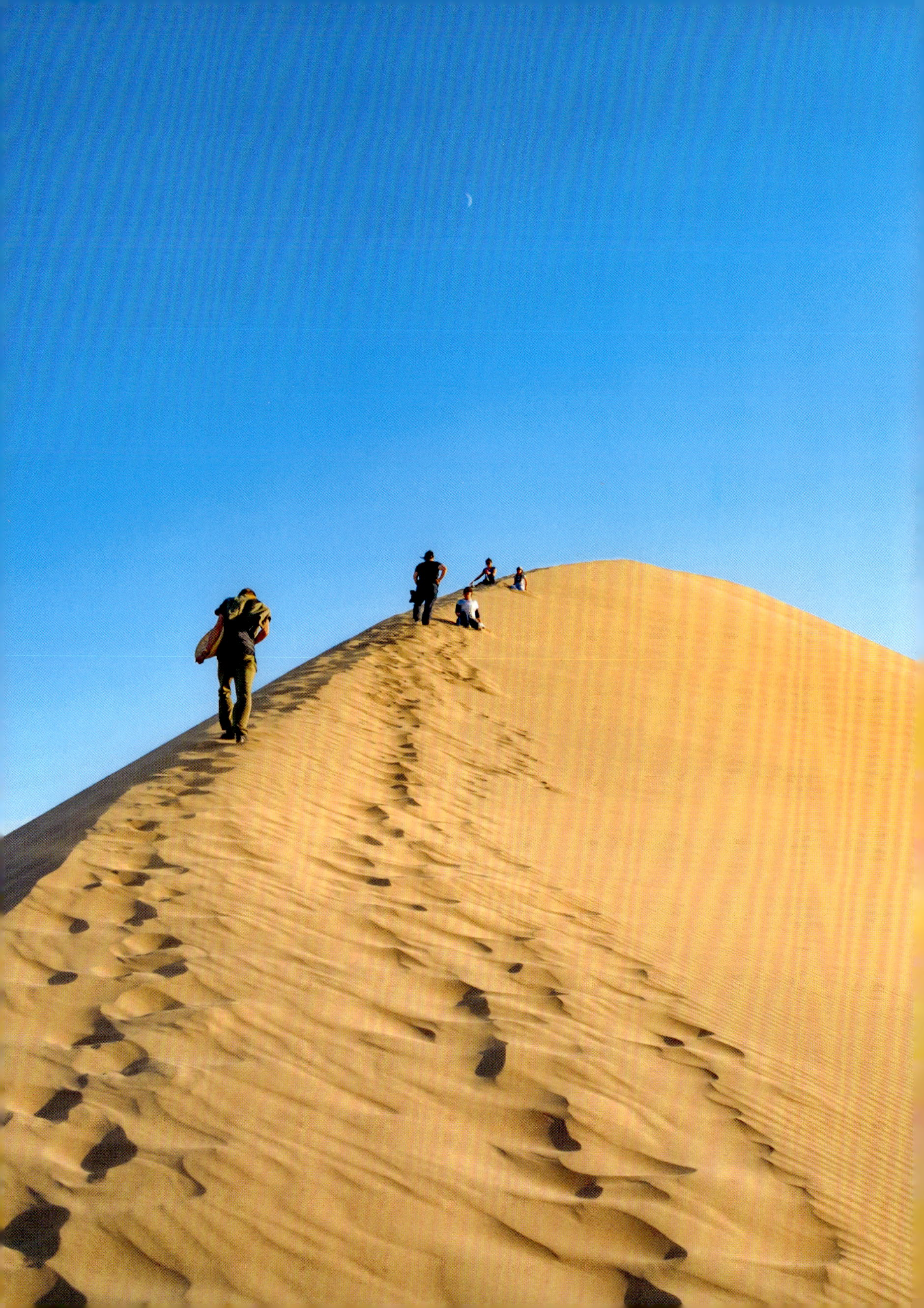

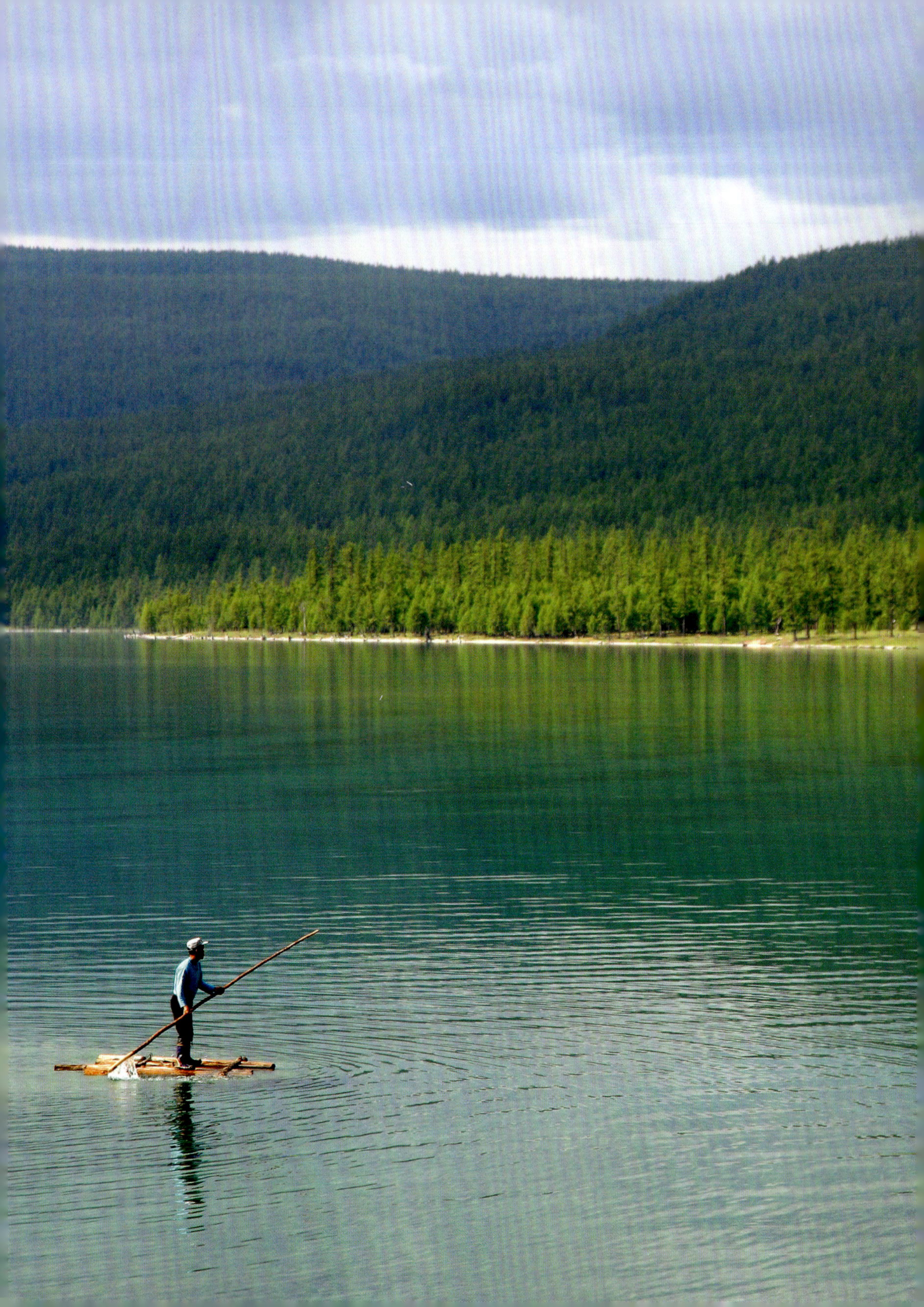

## 399

# 母亲海
## 库苏古尔湖国家公园
### 蒙古

蒙古境内最大的湖泊，容纳了全国七成的淡水资源

- **距离**
  路线长短不限
- **起点**
  哈特噶勒镇
- **难度**
  中级
- **建议游览时间**
  每年6月至9月

左图：库苏古尔湖在蒙古语中意为"母亲海"

库苏古尔湖（Lake Khövsgöl）栖身于西伯利亚针叶林和中亚大草原之间，是这片干旱地区重要的饮用水源。这里也是蒙古热门的夏季度假胜地，住宿设施基本都集中在湖的西岸，这里也因此更热闹一些。游览库苏古尔湖一般都是从南岸的哈特噶勒镇（Khatgal）出发。相比之下，东岸和北岸就要更原始一些，只能乘船或者徒步到达。

沿着湖岸来一场徒步或骑马之旅，体验蒙古人的游牧文化和热情好客！游客可以租马前往湖东岸的布勒奈因山温泉（Bolnain Hot Springs），距离南岸的哈特噶勒镇约70千米。经过3天的骑行，没有什么比温泉更能褪去一身的疲惫。沿途会经过一些偏远的村落，甚至可能受邀进到当地人的蒙古包里，共进一餐，下一盘蒙古跳棋。

## 400

# 老鹰谷
### 戈壁古尔班赛汗国家公园
蒙古

这座国家公园是蒙古国内最大的国家公园,以古尔班赛汗山脉(Gurvan Saikhan Mountains)命名,意为"戈壁三美人",指的是三座名为"东部美人""中部美人"和"西部美人"的山脉,公园便坐落在戈壁沙漠与山脉交接的地方。老鹰谷(Eagle Valley)深邃狭长,穿梭于"东部美人"(Eastern Beauty)山脉之中,在这里可以看到金雕和胡兀鹫。每年冬天,峡谷里会结成2米厚的冰层,通常在夏末融化。

在峡谷底部随便走走,便可以感受这里的清静与狂野。如果想要走得远一些,可以租一匹蒙古马,它们个头虽小,却非常有耐力,被蒙古人视若瑰宝。途中留意周围悬崖上的盘羊和西伯利亚北山羊,足够幸运的话还能看见雪豹。不过雪豹十分善于伪装,一般很难发现它们的踪迹。

下图:深邃狭长的老鹰谷,可以徒步或骑马游览

## 401

# 干葛恩沙丘
### 戈壁古尔班赛汗国家公园
蒙古

戈壁沙漠横亘在蒙古南部，笼罩在喜马拉雅山脉巨大的雨影之中。在戈壁沙漠北部，无数的沙粒随风抵达阿尔泰山脉（Altai Mountains）底部，并堆积成金色的沙丘，形成了蔓延上百千米的干葛恩沙丘（Khongoryn Els Singing Dunes）。徒步爬上沙丘的顶部大约需要1小时，如果风向、风速都刚刚好，便可以听到"鸣沙"的声响，享受一场由沙粒相互振动带来的音乐盛宴。

下图：登上干葛恩沙丘，聆听这座鸣沙山为你送上的音乐盛宴

第五章 亚洲 **315**

### 402

## 七彩丹霞景区
**张掖丹霞国家地质公园**
中国

这片丹霞地貌的形成可以追溯到白垩纪时期，红色和黄色的岩石叠落在一起，像是被切开的蛋糕，露出了里面的层层美味。经过漫长的地质变迁，这些质地较软的砂岩被雕刻成了石塔、石柱、峡谷、沟壑，形成了世界上独一无二的地貌。为了保护这些脆弱的地质景观，公园里修建了木栈道，供游客徒步参观。这条步道环线8千米，途经4处可以俯瞰丹霞景区的观景台。日落时分，夕阳的余晖洒在红黄相间的岩石上，更是美不胜收。

### 403

## 长城
**八达岭国家森林公园**
中国

八达岭长城建于500多年前的明朝，保护着当时的居庸关以及南面的北京城。经过大规模的修复，八达岭长城于1957年面向公众开放，此后游客一直络绎不绝。长城宽6米，高8米，由无数的砖石垒建而成。沿着观光路线，走在长城的顶部，翻过多座烽火台，最后回到长城脚下。一路上可以从不同的视角观赏这座雄伟的城墙。

上图：五彩池是九寨沟景区里最小但颜色最为丰富的海子

左图：沿着木栈道，欣赏神秘的七彩丹霞地貌

404

# 五彩池
**九寨沟国家公园**
中国

　　九寨沟是青藏高原东缘的一道山谷，滋养着大片的阔叶林，是大熊猫的栖息地之一。这里湖泊成群，溪流旖旎，水中富含钙华，在阳光的普照下，光泽四溢，灵动鲜艳。这条步道往返15.4千米，从长海出发，穿过茂密的树林，前往五彩池。五彩池虽然是景区里最小的海子，但也最为绚丽多彩，颜色之丰富，好像艺术家的调色盘，蓝绿黄青，深浅不一。到了秋季，更是增添了一抹枫红。

第五章　亚洲　**317**

### 405
### 珍珠滩瀑布
**九寨沟国家公园**
中国

九寨沟的水景颜色动人，流动起来更是多了几分梦幻。从镜海到珍珠滩瀑布有一条往返2.6千米的步道，可以欣赏到白龙江水从一片钙华石架上倾泻而下，跌入40米以下的池塘，给青蓝色的池水注入新的活力。

右图：张家界的石柱可以高达四五百米

318　行走世界：500条国家公园徒步路线

# 袁家界山
## 张家界国家森林公园
中国

探访神秘的"阿凡达"之山

- **距离**
  往返 5.8 千米，海拔爬升 700 米
- **起点**
  步道入口位于"百龙天梯"旁
- **难度**
  中级
- **建议游览时间**
  每年 4 月至 11 月

下图：落差 300 米的"百龙天梯"

　　导演詹姆斯·卡梅隆（James Cameron）在为好莱坞电影《阿凡达》选景时，被张家界国家森林公园里的"南天一柱"所吸引。无数的石英砂岩柱穿透云层，悬浮在云端，犹如仙境，造就了电影里的悬浮巨石"哈利路亚山"（Hallelujah Mountains）。

　　"南天一柱"高 125 米，观赏的最佳视角位于袁家界山的山顶。登顶路线单程 2.9 千米，海拔爬升 700 米，沿石阶而上，十分陡峭。下山时可以原路返回，也可以乘坐"百龙天梯"。这部科技感十足的观光电梯，可以在两分钟内运送游客上下山，是世界上速度最快的户外电梯。

### 407

## 金鞭溪
**张家界国家森林公园**
中国

这条步道往返 7.2 千米，较为平坦，沿着溪流穿行于树林之中，向上仰望这些高耸入云的石柱。沿途可能会看到野生的猴子以及极度濒危的中国大鲵，这种两栖动物有的能长到近 2 米长，重达 50 千克。景区全年开放，从万物复苏、茂盛蓬勃，到层林尽染、银装素裹，四季皆宜。

### 408

## 虎跳峡
**玉龙雪山国家地质公园**
中国

在中国西南部，金沙江从玉龙雪山和哈巴雪山之间奔腾而过，开拓出这条深达 2000 多米的峡谷。峡谷最窄处仅有 25 米宽，传说老虎一跃而过，因此而得名。虎跳峡全长 25 千米，有一条步道连接峡谷两端，当地纳西族人借此往来于两侧的村落，沿途有简易的住宿设施。

右图：传说老虎可以在此一跃而过，虎跳峡因而得名

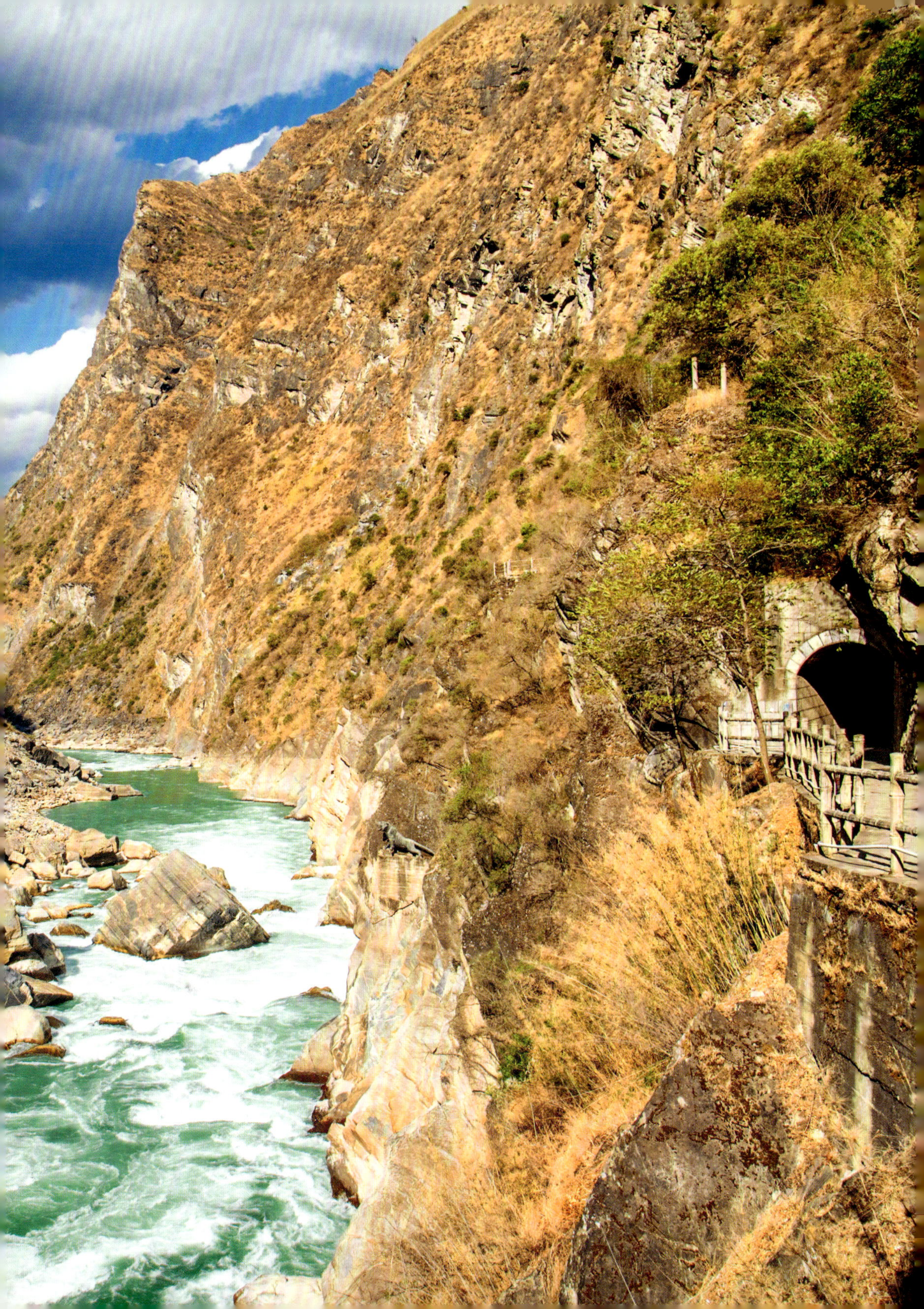

## 409

### 九龙瀑
**黄山国家森林公园**
中国

几百年来，中国的画家和诗人一直在这里的峰峦之间，寻找创作灵感。仅在唐朝至清朝，就有超过 2 万首诗歌，描写黄山的奇峰异石和姿态各异的树木，甚至还形成了黄山画派。这条步道往返 3.2 千米，穿过森林，前往九龙瀑，沿途留意那些在石缝间生长的松树，其中一些形态独特，十分出名。

## 410

### 天都峰和莲花峰
**黄山国家森林公园**
中国

这条登顶路线往返 8 千米，登上黄山山脉的天都峰和莲花峰，打卡这座国家公园的最高点，幸运的话还可以俯瞰黄山著名的云海奇观。这里的大气条件常常导致这片地区被低空云团所覆盖，山峰穿透云层，云朵蔓绕其间，日出和日落时景色尤为壮观。

下图：九龙瀑九叠九潭，恢宏多姿

## 龙脊梯田步道
**桂林漓江风景名胜区**
中国

奇秀之山，清静之水，桂林山水如幻境仙界，成就了无数的艺术作品，也被印在了面值 20 元的人民币上。这里独特的地形是喀斯特地貌的一种，是石灰岩在水的作用下，经过溶蚀和沉淀所形成的深谷和岩穴。这条步道往返 5.6 千米，海拔爬升 300 米，可以俯瞰珠江流域西江水系上的"千层稻田"，欣赏层层线条勾勒出的几何之美。

## 芦笛岩步道
**桂林漓江风景名胜区**
中国

在这里，不仅可以欣赏秀美的桂林山水，还可以探索丰富的地下岩洞。其中"芦笛岩"因洞口的芦苇而得名，有一条往返 2.1 千米的步道可以到达。走进岩洞，五颜六色的彩灯装点着黑漆漆的地下世界，映衬出形态各异的石柱、石笋。这些钟乳石的形成历经数百万年，由缓慢滴落在石灰岩上的水滴雕琢而成。

下图：龙脊梯田步道徜徉于喀斯特石峰和水稻梯田之间

### 413

# 七星山
## 阳明山公园
中国

登顶七星山，将台北市区尽收眼底

◆ **距离**
往返 9 千米，海拔爬升 310 米

◆ **起点**
小油坑停车场

◆ **难度**
中级

◆ **建议游览时间**
旱季：每年 9 月至次年 5 月
赏樱花花期：每年 2 月至 3 月

右图：沿着步道登上七星山顶，360° 欣赏台湾岛的美景

阳明山公园坐落于台北市和新北市的北侧，可以搭乘公共交通前往，十分便捷。每年 2 月至 3 月，这里的樱花和杜鹃花争相盛开，香气扑鼻，吸引着游客前来享受这场视觉盛宴。

这里的镇园之宝是一座叫作"七星山"的火山，其巨大的火山口上被岁月雕刻出七座岩峰，因此而得名。如今，这座火山处于休眠期，最近一次喷发可以追溯到 70 万年前。火山周围可以看到天然的硫矿和温泉，以及从地下经喷气孔散发出来的热气。

这条步道往返 9 千米，前往海拔 1119 米的山顶。登顶后视野十分开阔，可以俯瞰南面的台北市和西南方向的新北市，以及台湾岛北端的海岸线。

### 414

# 阳明山步道
## 阳明山公园
中国

阳明山步道途经公园内的数座山峰，景色十分壮观，尤其是在夜幕下俯瞰台北市区，格外迷人，很多游客也因此选择在夜间进行徒步。这条路线单程 24 千米，海拔爬升超过 1600 米，较为辛苦。往返台北市区的公共交通以及园区内的接驳车，可以帮助游客轻松解决步道起终点的交通难题。

## 415

### 神秘谷步道
**太鲁阁公园**
中国

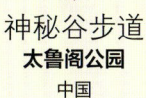

　　大理石是一种非常坚硬的石材，然而日复一日，年复一年，热带暴风雨降水在立雾溪汇集，开出一条深邃的大理石峡谷。流水所到之处，在银白色的岩石上留下细腻的纹路，美轮美奂。砂卡当步道沿砂卡当溪而行，穿过一片茂密的丛林，进入神秘谷。在这片大理石峡谷中，有几处湛蓝清凉的水潭，非常适合戏水。

## 416

### 锥麓古道
**太鲁阁公园**
中国

　　这条路线最初是台湾岛原住民用于狩猎野猪的小路。20世纪初，在日本殖民者的奴役下，当地居民将这条小路拓宽，在后来的第二次世界大战期间，成为日军运送士兵和武器的交通要道。战后，这里成为一条多日徒步路线，后因落石频发，大部分区域关闭至今，只留下一段往返 6.4 千米的路段。步道穿过茂密的丛林，一路爬升，最终来到悬崖顶部，俯瞰脚下近 500 米深的太鲁阁峡谷，景色十分壮观。

第五章　亚洲

## 417

### 权金城
**雪岳山国立公园**
韩国

在韩国，徒步和登山是一项非常受欢迎的休闲活动。雪岳山国立公园（Seoraksan National Park）中有多条步道，可以登顶园内的多座花岗岩峰。如果觉得这些步道难度较大，游客也可以乘坐缆车，前往雪岳山（Mount Seoraksan）的山顶，欣赏到相同的景色。从山顶缆车站出发，有一条往返800米左右的小路，可以登顶旁边的权金城峰（Gwongeumseong Peak），峰顶的权金城也被称作"雪岳山城"。从山顶远眺，周围山脉崎岖，其中恐龙岭（Dinosaur Ridge）上的一座座岩峰，仿佛是剑龙脊背上的一片片骨质板，错落有致，景色独特。

## 418

### 内藏山山脊步道
**内藏山国立公园**
韩国

"内藏"（Naejang，내장）在韩语中意为"山中的无尽之物"，也许指的正是这片茂密的森林里不计其数的枫叶。人们来内藏山赏秋已有数百年的历史，这里每年都吸引着成千上万的游客，一览层林尽染之景。公园里有多条徒步路线，其中有一条单程11.3千米的步道沿山脊而行，可以登顶内藏山的全部8座山峰。到达终点后，可以搭乘公园内的接驳车回到起点。每年10月是赏秋旺季，不过这座公园四季皆是美景。

上图：从北汉山俯瞰首尔市区

左图：权金城在徒步爱好者中非常受欢迎

419

# 北汉山
**北汉山国立公园**
韩国

从首尔市区搭乘地铁，仅需 45 分钟即可到达北汉山国立公园（Bukhansan National Park）。公园的中心是一个庞大的建筑群，名为"北汉山城"（Bukhansanseong Fortress），是 1636 年朝鲜王朝迎战清军为保护首都汉城（今首尔）而建。而在北汉山城之前，早在公元 132 年，就有人在此兴建土木。北汉山最著名的是三座花岗岩峰，是这片地区海拔最高之处，也是亚洲首屈一指的攀岩胜地。除了攀岩以外，还有一条往返 27.4 千米的步道，可以登顶最高峰"白云台"（Baekundae）。这条路线具有一定的挑战性，需要一些攀爬技巧，但是不需要专业的攀岩技能。

# 富士山
## 富士箱根伊豆国立公园
日本

打卡全球最著名的火山之一，欣赏几何对称美与雪顶之冠的完美结合

◆ **距离**
富士宫线（Fujinomiya）：往返7.4千米，海拔爬升1370米

◆ **起点**
富士宫线5号站

◆ **难度**
高级：海拔爬升较大

◆ **建议游览时间**
每年6月至8月，冬季需要准备冰镐和冰爪，并具备一定的登山经验

下图：许多人选择在夜里出发，日出时在富士山顶迎接新的一天

每年夏季，有大约40万人向着海拔3776米的富士山（Mount Fuji）山顶进发，其中约三分之二的人能够成功登顶。大多数登山客会在夜里出发，日出前登顶，在第一缕阳光下，高喊"万岁！万岁！"，迎接新的一天。在日语里甚至还有一个专门的词语，用来表示富士山的日出。

登顶的主要路线有4条，其中最受欢迎的是北侧的吉田线（Yoshida），单程4.5千米；最短的路线位于南侧，单程3.7千米，起点海拔2400米。每条路线上都设有休息站，位于山顶的10号站是所有路线的终点。

富士山的登顶步道主要是松散的碎石路，走起来会比较辛苦，在日本也因此流传着这样一则谚语："明智之人一生之中一定会爬一次富士山，但只有傻瓜才会爬两次。"

**421**

## 赤目四十八瀑步道
**室生赤目青山国立公园**
日本

15 世纪至 18 世纪，赤目山谷（Akame Valley）曾是伊贺流忍者的修行之地。如今，这里成立了国家公园，以"赤目四十八瀑"而闻名。虽然叫作"四十八瀑"，但其实这里的瀑布并没有 48 座——这个名字可能是源于"阿弥陀佛四十八愿"。这条步道往返 8 千米，可以看到 23 座瀑布。国家公园里还有一个忍者道场，游客可以报名体验。园内的日本山椒鱼中心（Japan Salamander Center）也向游客开放，可以看到生活在这里的日本大鲵。

左图：冬季攀登富士山，需要准备冰镐和冰爪，并具备一定的登山经验

### 422

## 罗臼岳
**知床国立公园**
**日本**

知床半岛（Shiretoko Peninsula）位于北海道，濒临鄂霍次克海（Okhotsk Sea），只能步行或乘船前往。欣赏知床半岛景色最好的地方，莫过于罗臼岳（Mount Rausu）的山顶，这是一座海拔1661米的火山，登顶步道往返12.1千米。在北海道栖息着大约3000只乌苏里棕熊，也叫虾夷棕熊，是北美灰熊的日本亲戚。徒步时最好结伴而行，途中不要太安静，带上熊铃和防熊喷雾。游客可以在公园里购买防熊喷雾，如果没有用上，下山后可以退款；如果用上了，希望可以破财免灾。

右图：沿着清澈的摩周湖，登顶摩周山

423

# 摩周湖和摩周山
## 阿寒摩周国立公园
### 日本

由降水与融雪滋养的火山口湖，晶莹剔透，清冽可鉴

◆ **距离**
往返14千米，海拔爬升300米

◆ **起点**
摩周1号观景台（Mashū Viewpoint 1）

◆ **难度**
中级

◆ **建议游览时间**
每年4月至10月

下图：摩周湖所处的火山口，爆发指数为6级

摩周湖（Lake Mashū）是日本北部的一座火山口湖，湖水十分清澈，能见度深达近30米。湖水嵌在塌陷的火山口内，没有任何溪流注入。这座火山口湖原本还要更清澈一些，后因湖内放养红鲑鱼和虹鳟鱼，以及周围火山口壁滑落的碎石，导致水质下降。

沿着火山口的边缘有一条步道，可以登顶海拔857米的摩周山（Mount Mashū），往返14千米，是欣赏湖景的不二之选。摩周湖的风景可能看起来十分宁静，但是湖中心的卡姆伊修岛（Kamuishu Island）实际上是一座活火山的尖顶。摩周山的火山爆发指数（Volcanic Explosivity Index）为6级（最高级别为8级），具有很大的潜在危险性。

## 424

### 龙王谷
**日光国立公园**
日本

日光国立公园（Nikkō National Park）距离东京市区 2 小时车程，是日本首都的后花园，也是日本最受欢迎的国家公园。日本人对这里的喜爱已经不是一天两天了，在公园茂密的树林中，分布着大大小小的寺庙和神社，几个世纪以来，来此参佛拜神的人一直源源不断。这条步道往返 6 千米，沿鬼怒川（Kinu River）而行，穿越龙王谷（Valley of the Dragon King），途中要注意观察黑熊和梅花鹿。这座风景如画的山谷，在春季和秋季尤为绚丽。

## 425

### 猎湖步道
**日光国立公园**
日本

和日本的很多地方一样，日光国家公园的地貌也是火山活动的杰作。这座公园的镇园之宝是一座海拔 2578 米的复式火山——日光白根山（Mount Nikkō-Shirane），最后一次喷发是在 1889 年。这一地区的地下火山活动仍然十分活跃，成就了公园里的多处温泉。这条步道环线 9.7 千米，绕着两座相邻的小湖而行，名为切里科米湖（Kirikomi，切込湖）和卡里科米湖（Karikomi，刈込湖）。徒步后可以到附近的汤元温泉（Yumoto Hot Springs）好好放松下，据说这座温泉里的矿物质可以滋润肌肤。

## 426

### 朗塘谷
**朗塘国家公园**
尼泊尔

大约 5000 万年前，印度洋板块与亚欧板块碰撞挤压，喜马拉雅造山运动随之开始。印度洋板块持续向亚欧板块之下俯冲，使得喜马拉雅山脉如今仍以每年约 2 厘米的速度升高。2015 年，尼泊尔的廓尔喀地区（Gorkha）发生 7.8 级地震，引发朗塘谷（Langtang Valley）的大规模雪崩和山体滑坡，导致数百人死亡，也摧毁了这里热门徒步路线沿途的村庄。如今，许多村庄已经重建或迁址，而这条 77 千米的徒步路线也重新开放。

## 427

### 汤坡崎镇
**萨加玛塔国家公园**
尼泊尔

珠穆朗玛峰在尼泊尔语里叫作"萨加玛塔峰"，从南奇巴扎（Namche Bazaar）前往汤坡崎镇（Tengboche），可以一睹珠穆朗玛峰的风采。两镇之间有一条古道，往返 19.3 千米，是前往珠峰大本营最开始的一段，已经可以体会到喜马拉雅徒步的艰辛。经过 878 米的海拔爬升，抵达位于海拔 3867 米的目的地，从这里可以一窥珠穆朗玛峰的真容。

右图：在汤坡崎镇一窥珠穆朗玛峰的真容

第五章 亚洲

# 堸其尔湖
## 萨加玛塔国家公园
### 尼泊尔

在珠穆朗玛峰隔壁,观喜马拉雅群峰屹立

◆ **距离**
往返 92 千米,一般需要 7 天完成

◆ **起点**
南奇巴扎

◆ **难度**
高级:海拔较高

◆ **建议游览时间**
每年 3 月至 5 月和 9 月至 11 月,避开夏季季风和严酷的冬季

萨加玛塔国家公园(Sagarmatha National Park)坐落于喜马拉雅山脉,是全球海拔最高的国家公园,其主峰珠穆朗玛峰海拔 8844 米。公园占地约 1150 平方千米,其中超过 70% 的区域处于高山地带。在如此严酷的条件下,很少有植物能够存活下来。

生活在喜马拉雅山区的动物和人们逐渐适应了这里缺氧的环境。尼泊尔的夏尔巴人世世代代生活在高海拔地区,在他们的基因里发现了许多为适应高海拔环境而发生的变化,比如人体内的血红蛋白可以将氧气输送到各个器官和组织,而夏尔巴人的遗传物质中就有一种可以促进血红蛋白合成的基因。

在高海拔徒步,尤其是行程刚开始的几天,要尽量放缓节奏,让身体逐渐适应稀薄的氧气。一般来说,血红蛋白会在 1~3 天内开始提高携氧量,降低发生严重高原反应的风险。如果出现高原反应,最有效的方法就是下降到低海拔地区。

这条路线从南奇巴扎前往堸其尔湖(Gokyo Lakes),往返 92 千米,部分路段与珠峰大本营路线重合。整条路线的最高点位于堸其尔岭(Gokyo Ri)的山顶,海拔 5357 米。这条高山步道一路上风景不断,可以欣赏到珠穆朗玛峰、洛子峰(Lhotse)、马卡鲁峰(Makalu)和卓奥友峰(Cho Oyu)的雄伟英姿。

上图：堺其尔湖与磅礴的喜马拉雅山脉

### 429

## 奇特旺徒步游猎环线步道
**奇特旺国家公园**

尼泊尔

几个世纪以来，奇特旺地区（Chitwan）一直是尼泊尔统治阶层的猎场，而栖息在这里的老虎、犀牛和大象，不得已沦为他们的战利品。1973年，尼泊尔首座国家公园在此成立，然而森林已被严重破坏，许多动物濒临灭绝。经过不懈的努力，奇特旺地区的野生动植物都得以重生，如今这里生活着尼泊尔境内数量最多的印度犀牛。如果要想看到犀牛、孟加拉虎和恒河鳄，建议参加徒步游猎，跟着熟悉野生动物习性的向导，可以更容易、更安全地观察这些动物。这些徒步游猎路线的强度不尽相同，有5.6千米的短途环线，也有全天的探险之旅。

## 马尔卡山谷徒步
**荷米斯国家公园**
印度

作为喜马拉雅山脉中的顶级掠食者，雪豹的行踪十分隐蔽。如果想要亲眼看到这种濒危野生动物，可以到荷米斯国家公园（Hemis National Park）试试运气，这里的雪豹数量为世界之首。除了雪豹以外，这里也是喜马拉雅狼和欧洲棕熊的家园。这条马尔卡山谷徒步路线（Markha Valley Trek）从扎斯卡出发，全长 111 千米，沿着马尔卡河（Markha River）穿越国家公园的核心地带。沿途有许多小村庄，可以在当地人家里解决食宿。这个地区处于喜马拉雅山脉的雨影区，夏季季风不会带来太大的影响，因此这条路线通常在 6 月至 10 月中旬较为繁忙。

下图：一只叶猴正在眺望兰坦波尔堡

## 431

### 科比特瀑布
**吉姆科比特国家公园**
印度

吉姆科比特国家公园（Jim Corbett National Park）是印度第一座国家公园，成立于 1936 年，以英国自然学家吉姆·科比特（Jim Corbett）命名，目的是保护孟加拉虎。如今，这里常年栖息着 230 多只孟加拉虎和 700 多头印度象。这条步道往返 2.9 千米，难度初级，穿过丛林，来到科比特瀑布（Corbett Waterfall）。途中不太可能见到这两种动物，如果想有机会看到孟加拉虎，可以报名参加向导游猎。

## 432

### 兰坦波尔堡
**兰坦波尔国家公园**
印度

兰坦波尔堡（Ranthambore Fort）的历史可以追溯到 10 世纪，是一座有城墙防御的堡垒。身处堡垒中，不用担心来自老虎的威胁，但是居住在这里的叶猴，也是个不折不扣的麻烦。这条步道长 2.9 千米，绕堡垒一周，近距离接触这处庞大的建筑遗址，沿途可以看到用红色的卡劳利砂岩建造的寺庙和房舍。这种砂岩质地较软，在印度北部十分常见。

## 433

# 花谷
**花谷国家公园**
印度

五颜六色的野花开满山谷，植物学家已鉴定出多达 498 种

◆ **距离**
往返 40.2 千米，海拔爬升 2400 米

◆ **起点**
戈文加特镇

◆ **难度**
高级：海拔爬升较大

◆ **建议游览时间**
每年 7 月至 9 月，花期在每年 8 月

很久以前，普什帕瓦蒂山谷（Pushpawati Valley）在冰川的作用下形成。如今，冰川已经消退至山上，留下一片开满了各种野花的山谷。这里有兰花、万寿菊、银莲花、雏菊等数百种花卉，每到夏季，花儿争相盛开，五彩缤纷。

几个世纪以来，这里一直是印度教的朝圣地，直到 1931 年，才被一支来自英国的登山队偶然发现，并起名为"花谷"（the Valley of Flowers）。前往花谷没有公路，游客只能从戈文加特镇（Govindghat）出发徒步前往。经过 14 千米的徒步，首先到达距离公园 3.2 千米的甘加里亚村（Ghangaria）。由于山谷内不允许过夜，游客需要住在甘加里亚村，白天徒步进入公园游览。

从甘加里亚村出发，有一条往返 12 千米的路线，可以前往海拔 4161 米的恒昆撒希神庙（Hemkund Sahib）。一路上沿着"之"字形的山路，海拔爬升 1200 多米。虽然辛苦，但是山谷迷人的景色，让每一滴汗水都值得。

上图：游客可以在花谷中自行选择徒步的距离

左图：前往恒昆撒希神庙的步道上，俯瞰花谷的斑斓美景

**434**

## "世界尽头"
### 霍顿平原国家公园
#### 斯里兰卡

霍顿平原（Horton Plains）横亘在斯里兰卡中部高地的一座高原上。有一条长9.7千米的步道通往一处叫作"世界尽头"（World's End）的悬崖。步道始于平坦的草原，而后向上爬升，进入一片常常笼罩在薄雾之中的森林。中途会先经过一处叫作"小世界尽头"（Little World's End）的悬崖，落差268米，可以在此稍作休息。到达真正的"世界尽头"后，879米的落差不禁令人心生敬畏。如果不想原路返回，可以沿着西北方向继续前行。步道在这里与贝利赫欧亚河（Belihul Oya）相会，贝克瀑布（Baker's Falls）位于这条河流上，高约20米。

第五章　亚洲　339

## 435

### 汤基奥尔瀑布
**考索国家公园**
泰国

考索国家公园（Khao Sok National Park）保护着泰国最大的一片原始森林，这里曾经是一座比亚马孙雨林还要古老的雨林，现存的这片林区依然十分茂密。这条步道往返12.9千米，沿着索河（Sok River）在丛林里寻路而行，前往汤基奥尔瀑布（Ton Kiol Waterfall）。途中如果闻到腐肉的气味，可以停下来找一找附近是不是有一朵巨大的橙红色的花。这种气味来自"大王花"，是世界上已知最大的单朵花，直径可达近1米，散发着难闻的气味来诱捕苍蝇。这种花虽然奇臭无比，但也十分夺目，一般在1月至3月开放。

上图：汤基奥尔瀑布步道上的大王花

## 436

### 佛陀足迹步道
**素帖—雪伊国家公园**
泰国

这座国家公园位于泰国北部，距离清迈仅15千米，泰国王室在此建有冬季行宫，山上的素帖寺（Doi Suthep Temple）是重要的佛教圣地。佛陀足迹步道（Buddha's Footprint Trail）环线长12.9千米，起点位于园内的雪伊山苗族部落村（Doi Pui Hmong Tribal Village），建议按顺时针进行。这条步道海拔爬升700多米，可以沿着山脊欣赏园内的美景。这里栖息着300多种鸟类，包括泰国火背鹇和蛇雕，喜欢观鸟的人可以带上望远镜。

## 437

### 小白沙海滩
**拷叻—拉姆鲁国家公园**
泰国

2004年12月26日，一场由近海地震引发的巨大海啸席卷了印度洋沿岸，造成数十万人死亡。其中，安达曼海（Andaman Sea）上的拷叻海滩（Khao Lak）受灾十分严重，30米高的巨浪将海边的村庄和度假酒店吞噬一空。漫步在拷叻海滩，不禁令人敬畏大自然的力量，钦佩泰国人民的坚强意志。米白色的沙滩长约1.5千米，海水蓝得透明，让人无法拒绝。如今，泰国已经拥有世界上最先进的海啸预警系统。

## 438

### 爱侣湾瀑布
**爱侣湾国家公园**
泰国

爱侣湾瀑布（Erawan Falls）在泰语里叫作"伊拉旺"（Erawan），来自印度神话中因陀罗神（deity Indra）的坐骑，是一头有着三头五鼻十牙的白色神象。翠绿的湖水泛着粼粼波光，从瀑布顶部倾泻而下，分裂成一条条白色的水流，好似神象"伊拉旺"的象鼻。流水将石灰岩冲刷成一层层的台阶，带走其中的钙华，将潭水染成了这醉人的颜色。这条步道往返4.8千米，沿着河水逆流而上，可以欣赏灵动的水景，途中一些陡峭的路段铺设了台阶。游客可以在一些较深的水潭中嬉水，一同嬉水的还有生活在这里的鱼儿和青蛙。

下图：爱侣湾瀑布下波光粼粼、晶莹剔透的潭水

**439**

## 高布斯滨
**荔枝山国家公园**
柬埔寨

高布斯滨河（Stung Kbal Spean River）流经柬埔寨北部的茂密丛林，形成许多小瀑布。夏季季风结束后，水位下降，河底砂岩上的精美雕刻便全部显现，十分壮观。

这些雕刻中反复出现的林伽（lingam）和约尼（yoni）的几何图案，代表了印度教神湿婆（Shiva）和女神夏克提（Shakti），其他的一些雕刻则描绘了毗瑟挐（Vishnu）、梵天（Brahma）、拉克希米（Lakshmi）和罗摩（Rama）等神，以及一些动物。这片河谷也被称为"林迦雕塑"，可以追溯到11世纪至12世纪，据猜测是为了让河水在流经这些神像时变得神圣。有一条往返3.2千米的步道，从停车场前往这片区域。雕刻所在位置约150米长，建议在每年10月至次年4月之间的旱季游览。

右图：天堂洞的洞口十分狭窄，里面却是一片开阔天地

440

# 天堂洞、黑暗洞和杭恩洞
## 风牙者榜国家公园
越南

在世界最大的岩洞中露营，探索庞大的地下洞穴系统

- **距离**
  不定，以实际情况为准
- **起点**
  峰衙庄（Village of Phong Nha）
- **难度**
  初级至中级
- **建议游览时间**
  旱季：每年12月至次年8月，注意避开雨季，洞穴会因积水而关闭

下图：杭恩洞入口处自然光下的帐篷

风牙者榜国家公园（Phong Nha-Kẻ Bàng National Park）位于越南中部，有着世界上最大的洞穴系统，其中的山水洞（Sơn Đoòng）更是目前世界上最大的单体洞穴。这些洞穴和走廊构成了庞大的地下网络，位于安南山脉（Annamese Mountains）的石灰岩地区，地面则是常年茂密的热带森林。

公园共有500多个洞穴，其中30个对游客开放。天堂洞（Paradise Cave）和黑暗洞（Dark Cave）相对容易，不需要有专业的岩洞经验即可游览。天堂洞的洞口较窄，需要挤一挤才能通过，进去以后便是一个布满钟乳石的巨大的洞穴，路况也比较干燥。探索黑暗洞则需要一些冒险精神，游客将面临乘坐滑索，在泥泞中手脚攀爬，游过冰冷的积水，以及划独木舟前行等挑战。

如果想要来一次不一样的徒步挑战，可以报名参加杭恩洞（Hang Én Cave）的探险之旅，跟随向导探索这座世界第三大洞穴。这条路线首先经过13千米的丛林徒步，到达洞穴入口，在洞口内侧的沙地上搭起帐篷，之后便可以戴上头盔和头灯，跟随向导进入洞穴深处，探索里面一个个巨大的洞室。

第五章 亚洲 **343**

## 441

# 鳄鱼湖
## 吉仙国家公园
越南

游览鳄鱼湖，可以租船在湖中近距离观察，也可以在观景台上保持安全距离

◆ **距离**
往返 8.9 千米，海拔爬升 110 米

◆ **起点**
公园管理处（Park headquarters）

◆ **难度**
初级

◆ **建议游览时间**
旱季：每年 11 月至次年 4 月

右上图：吉仙国家公园里的红颊长臂猿

右下图：租船游鳄鱼湖时，请注意和鳄鱼保持距离

吉仙国家公园（Cát Tiên National Park）保护着越南最大的一片低地热带雨林。越战期间，美军曾在这片土地上投放大量落叶剂，再加上一直持续到 20 世纪 90 年代的树木砍伐，这片森林早已伤痕累累，好在后来受到国家公园的保护，逐渐恢复。这里生活着一大群长臂猿、叶猴、亚洲象、云豹和马来熊，还有 1600 多种植物，这个数字在整个东南亚地区几乎无人能及。

这座国家公园也曾经保护着越南境内最后一群爪哇犀，这群犀牛丁 1992 年在这片地区被发现，遗憾的是，2011 年被宣布灭绝。由于过度捕猎，暹罗鳄也曾险些遭此厄运，幸而经过人工饲养和放生，使暹罗鳄的数量得以回升。

鳄鱼湖（Crocodile Lake）是这座国家公园里最大的湖泊，湖里栖息着超过 200 只野生鳄鱼。有一条往返 8.9 千米的步道通往湖边，游客可以在观景台上和这些鳄鱼保持安全距离，在鳄鱼的家门口观察它们的一举一动，也可以租船在湖内游览，但是鳄鱼有时会发起攻击，请注意和它们保持距离。这些爬行动物在清晨和傍晚时分最为活跃，可以在这些时候前来观察。湖边的游客中心可以提供住宿服务，请于出发前在公园管理处预订。

## 442

### 番西邦峰
**黄连国家公园**
越南

番西邦峰（Mount Fansipan）海拔 3147 米，是黄连山脉（Hoàng Liên So'n range）的主峰，也是中南半岛上最高的山峰。登顶步道单程 9.7 千米，海拔爬升超过 1300 米，山路陡峭，十分辛苦，非常考验登山者的腿部力量和肺活量。下山时可以沿原路返回，也可以搭乘缆车。山下的缆车站位于沙坝镇（Sa Pa）附近的孟化谷（Mu'ò'ng Hoa Valley），为游客上下山提供了便利。

## 443

### 长叶竹柏林
**吉婆国家公园**
越南

吉婆群岛（Cát Bà Archipelago）共由 367 座岛屿组成，吉婆岛（Cát Bà Island）是其中最大的一座，而这座国家公园几乎将吉婆岛完整覆盖。园中最为著名的景点是下龙湾（Hạ Long Bay），这是一片有着数千座小岛的水域，是石灰岩经海水侵蚀后形成的喀斯特地貌。俯瞰这座公园最好的视角位于御林峰（Ngư' Lâm Peak），海拔 520 米，登顶步道往返 2.9 千米，途中穿过茂密的丛林，较为陡峭。沿途注意寻找野生动物，幸运的话可以看到白头叶猴，这种灵长类动物目前在全球极度濒危。

## 空中步道
**槟城国家公园**
马来西亚

　　这座公园坐落在一座岛屿之上，树木繁茂，蔽日遮天。园内的"空中步道"给游客提供了不一样的徒步体验。这条步道虽然只有 250 米长，但是悬于茂密的树冠之中，距离地面 15 米高。为了保护这些树木，步道的建造仅使用了软绳，没有使用任何钉子、螺栓或螺丝。步道主要由木板搭建，用绳索和绳网固定，悬于树间。成人和儿童均可挑战，但是如果恐高的话，最好还是不要勉强。

## 猴滩灯塔
**槟城国家公园**
马来西亚

　　槟城国家公园（Penang National Park）是马来西亚最小的国家公园，很多独特的景点都集中在不到 25 平方千米的范围内。在槟岛（Penang Island）的西北端，有着美丽的海滩以及以生物多样性而闻名的原始雨林。从国家公园的直落巴巷（Teluk Bahang）入口出发，有一条往返 9.7 千米的步道，沿着海岸线，前往有着"猴滩"之称的直落杜央（Teluk Duyung）。这里生活着长尾猕猴、威武的白腹海雕，还有在附近可拉竹海滩（Kerachut Beach）上产蛋的绿海龟。猴滩的海水十分宁静，而且是岛上唯一没有水母蜇人的海滩，非常适合游泳。游完泳再爬个小山，步行 800 米，到姆卡角灯塔（Muka Head Lighthouse）打卡。这座灯塔历史悠久，如今已不再使用，但塔身上的瞭望台仍然是一处远眺海景的绝佳之地。

下图：登上猴滩的姆卡角灯塔，欣赏槟岛的动人海景

## 特里瑟克山
**塔曼尼加拉国家公园**
马来西亚

塔曼尼加拉（Taman Negara National Park）是马来西亚正式成立的第一座国家公园，保护着地球上最古老的一片落叶雨林。这片茂密的热带雨林有着超过 1.3 亿年的历史，可以追溯到白垩纪，恐龙曾是这片丛林的主人。特里瑟克山（Bukit Teresek）海拔 334 米，登顶步道从公园管理中心出发，往返 3.2 千米。一路攀登，冲出茂密的森林，从开阔的山顶俯瞰这个失落的世界，仿佛是翼指龙在高空盘旋时的视野。如果天气晴朗，还可以看到马来半岛（Malay Peninsula）上的最高峰大汉山（Gunung Tahan）。

下图：特里瑟克山步道上的雨林风景

348　行走世界：500条国家公园徒步路线

## 447

# 甲巴央大溶洞
## 塔曼尼加拉国家公园
马来西亚

一顶帐篷，一次溶洞露营，一场不一样的徒步之旅

◆ **距离**
往返17.7千米，通常在岩洞中露营一晚

◆ **起点**
瓜拉大汉镇

◆ **难度**
中级

◆ **建议游览时间**
每年3月至9月

左图：在甲巴央大溶洞中搭帐篷露营

下图：极度濒危的马来亚虎，栖息在塔曼尼加拉国家公园的丛林之中

马来半岛的主要地质构成是石灰岩，其主要成分易溶蚀，随着时间的推移，形成洞穴系统。有一条往返17.7千米的路线，从位于瓜拉大汉镇（Kuala Tahan）的公园管理中心出发，徒步穿越茂密泥泞的丛林，前往甲巴央大溶洞（Kepayang Besar Caves）。这片丛林中栖息着一小群马来亚虎，属于极度濒危的物种。这些大型猫科动物以鹿和野猪为食，一般不会对人类构成威胁。

甲巴央大溶洞的入口看似很小，里面却别有洞天。游客可以在洞底平坦的沙地上露营，但是一定要使用帐篷，因为这里也是一些啮齿动物、蝙蝠和蛇的"卧室"。附近还有一座相对较小的甲巴央小溶洞（Kepayang Kecil）。

戴着头灯在洞穴中探险时，可以留意一下穴壁上黑眉锦蛇。这种蛇类身材细长、身手敏捷，常在穴壁上爬行，捕食老鼠和蝙蝠，有时甚至能腾空捉住这些会飞的哺乳动物。不过这种蛇对人类不具有攻击性，通常被人们当作宠物饲养。

第五章 亚洲 **349**

**448**

## 利基营地红毛猩猩徒步
### 丹戎普丁国家公园
印度尼西亚

利基营地研究站（Camp Leakey Research Station）成立于1971年，以著名的古人类学家路易斯·利基（Louis Leakey）命名，位于婆罗洲岛（Island of Borneo），旨在研究和保护红毛猩猩、长鼻猴和其他灵长类动物。抵达这处营地本身就是一次冒险，需要乘船在库迈河（Kumai）和塞科尼尔河（Sekonyer）上行驶2个小时。站内不允许过夜，不过有一些旅游公司提供船上的住宿服务。

研究站的主要工作是救助红毛猩猩，它们有的被非法捕捉出售，有的由于砍伐原始森林、改种棕榈树而被迫失去家园。游客可以在喂食站观察这些猩猩，也可以报名参加徒步活动。徒步距离为6~7千米，可跟随向导深入森林，前往已知观察点，寻找红毛猩猩。此外，这里还栖息着太阳熊、野猪和箭猪等野生动物，它们也有可能露面。云豹也生活在这里，但是很少见到。

左图：利基营地研究站里一只带着幼崽的红毛猩猩

右图：帕达尔岛上没有科莫多巨蜥

## 449

### 塞梅鲁火山
**婆罗摩－登格尔－塞梅鲁国家公园**
印度尼西亚

塞梅鲁火山（Mount Semeru）是爪哇岛（Island of Javaon）的最高点，海拔 3676 米。1967 年以来，这座火山几乎一直处于活跃状态，每隔几个月就会发生一次小规模喷发，每次喷发可以看到山顶上空悬浮着一团灰色的烟云。

频繁的喷发也会导致步道经常关闭。出发前，请先在公园管理中心查看当前的火山活动情况。徒步者一般会从拉努帕尼镇（Ranu Pani）出发，沿着北坡攀登，历经 2~3 天登顶。这条登顶路线往返 32.2 千米，海拔爬升超过 2400 米。经过一连串陡峭的"之"字形山路，山顶壮观的景色就是最好的奖赏。

## 450

### 帕达尔岛
**科莫多国家公园**
印度尼西亚

科莫多巨蜥是世界上最大的蜥蜴。一只成年的科莫多巨蜥体长可达 3 米，可以猎杀一些大型动物，比如鹿，甚至人类，无疑是让人闻风丧胆的顶级掠食者。科莫多岛（Komodo Island）是这座国家公园里最大的岛屿，岛上生活着大约 1700 只科莫多巨蜥，还有几千只分散在其他 29 座岛上。不过也不用过于担心，这座公园里的最佳徒步路线位于帕达尔岛（Padar Island），而这里是园内唯一没有科莫多巨蜥的主要岛屿。这条路线往返 3.2 千米，路程不长，却较为陡峭，终点是一处绝佳的观景台，可以俯瞰这座岛上的 3 个海湾，每一个都是碧海蓝天交相呼应，但是分别搭配了白色、粉色和黑色的沙滩。

第五章　亚洲

# 克里穆图山
## 克里穆图国家公园
### 印度尼西亚

清晨，赶在云雾笼罩之前，欣赏会变色的火山湖

◆ **距离**
往返 2.4 千米，海拔爬升 90 米

◆ **起点**
克里穆图国家公园停车场

◆ **难度**
初级（有台阶）

◆ **建议游览时间**
旱季：每年 5 月至 10 月

弗洛勒斯岛（Flores Island）的克里穆图山（Mount Kelimutu）有三座火山湖，不仅颜色各异，还经常会变色。这是由于火山活动影响湖水中矿物质的化学反应，湖水的颜色便会随之改变。这三座火山湖分别来自三个独立的地下水系统，也因此有着各自专属的调色盘。

其中，最西侧的是"老人湖"（Tiwu Ata Bupu）通常呈蓝色。另外两座"青年湖"（Tiwu Ko'o Fai Nuwa Muri）和"幽灵湖"（Tiwu Ata Polo），分别呈绿色和红色。这些名称来自里奥人的传统信仰，他们相信人在去世以后，灵魂会在此安息。湖岸上经常可以看到食物、信物等祭祀物品。

游客可以从莫尼村（Moni）前往国家公园。到达公园的停车场后，有一条 1 千米左右的休闲步道，爬上一段台阶，便可以到达"灵感角"观景台（Inspiration Point），欣赏三座火山湖的美景。很多游客也会来此观看日出，但是一定要耐心一些，等到阳光洒在湖面上，激发出它们最鲜艳的色彩。

上图：克里穆图国家公园里变色的火山湖

## 452

### 地下河
**普林塞萨港地下河国家公园**
菲律宾

圣保罗地下河（Saint Paul's Un-derground River）是世界第二大地下河，位于巴拉望岛（Palawan）北岸中部。有一条往返3.2千米的步道，从沙邦镇（Sabang）出发，穿过丛林，前往地下河的入口。走在丛林里，要留意周围的野生动物。这里生活着250多种鸟类，还有长尾猕猴、巴拉望须猪和巴拉望豪猪等多种哺乳动物。

到达入口后，游客可以跟随向导，乘船进入洞内游览。巴拉望岛主要由石灰岩构成，经过卡巴尤甘河（Cabayugan River）的冲刷，形成这座长达8千米地下河岩洞，洞内地势起伏，河水流经这些高度落差时形成地下瀑布。游船从河口出发，向上游航行4.3千米，途经多个布满钟乳石的大型洞穴。

第五章 亚洲 **353**

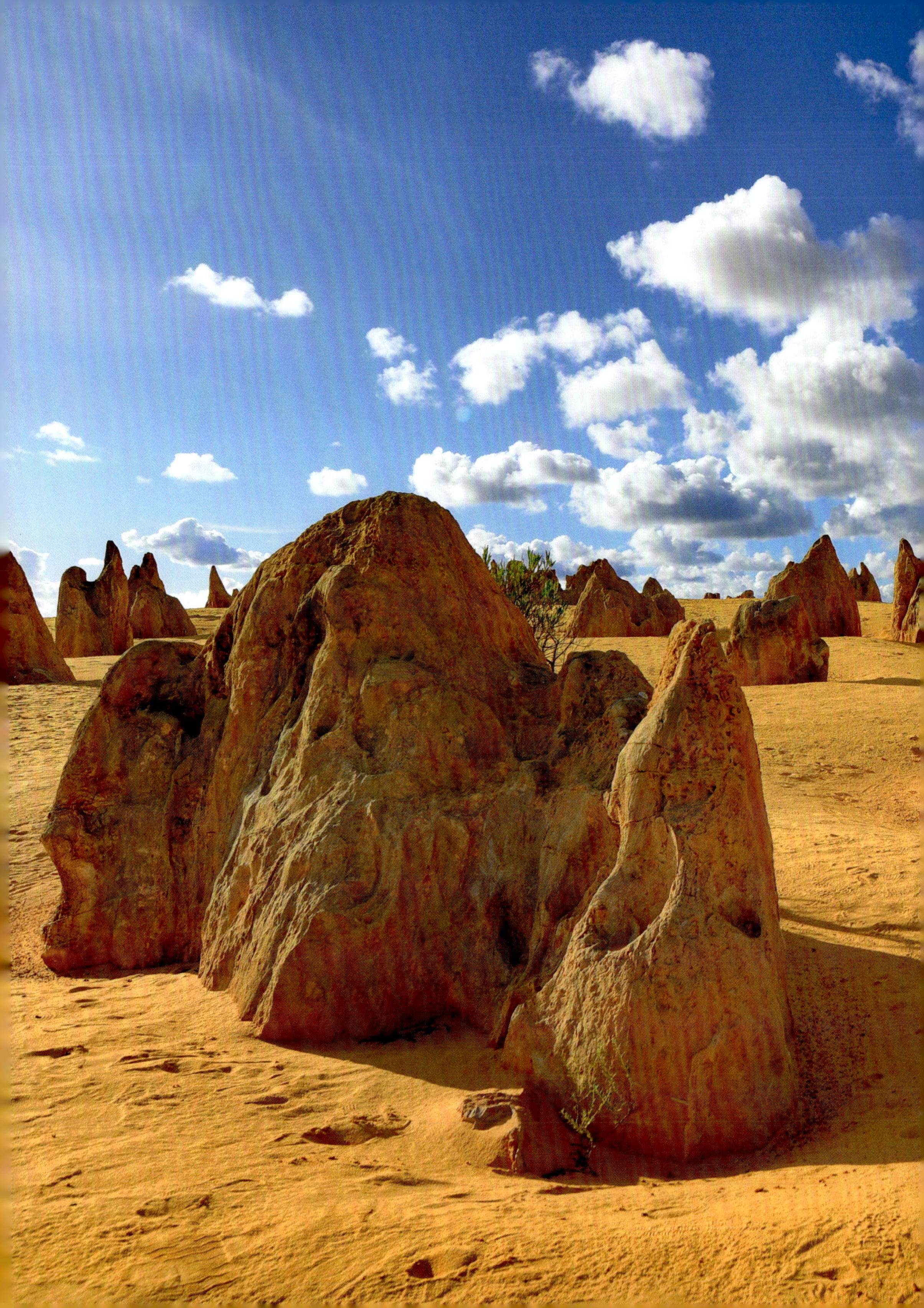

# 第六章
# 大 洋 洲

探索有着600多座国家公园的澳大利亚，打卡新西兰的经典徒步路线，穿梭于南太平洋各个岛屿之间，领略大洋洲的独特魅力。

### 453

# 乌比尔原住民艺术画廊
## 卡卡杜国家公园
### 澳大利亚

在历史的艺术长廊漫步，欣赏岩壁上刻画的人物、动物、几何图形和抽象图案

◆ **距离**
环线长 1.9 千米，到观景台海拔爬升 250 米

◆ **起点**
位于乌比尔路的步道入口（Trailhead on Ubirr Road）

◆ **难度**
初级：环线主路可无障碍通行

◆ **建议游览时间**
全年开放

下图：途中沿岔路前往观景台，欣赏纳达布湿地的美景

在卡卡杜国家公园（Kakadu National Park）成立以前，人类已经在这些错综复杂的岩石间生活了至少 2 万年，其间也在岩壁和岩顶上留下了许多画作。对于曾经生活在这里的人来说，绘画这种行为本身，要比最终呈现的画作更为神圣，因此每过一段时间，原来的画作就会被新的画作所覆盖，好像是一张画了很多层的画布。如今，乌比尔岩画被认为是世界上历史最悠久、覆盖范围最广的原住民艺术遗迹。

园内有一条长 1.9 千米的休闲步道，途经三处主要的遗迹，是附近岩画最为集中的三个地方。另外还有一条岔路，路况相对陡一些，可以前往一个观景台，俯瞰周围的纳达布湿地（Nadab Wetlands）以及公园著名的长断崖。这些岩画以红色为主，这是因为由含铁矿石制成的红色颜料更为持久，而比红色淡一些的橙色、黄色，甚至白色的颜料则容易掉色。游览时可以仔细观察这些岩画，但是请一定不要触摸，因为我们手上的油污会对这些原始艺术造成严重的损害。

根据《1976 年原住民土地权利法案》（the Aboriginal Land Rights Act of 1976），卡卡杜国家公园内有大约一半的土地归原住民所有。如今，这里由原住民和国家公园共同管理，并且由澳大利亚国家公园管理局协助管理。

356　行走世界：500 条国家公园徒步路线

### 454

## 吉姆吉姆瀑布
**卡卡杜国家公园**
澳大利亚

吉姆吉姆河（Jim Jim Creek）从 200 米高的悬崖跌落，造就了卡卡杜国家公园里最大的瀑布。前往瀑布下方的水潭，有一条往返 1.9 千米的步道，路程不长，但是途中需要爬过一些大石头。此外，欣赏这座瀑布还得发挥一点想象力，因为公园的这片区域并不是全年开放，等到周围的道路足够干燥，可以通行的时候，瀑布可能也已经干涸。尽管如此，可能也没人想铤而走险、涉水前行，毕竟这里是鳄鱼的领地！这里生活着许多淡水鳄和咸水鳄，而咸水鳄是世界上最大的爬行动物，体长可达 6 米，并且还会攻击人类。

左图：卡卡杜国家公园里的原住民岩画遗迹

第六章　大洋洲　**357**

## 455

# 教堂峡谷步道
### 波奴鲁鲁国家公园
澳大利亚

班古鲁班古鲁山脉（Bungle Bungle Range）的这个名字十分有趣，这里是世界上唯一能够找到这种"班古鲁"地貌的地方。这是一种形似蜂巢的锥形圆顶砂岩，由于岩层中的黏土含量和疏松度不同，从侧面可以清晰地看到两种颜色的岩层呈条纹交替分布。其中，深色的岩层质地较疏，里面的藻青菌可以受到水分的滋养，在沉积的过程中将岩层染色；而橙色的岩层含有铁氧化物，藻青菌不能在此生长，岩层因此沉积为橙色。随着时间的推移，这片砂岩被侵蚀形成峡谷沟壑。教堂峡谷步道（Cathedral Gorge Trail）往返4千米，沿着峡谷进入一个红色的穹顶岩洞，好像一座圆形的剧场。这里的音响效果也的确出色，曾经举办过音乐会。

下图：教堂峡谷步道上的岩洞剧场

### 456

## 莫斯曼峡谷雨林环线
**丹翠国家公园**
澳大利亚

丹翠国家公园（Daintree National Park）坐落于澳大利亚的东北角，由两个部分组成，一侧是莫斯曼峡谷（Mossman Gorge）里茂密的雨林和山间林地，另一侧是苦难角（Cape Tribulation）脚下的海滩和低地雨林。莫斯曼峡谷里的丹翠雨林（Daintree Rainforest）是澳大利亚最大的常绿热带雨林。这条休闲步道环线 3.2 千米，穿过位于雷克斯溪（Rex Creek）和莫斯曼河（Mossman River）交汇处的一片原始森林。途中注意观察鹤鸵，这是澳大利亚一种濒危的鸟类，体型较大，可以长到近 2 米高。这种鸟不会飞，平时比较害羞，但在受到威胁时可能会发起攻击。

### 457

## 魔鬼拇指山
**丹翠国家公园**
澳大利亚

这是一座由花岗岩构成的圆顶巨石山，颜色较暗，形似大拇指。当地的原住民东库库雅拉尼族将其视为神圣之地。他们相信，他们的祖先就是在这里受到神明的指点，学会了钻木取火。想要登顶的话，难度还是比较大的，需要能够在茂密的丛林里辨别方向，找到适合行走的路线，要爬过倒下的树干，在陡峭的山坡上利用植物的根系向上攀爬。全程往返 13.7 千米，海拔爬升 1200 米。到达山顶后，眼前无与伦比的景色，是最好的奖励。这条路线陡峭且湿滑，雨天请不要挑战。另外，这条路线上还有许多水蛭，虽然大多无害，但是也很讨嫌。

### 458

## 纪特布拉古道
**尼特米鲁克国家公园**
澳大利亚

跟随周恩族原住民的脚步，挑战这条从尼特米鲁克峡谷（Nitmiluk Gorge）到乐琳瀑布（Leliyn Falls）的古道。全长 62.8 千米，横跨高原，穿过森林，邂逅瀑布。这条路线通常需要 5~6 天的时间，途中的露营地大多设在水潭、泉眼和瀑布的附近，这些对于周恩族人来说，都是十分神圣的地方，是他们几千年来世世代代经常到访的地方。沿途可能还会发现原住民绘制的岩画。

## 索斯伯恩步道
### 欣钦布鲁克岛国家公园
澳大利亚

在大堡礁最大的岛屿上徒步，领略世界最大的珊瑚礁群

◆ **距离**
32.2 千米，通常需要 3~4 天完成

◆ **起点**
拉姆西湾

◆ **终点**
乔治角

◆ **难度**
中级

◆ **建议游览时间**
全年开放，5 月至 10 月较为干燥凉爽，但是饮用水有限；11 月至次年 4 月饮用水充足，但是天气比较湿热

对页图：欣钦布鲁克岛上有起伏的山丘、蜿蜒的河水和迷人的海景

右图：索斯伯恩步道沿着起伏的海岸线，用足迹勾勒出海滩和海角的形状

大多数游客来到大堡礁都是为了潜水。其实除了潜水，这里也很适合徒步。这条索斯伯恩步道（Thorsborne Trail）全长 32.2 千米，位于昆士兰以东，欣钦布鲁克岛（Hinchinbrook Island）的东海岸。

这条路线由北向南，从拉姆西湾（Ramsay Bay）开始，到乔治角（George Point）结束，单程需要 3~4 天的时间，回程可以搭乘渡轮。沿途设有 7 个露营地，配有环保厕所和防鼠挂钩，旁边还有溪流，可以用来打取饮用水，但是请自行准备滤水器。有些溪流会在 5 月至 10 月干涸，在领取徒步许可证的时候，请务必提前了解当时的水位情况。

徒步途中还会遇到一些适合游泳的海滩和溪流，但一定要注意水中那些看着像浮木的东西，很有可能是栖息在这里的鳄鱼。

## 460

## 白天堂海滩
**圣灵群岛国家公园**
澳大利亚

白天堂海滩（Whitehaven Beach）约7千米长，这里的沙子洁白细腻，二氧化硅含量高达98%。据说哈勃望远镜的镜片就是用这些沙子制造的，但美国航空航天局（NASA）并未证实。不过这些沙粒也给游人带来了烦恼，它们太小了，一不小心就进到手机、手表和各种边边角角。相较于其他沙滩，这些白色的沙子不太吸热，光着脚走在上面十分享受。不过在接下来的徒步中，最好还是穿上鞋子。这条步道长3千米，从希尔湾观景台（Hill Inlet Lookout）走到香槟海滩（Champagne Beach）的尽头，时而沐浴阳光，时而绿树成荫，是海滩散步的完美补充。

## 461

### 帕萨吉峰
**圣灵群岛国家公园**
澳大利亚

帕萨吉峰（Passage Peak）是圣灵群岛的最高点，在黎明前登顶，可以收获一场辉煌的日出。不过倒也不用太早出发，这条登顶步道往返 5.1 千米，海拔爬升 270 米，一般 1 小时以内即可到达山顶。除了观赏日出，还可以俯瞰圣灵群岛，以及旁边的大堡礁和珊瑚海（Coral Sea）。这片海域十分平静，每年 5 月至 9 月之间，座头鲸会聚集于此，在这里产下并抚育幼崽。

## 462

### 尖峰石阵观景步道
**南邦国家公园**
澳大利亚

在澳大利亚西南部，南邦河（Nambung River）上演了一场精彩的消失术，它钻进一座地下的石灰岩洞穴，留下一片干旱的沙漠景观。石灰岩出现在干旱的沿海地区，本就是个非常少见的组合，而这里还形成了数千个石灰岩尖峰，像墓碑一样矗立在荒漠之中。这条步道长 5.3 千米，穿梭于尖峰石阵之间，领略这片超现实的地貌。

下图：尖峰石阵中的岩石千姿百态、身材各异

上图：纳多鲁列斯角的灯塔矗立在海角步道的尽头

## 海角步道
### 露纹—纳多鲁列斯国家公园
澳大利亚

  这座国家公园沿着露纹—纳多鲁列斯山脊（Leeuwin-Naturaliste Ridge）而建，两端分别是露纹角（Cape Leeuwin）和纳多鲁列斯角（Cape Naturaliste）。海角步道全长122千米，覆盖了这整条山脊。这里除了著名的海景和海滩，还有成荫的树林和葡萄园，为这次沿海徒步增添了几分不一样的元素。有些旅行社还会提供"品酒专线"，除了这条常规路线，还会专门去旁边的葡萄园品味一番。

# 乌鲁鲁巨石步道
## 乌鲁鲁—卡塔丘塔国家公园
### 澳大利亚

跟随"乌鲁鲁"的召唤，到澳大利亚内陆，探访6亿年前形成的长石砂岩巨石

◆ **距离**
环线11千米，海拔爬升195米

◆ **起点**
乌鲁鲁西侧的步道入口

◆ **难度**
中级

◆ **建议游览时间**
全年开放，5月至9月天气较为凉爽

右上图：在乌鲁鲁底部徒步游览，是对当地文化的尊重

右下图：乌鲁鲁是澳大利亚一处重要的景观

"乌鲁鲁"（Uluṟu）是世界上最大的单体岩石，高348米，看似只是一个独立的岩体，但其实在其西侧40千米以外，还矗立着一座由圆顶岩石组成的岩体"卡塔丘塔"（Kata Tjuṯa）。两处岩体共同构成了这一地区的完整景观。

乌鲁鲁和卡塔丘塔吸引着沙漠旅行者到访这片辽阔的干旱之地，为他们提供荫凉、泉水和天然掩体。乌鲁鲁和卡塔丘塔对当地的原住民意义非凡，他们在这里生活了数千年，许多神话和传说都和这些岩石有关。如今，有将近450名阿南古族人在这附近居住，具体的人数会根据月份和外部活动有所浮动。这些原住民对国家公园的管理发挥着重要的作用。

攀登乌鲁鲁对原住民的信仰是一种冒犯，因此在2019年被全面禁止。如今，游客可以在乌鲁鲁底部徒步，这是在尊重原住民的前提下，游览乌鲁鲁最好的方式。这条步道环线长11千米，绕乌鲁鲁底部一周，沿途可以欣赏岩室中的壁画、穆迪丘鲁水潭（Mutitjulu Waterhole）以及成片的金合欢树。此外，还有由阿南古护林员带队的徒步活动，听原住民分享乌鲁鲁给他们带来的古老智慧，以及关于乌鲁鲁的创世传说。

**465**

## 风之谷步道
**乌鲁鲁—卡塔丘塔国家公园**
澳大利亚

卡塔丘塔对于阿南古族人来说也同样神圣。卡塔丘塔由36块圆顶砂岩组成，其最高点奥尔加山（Mount Olga）比乌鲁鲁还要高203米，十分壮观。这条步道长7.4千米，可以探索卡塔丘塔的北缘，途中会登上两个观景点，还要穿过两块巨石之间的狭窄的缝隙，这处缝隙便是"风之谷"（Valley of the Winds）。

## 鳄鱼峡谷
**卓越山国家公园**
澳大利亚

在澳大利亚的某些地区，人们要警惕来自鳄鱼的威胁，不过在鳄鱼峡谷（Alligator Gorge），反而不用那么紧张。游客在这里可能见到的最大的爬行动物是巨蜥，这种蜥蜴虽然体型较大，但是对人类不构成威胁。鳄鱼峡谷比较狭窄，两侧是红色的石英砂岩壁，直上直下，触手可及。游客可以借助一段陡峭的楼梯，下到峡谷底部，开始沿着鳄鱼溪（Alligator Creek）徒步。朝着上游的方向，这条溪流曾经的杰作在步道两侧徐徐展开。漫长的岁月里，鳄鱼溪在两侧的岩石上刻画出纵横沟壑、荡漾碧波，数百万年如一日，才有了今天的峡谷景观。这条步道环线长2.4千米，走到峡谷的尽头后，可以继续跟随路标走出峡谷，从峡谷外面绕回到起点，或者也可以原路返回，再次欣赏大自然的鬼斧神工。

左图：鳄鱼峡谷最窄的路段仅有1.8米宽，持续约150米

### 467

## 卓越山登顶环线
**卓越山国家公园**
澳大利亚

虽然周围的桉树让卓越山（Mount Remarkable）山顶的视野十分受限，但是卓越山还是非常值得一爬的，因为沿途的每一次转弯，都是一幅超广角全景，而且还不用走回头路。游客可以从梅尔罗斯镇（Melrose）出发，经过 600 米左右的爬升到达山顶，而后再顺着另一条路线下山，整条环线共计 13.8 千米。建议沿南线上山、北线下山，可以欣赏到这条步道上的最佳风景。

下图：卓越山登顶步道上的风景

# 袋鼠岛
## 弗林德斯·蔡斯国家公园
澳大利亚

森林大火中惨遭重创,袋鼠岛劫后重生

◆ **距离**
61千米,通常需要5天完成

◆ **起点**
国家公园游客中心

◆ **终点**
凯利山岩洞(Kelly Hill Caves)

◆ **难度**
中级

◆ **建议游览时间**
3月至11月

下图:袋鼠岛因这些有袋的好奇宝宝而得名

2019—2020年的一场大火横扫袋鼠岛(Kangaroo Island),让这座澳大利亚第三大岛惨遭重创,超过一半的土地遭受了毁灭性的影响,2016年新建的袋鼠岛荒野步道(Kangaroo Island Wilderness Trail)也未能幸免于难。这条步道全长61千米,火灾发生后更名为"袋鼠岛荒野步道之灾后重生"(Kangaroo Island Wilderness Trail—Fire Recovery Experience),重新开放。

为了保护这里依然脆弱的生态环境,目前对游客实施人数限制,徒步者需要提前通过持牌的旅行社预订行程。这条路线一般需要5天完成,白天徒步,晚上在附近的旅店过夜。需要注意的是,这条路线上没有饮用水设施。

袋鼠岛上的风景十分优美,这次徒步更是可以亲眼见证这里的生态环境如何进行自我修复。灾后一年,就已经可以看到有绿芽从焦灼的土壤中探出头来,奋力生长,带来希望。由于岛上的植被尚未恢复,视野比平时更为开阔,因此也更有机会看到袋鼠、考拉、小袋鼠、巨蜥和针鼹等动物。这座国家公园正在资助一个全民科学项目,有科学家在此研究岛上野生动植物的恢复情况,游客则可以和这些科学家分享自己在岛上的观察和思考。

## 469

### 杰克角鹈鹕观赏步道
**库荣国家公园**
澳大利亚

扬哈斯本半岛（Younghusband Peninsula）是一条狭长的沙丘带，沿阿德莱德（Adelaide）以南的海岸线延伸近110千米，两侧分别是库荣湖（Coorong Lagoon）和南大洋（Southern Ocean）。这片湿地滋养着多种鸟类和海洋生物，有了墨累河（Murray River）巨大水量的加持，即使是在极度干旱的季节，这个河口也依然能保持湿润，是200多种鸟类重要的栖息地。有一条往返约1千米的步道，可以前往杰克角（Jack Point）的观景点。借助望远镜，还可以看到近海的一些小岛。这些小岛为鹈鹕的繁育提供了场所，是全澳最大的繁殖地。这种鸟类通常在6月至11月繁育后代，每次产卵两枚，但是最终只将更为强壮的那只雏鸟养大。

上图：袋鼠岛上的"神奇岩石"（the Remarkable Rocks）

下图：袋鼠岛上的木栈道，连接了各处景点

## 470

### 戈维特崖观景台
**蓝山国家公园**
澳大利亚

　　蓝山国家公园（Blue Mountains National Park）坐落于悉尼西侧的近郊，是离市区最近的可以看到野生袋鼠的地方。这里有着茂密的桉树林，其挥发出来的油性物质将阳光折射成蓝色，好像一团蓝色的薄雾，环绕在这片山间，"蓝山"这个名字由此而来。公园里有四条主要河流，当然也就少不了壮观的瀑布。有一条往返 1.6 千米的休闲步道，可以前往观景台，欣赏这座 180 米高的戈维特崖瀑布（Govetts Leap Falls）。

## 471

### 蓝鱼步道
**悉尼海港国家公园**
澳大利亚

　　澳大利亚共有 681 座国家公园，其中悉尼海港国家公园（Sydney Harbour National Park）位于悉尼市区，无须舟车劳顿即可体验。这座公园保护着港口周围 4 平方千米的区域，背靠杰克逊港湾（Port Jackson Bay），可以欣赏到悉尼歌剧院、悉尼海港大桥等地标性建筑。这条蓝鱼步道长 11.3 千米，漫步于曼利半岛（Manly Peninsula）的海港和海滨之间，可以看到各式的建筑、繁忙的港口、漂亮的海景，了解原住民、早期殖民和战争的历史，还可以观赏野生动物，各种体验十分丰富。

上图：一股细流从悬崖顶部跌落，形成戈维特崖瀑布

## 472

## 澳大利亚山脉徒步
**科修斯科国家公园**
澳大利亚

这条史诗级的步道全长 655 千米，沿着澳大利亚最高的山脉，即澳大利亚山脉（Australian Alps），穿越堡宝山（Baw Baw）、阿尔卑斯山（Alpine）、科修斯科（Kosciuszko）、纳玛吉（Namadgi）和布林达贝拉（Brindabella）5 座国家公园。整条路线不会途经任何城镇，所以需要提前在步道沿途放好食物，或者安排人手在指定的补给点会合。这条路线一般会分段进行，每次完成一座国家公园内的挑战。海拔 2228 米的科修斯科山（Mount Kosciuszko）是整条路线上的最高点，也是澳大利亚的最高点。想要登顶的话，可以先在斯雷德博滑雪场（Thredbo）乘坐科修斯科线缆车（Kosciuszko Express）上山，之后有一条往返 12.9 千米的步道，前往科修斯科山顶。在七大洲的最高峰中，科修斯科山可以说是最简单的一座。

# 大洋路步道
## 大奥特韦国家公园
澳大利亚

走最安全的路，欣赏最危险的海岸

◆ **距离**
105 千米，一般需要 8 天完成

◆ **起点**
阿波罗湾

◆ **终点**
坎贝尔港

◆ **难度**
高级：地形起伏较大，海水涨潮有风险

◆ **建议游览时间**
全年开放，夏季较炎热，需要携带潮汐表

右上图：大洋路步道在十二使徒岩附近结束

右下图：伦敦大桥岩位于坎贝尔港附近

大洋路（Great Ocean Road）是一条滨海公路，一路上风景优美。全长 243 千米，往返于托尔坎（Torquay）和亚伦斯福特（Allansford）之间。这条公路上景点众多，比如坎贝尔港国家公园（Port Campbell National Park）里的十二使徒岩（Twelve Apostles），它们是矗立在近海区域的 12 根石灰岩海蚀柱。还有让航海人不愿踏足的"沉船海岸"（Shipwreck Coast），这段位于奥特韦角（Cape Otway）和仙女港（Port Fairy）之间的海岸危机四伏，据说历史上有 600 多艘船只因大风和暗礁在此沉没。

大洋路步道全长 105 千米，可以安全地游览这片崎岖的海岸。步道从阿波罗湾（Apollo Bay）一直延伸到格伦艾普农庄（Glenample Homestead），在十二使徒岩附近结束。沿途的露营地配备有防风亭和卫生间。一路上跟随路标，时而登上高耸的悬崖，时而下到金黄的沙滩。提前准备一张潮汐表，涨潮时海浪会直接拍在悬崖上，千万不要在这个时候被困在沙滩上。

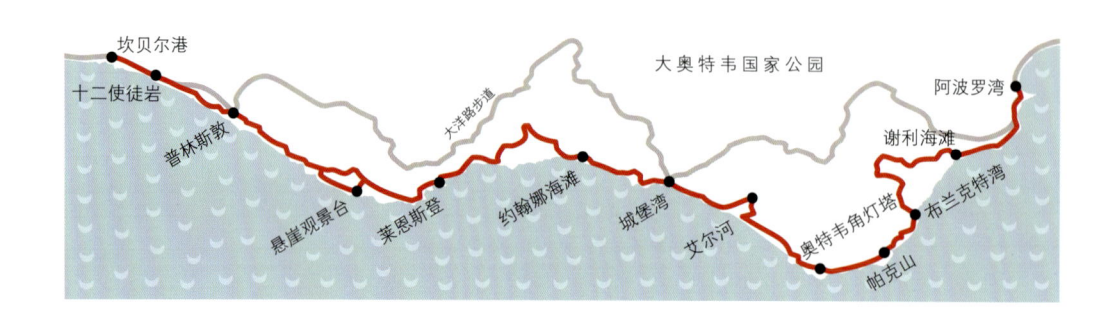

### 474

## 魔法森林
**摇篮山—圣克莱尔湖国家公园**
澳大利亚

这座国家公园比较偏远，位于塔斯马尼亚岛（Tasmania）中部的高地，有着许多独特的物种。这条步道环线长1千米，在长满苔藓的温带雨林里穿行，一定会看到一些从未见过的植物，甚至还可能看到一些野生动物，比如袋熊、长鼻袋鼠和红颈袋鼠等有袋动物。步道旁边还安置了人造隧道，用来模拟袋熊的洞穴，小朋友可能会喜欢寻找这些人造洞口。步道的前半程可无障碍通行。

第六章 大洋洲 **373**

### 475

## 马里昂观景台
**摇篮山—圣克莱尔湖国家公园**
澳大利亚

英国广播公司（BBC）在拍摄纪录片《与恐龙同行》（*Walking with Dinosaurs*）时，看中了这里酷似中生代时期的景象，将其选作取景地。这条步道长9.2千米，途经摇篮山（Cradle Mountain）旁边的三座高山湖。建议沿逆时针方向徒步，首先来到火山口湖（Crater Lake），然后继续爬升，抵达海拔1223米的马里昂观景台（Marion's Lookout），从这里可以眺望公园里四周的风景。在下山的途中再游览另外两座湖泊，最终回到起点。

# 摇圣徒步道
## 摇篮山—圣克莱尔湖国家公园
### 澳大利亚

沿着原住民的古道，穿越摇篮山，不过要做好天气骤变的准备

◆ **距离**
单程64.4千米，通常需要5~7天完成

◆ **起点**
罗尼溪（Ronny Creek）

◆ **终点**
圣克莱尔湖

◆ **难度**
中高级：天气难以预测

◆ **建议游览时间**
10月至次年6月

左上图：摇圣徒步道曾是原住民的古道

左下图：摇篮山在鸽湖（Dove Lake）中的倒影

　　这条步道单程64.4千米，从摇篮山到圣克莱尔湖（Lake St. Clair），连接了这座国家公园里的两个主要景点。据说这条路线是一条古道，也是大河族和北部族这两个原住民部落之间的边界，这两个部落曾在这片山区生活了数千年。

　　这条路线每年10月至次年6月比较繁忙，所有游客必须按照由北向南的方向徒步。除了主路以外，还有很多支路，游客可以在行程中自行安排组合。比如有一条3.7千米的步道，可以近距离游览摇篮山，还有一条17.7千米的步道，可以沿圣克莱尔湖的湖岸而行。沿途有多个徒步驿站，游客可以提前预订床位，也可以搭帐篷露营，但是仍需支付床位费。

　　这条路线最大的挑战就是说变就变的天气。夏季有可能会遇上特大暴雨，而全年都有可能遇上降雪。另外，由于夏季比较干燥，还要当心森林火灾。这条路线冬季也开放，而且由于是淡季，游客可以自行选择徒步的方向，但是要为严寒和暴风雪做好准备。

## 477

### 哈泽德海滩和酒杯湾
**菲欣纳国家公园**
澳大利亚

菲欣纳国家公园（Freycinet National Park）是塔斯马尼亚岛上最古老的国家公园，保护着菲欣纳半岛（Freycinet Peninsula）的大部分区域。这座半岛从塔斯马尼亚的东海岸延伸出去，崎岖的海岸线主要由粉红色花岗岩构成，里面含有大颗的钾长石晶体，闪闪发光，十分漂亮。坐落于科尔斯湾（Coles Bay）和酒杯湾之间的哈泽德山脉（Hazards）将这些石头的精美展现得淋漓尽致。这条步道环线 11.3 千米，顺时针环绕哈泽德山脉中的梅森山（Mount Mayson），除了可以欣赏到绝佳的海景，还可以在桉树林里穿行，或是下到沙滩上，凉凉快快地游个泳。

## 478

### 阿莫斯山
**菲欣纳国家公园**
澳大利亚

在科尔斯湾和酒杯湾之间的哈泽德山脉中，有一座阿莫斯山（Mount Amos），海拔 454 米，其山顶是欣赏酒杯湾风景的最佳位置。登顶步道往返 4 千米，海拔爬升 400 米，路况较陡，还需要爬过许多大石头。粉红色花岗岩中大粒的晶体非常锋利，建议穿长衣长裤、佩戴手套。如果赶上下雨的话，请不要上山，这些岩石沾水后会很滑，非常危险。不过幸运的是，这座公园一年中至少有 300 个晴天。

下图：从阿莫斯山顶俯瞰酒杯湾的美景

### 479

## 非凡洞穴步道
**塔斯曼国家公园**
澳大利亚

塔斯曼国家公园（Tasman National Park）覆盖了福雷斯蒂尔半岛（Forestier Peninsula）和塔斯曼半岛（Tasman Peninsula）以及整个塔斯曼岛（Tasman Island）。这座国家公园里最著名的是矗立在海水中的石塔，其主要成分是柱状玄武岩，这是一种在冷却时会自然开裂成柱状的火山岩。这些柱状岩石在海水和海风的作用下，会逐渐形成石塔、石拱，甚至岩洞。

这条步道只有几百米，沿着海滩去往一座由海浪在悬崖上开出的洞穴。请提前计算好时间，退潮的时候可以进到洞内游览。沿途还可能会看到世界上最小的企鹅——小蓝企鹅，以及澳大利亚毛皮海狮。

右图：前往非凡洞穴时，途经烛台岩（the Candlestick）

## 480

# 三海角步道
## 塔斯曼国家公园
澳大利亚

徒步欣赏塔斯马尼亚的海岸线，沿途建有设施完善的徒步驿站

◆ **距离**
46千米，通常需要4天完成

◆ **起点**
亚瑟港

◆ **终点**
福特斯库湾

◆ **难度**
中级

◆ **建议游览时间**
全年开放

这条步道全程近50千米，耗时4天。首先从亚瑟港（Port Arthur）乘船到对面的邓曼斯湾（Denmans Cove），靠岸后开始徒步。先是一片桉树林，然后穿过狭长的皮勒角（Cape Pillar）半岛，一直走到半岛的尽头。皮勒角在此收窄，入海时是一面由柱状玄武岩构成的岩架，薄如刀锋，正对着南边和它隔海相望的塔斯曼岛。沿着步道继续前行，登上这条路线的最高点福特斯库山（Mount Fortescue），然后经过豪伊角（Cape Hauy），最后抵达终点福特斯库湾（Fortescue Bay）。抵达终点后，可以下海畅游一番，然后搭乘下午的班车返回亚瑟港。这条路线上共有3个徒步驿站，提供床位、自来水、燃气灶和卫生间。除了徒步驿站，也可以自带帐篷露营。

这条步道于2015年完工，很快就成为一条非常受欢迎的多日徒步路线。除了途经的皮勒角和豪伊角，其实还有第三座海角——拉乌尔角（Cape Raoul）。这座海角位于亚瑟港西侧，可以单独游览。有一条往返14千米的步道通往拉乌尔角的尽头，单日即可完成，可以当作挑战三海角步道之前的热身。

### 481

### 魔鬼厨房
**塔斯曼国家公园**
澳大利亚

这条步道全长8.9千米，起点位于塔斯曼拱门（Tasmans Arch）。步道紧贴海岸线向南，沿途有一处高耸的崖壁，像是被劈开了一条口子，这里便是"魔鬼厨房"（Devils Kitchen）。这条路线最后来到瀑布湾（Waterfall Bay）的一处观景台，上方是海拔410米的克莱姆斯峰（Clemes Peak）。从海边的悬崖上俯瞰塔斯曼海（Tasman Sea）时，可能会看到座头鲸喷出的水柱。

上图：三海角步道上的绝美海景

左图：塔斯曼国家公园里的柱状玄武岩

第六章 大洋洲

## 482

# 汤加里罗高山穿越
## 汤加里罗国家公园
新西兰

徒步游览《指环王》的拍摄地，回忆影片里的经典镜头

- **距离**
  单程 19.4 千米，海拔爬升 823 米

- **起点**
  曼加特珀珀停车场（Mangatepopo）

- **终点**
  克特塔希温泉（Ketetahi Hot Springs）

- **难度**
  中级

- **建议游览时间**
  夏季和秋季：每年 11 月至次年 4 月
  冬季：需要雪地徒步装备

汤加里罗国家公园（Tongariro National Park）位于新西兰北岛（North Island），是新西兰首座国家公园。1887 年，为了保证这片神圣的土地不会落入欧洲人手中，当地毛利部落同意在此设立保护区，汤加里罗国家公园随之成立。这座公园里的火山地貌十分壮观，是毛利文化中非常重要的组成部分，在当地的传说中流传了数千年。导演彼得·杰克逊（Peter Jackson）曾在这里为电影《指环王》取景，这里的火山地貌高度还原了作家托尔金（J. R. R. Tolkien）笔下的"中土世界"，而原著中的"末日山"（Mount Doom），正是公园里的瑙鲁赫伊山（Mount Ngauruhoe）。

这条步道全长 19.4 千米，可以连续欣赏三座火山，是汤加里罗国家公园里最经典的路线。这三座火山分别是：鲁阿佩胡山（Mount Ruapehu，海拔 2797 米）、瑙鲁赫伊山（海拔 2291 米）和汤加里罗山（Mount Tongariro，海拔 1968 米）。一路上视野开阔，高山景观不断，有固化的熔岩流、热气腾腾的喷气孔，还有多座火山湖和温泉。这座公园里的另一条步道，全长 43.1 千米的汤加里罗北部环线（Tongariro Northern Circuit），在这条高山穿越路线的基础上，绕瑙鲁赫伊山一周，是新西兰十大步道之一。

瑙鲁赫伊山还有一条登顶路线，但现已停止向游客开放。不过也不用太失望，这座火山的坡度很大，而且脚下都是松散的碎石，跌跌撞撞，十分难走。

右上图：汤加里罗高山穿越的下山路段

右下图：到达最高点后，下山途中的"翡翠湖"

## 鲁阿佩胡山火山湖
**汤加里罗国家公园**
新西兰

　　鲁阿佩胡山是新西兰北岛海拔最高的山峰，在靠近山顶的地方有一座火山湖。前往这座火山湖的步道往返11.7千米，海拔爬升约1000米，难度较高，沿途地形较为复杂，需要爬过大块的岩石。为了避免被这些岩石划伤，请穿着结实的登山靴，佩戴手套。"鲁阿佩胡"（Ruapehu）在毛利语中意为"噪声坑洞"或者"爆炸坑洞"，而这座湖底也确实存在火山活动。在1945年和1995—1996年的喷发中，湖水两次被排空，而后降水和融雪又将其蓄满。2007年，湖边发生决堤，湖水外泄，夹裹着火山碎石，一路沿山体滑下，形成火山泥石流，拉响了疏散警报。所幸这次事件没有造成人员受伤，只导致了一些轻微损失。

## 怀努伊瀑布步道
### 亚伯塔斯曼国家公园
新西兰

亚伯塔斯曼国家公园（Abel Tasman National Park）是新西兰最小的国家公园，位于南岛北端，保护着黄金湾（Golden Bay）和塔斯曼湾（Tasman Bay）之间的一片原始海滩。这条步道往返3.2千米，从怀努伊湾（Wainui Bay）出发，穿过长满蕨类的山林，沿着怀努伊河（Wainui River）前往上游的山谷，游览怀努伊瀑布（Wainui Falls）。瀑布高20米，从花岗岩的山体流下，落入下方的深潭。这里可以游泳，不过由于这条河里流淌的是雪山融水，因此全年都十分冰冷。沿途可以看到鲍氏蜗牛，这是一种体形巨大的食肉蜗牛，可以长到像棒球一样大。它们有时会吃掉空壳，将里面的钙质回收利用，而游客被禁止收集蜗牛壳。

## 亚伯塔斯曼滨海步道
### 亚伯塔斯曼国家公园
新西兰

在新西兰十大步道中，亚伯塔斯曼滨海步道（Abel Tasman Coast Track）被公认为最容易的一条。这条路线全长60千米，从北玛拉豪（Mārahau）出发，到怀努伊湾结束，一般需要3~5天完成，可以在沿途的驿站过夜。这条路线的挑战在于要计算好徒步和潮汐时间，有些路段只能在低潮时通过，请携带潮汐表，并提前规划行程。

下图：挑战亚伯塔斯曼滨海步道，要根据潮汐时间规划行程

## 希菲步道
**卡胡朗吉国家公园**
新西兰

希菲步道（Heaphy Track）全长 78.4 千米，是新西兰十大步道中最长的一条，沿途的地貌也最为多样。这条路线从奥雷雷河（Aorere River）上游出发，到南岛西海岸的科海海（Kohaihai）结束。首先穿过长满苔藓的山毛榉林，然后经过一片草甸，进入开阔的河谷，从这里可以眺望塔斯曼海。而后沿希菲河（Heaphy River）下降，穿过一片尼考棕榈树林（新西兰本土植物），最后在海边结束。这条路线一般需要 4~6 天完成，途中可以在驿站过夜。

## 罗伯特山环线步道
**尼尔森湖国家公园**
新西兰

尼尔森湖国家公园（Nelson Lakes National Park）位于新西兰南岛，公园的中心是罗托伊蒂湖（Lake Rotoiti），受冰川的作用而形成。湖中有成群的鳟鱼，使这里成为钓鱼爱好者的最爱。登上海拔 1421 米的罗伯特山（Mount Robert），可以从高处欣赏罗托伊蒂湖和旁边的罗托鲁阿湖（Lake Rotoroa）。这条步道环线长 9 千米，建议逆时针完成，海拔爬升 600 米，沿着陡峭的山脊而行。除了东侧的罗托伊蒂湖，还可以欣赏到周围圣阿尔诺山脉（Saint Arnaud Mountain Range）的风景。这条路线可以作为单日徒步，也可以提前预订徒步驿站，在国家公园里住上一晚。

下图：在罗伯特山环线步道上，欣赏罗托伊蒂湖的美景

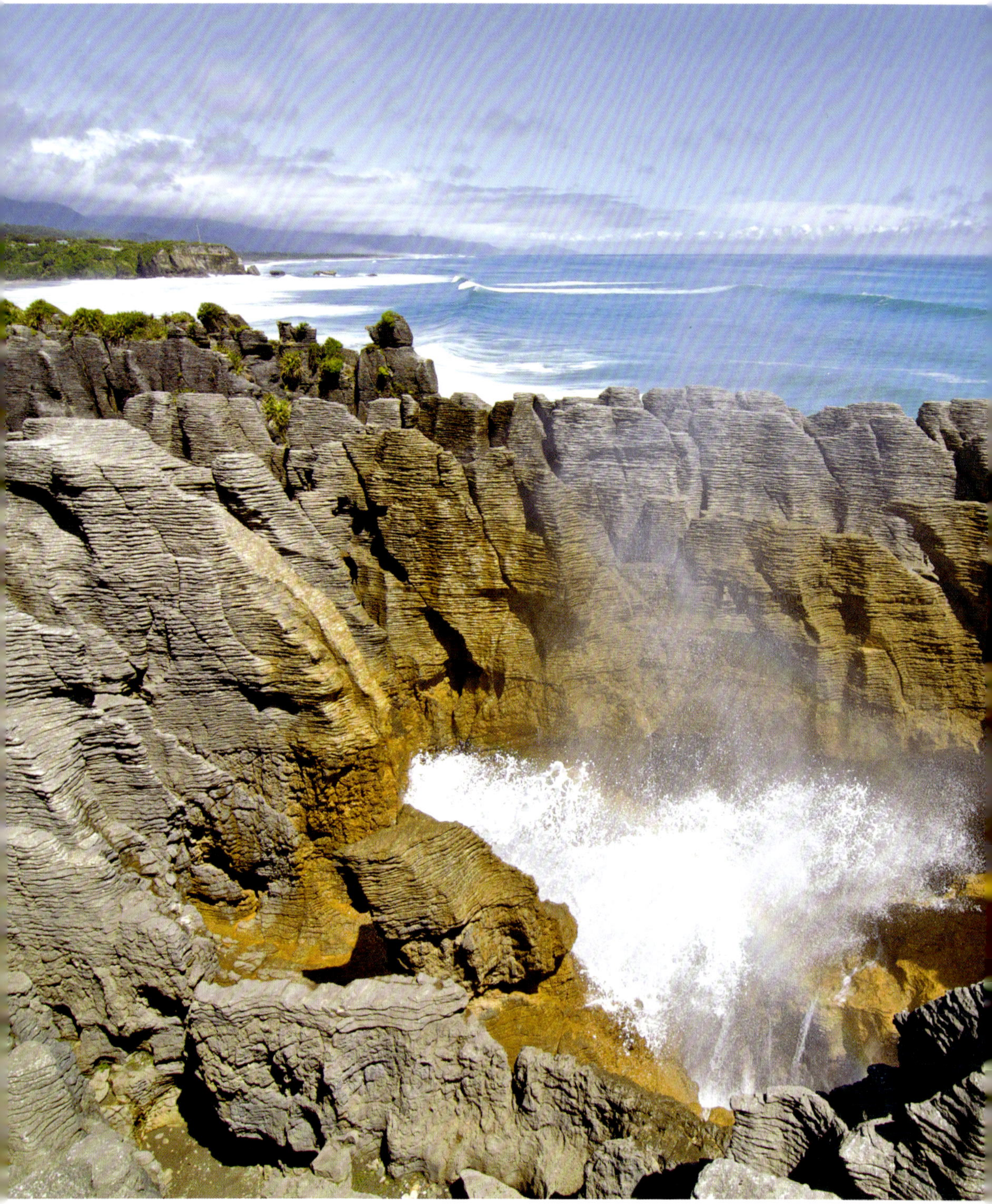

## 488

### 普纳凯基千层岩
**帕帕罗瓦国家公园**
新西兰

千层岩是白云石岬（Dolomite Point）独特的景观。石灰岩板像松饼一样，层层叠摞，在海浪的冲刷下，形成了浪涌池和喷水洞。高潮时，涌入岩洞的海水和空气会从洞口喷出，水柱冲天，水花四溅。这一景象在有西南方向的海浪时尤为壮观。有一条 1 千米左右的步道绕岬角而行，沿途有几处观景台，整条步道可无障碍通行。其中有一个叫作"魔鬼之炉"（Devil's Cauldron）的浪涌池，非常壮观，千万不要错过。

## 489

### 恶魔酒碗瀑布
**亚瑟山口国家公园**
新西兰

大洋洲的许多河流和瀑布会在雨量较少的 5 月至 9 月干涸，然而这条恶魔酒碗河（Devils Punchbowl Creek）的流水长年不断。这条步道往返 2.4 千米，从亚瑟山口镇（Arthur's Pass）出发，沿着台阶一路爬升，前往瀑布的观景台。这座瀑布高 131 米，河水从悬崖顶部飞流直下，径直跌落。每年春季，南阿尔卑斯山脉的冰雪开始融化，使得瀑布的水量达到一年中的峰值。

左图：普纳凯基千层岩由相同厚度的石灰岩板相叠而成，像一沓松饼一样，十分整齐

# 罗伯茨角步道
## 西部泰普提尼国家公园
### 新西兰

俯瞰弗朗兹·约瑟夫冰川，每天都是一副新面孔

◆ **距离**
往返 10.9 千米，海拔爬升 550 米

◆ **起点**
袋熊湖停车场（Lake Wombat）

◆ **难度**
中级

◆ **建议游览时间**
全年开放，冬季需准备防滑鞋具

这座国家公园以冰川而闻名，覆盖了弗朗兹·约瑟夫（Franz Joseph Glaciers）和福克斯（Fox Glaciers）两大冰川。这两座冰川从南阿尔卑斯山脉（Southern Alps）俯冲下来，一直延伸至接近海平面的位置。这条步道往返 10.9 千米，沿怀霍谷（Waiho Valley）而行。多年前，这里也曾是弗朗兹·约瑟夫冰川所及之处，如今已经消退。沿途经过几座吊桥，跨越几条支流，抵达终点罗伯茨角，从这里可以俯瞰弗朗兹·约瑟夫冰川的顶端。

由于全球变暖和降雪量减少，在过去的一个世纪，世界上大多数冰川都在不断消退。而在 1983—2008 年，受到塔斯曼海局部降温的影响，新西兰的一些冰川还曾出现了显著的增长，其中也包括弗朗兹·约瑟夫冰川。从 2008 年开始，这一趋势又出现了逆转。如今，弗朗兹·约瑟夫冰川与一个世纪前相比，已经消退了将近 3 千米。

上图：弗朗兹·约瑟夫冰川非常陡峭
左图：弗朗兹·约瑟夫冰川的山景

### 491

## "欢迎公寓"徒步驿站
**西部泰普提尼国家公园**
新西兰

优美的步道、舒适的山间小屋，你以为这就够了吗？当然不够，还得泡一次天然温泉！科普兰步道（Copland Track）往返35.4千米，从卡朗阿鲁阿河大桥（Karangarua River Bridge）出发，沿着科普兰河（Copland River）向上游行进。到达"欢迎公寓"徒步驿站（Welcome Flat Hut）时，海拔爬升680米。沿途会经过几座吊桥，桥下便是泛着"冰川蓝"的科普兰河。徒步驿站里设有厨房，但是需要自带食物和炊具，还需要准备睡袋，或者也可以在旁边的露营地搭帐篷。距离驿站大约5分钟的路程，便是一处天然温泉，泉水蓝得剔透，绿得晶莹。在群峰环抱中，洗去一天的疲惫。进入温泉之前，一定要先试一下温度，有的温泉可能会非常烫！

## 492

# 胡克谷步道
## 库克山国家公园
新西兰

漫步在群峰冰川之间，欣赏新西兰震撼山景

◆ **距离**
到胡克湖观景台：往返 10 千米，海拔爬升 200 米

◆ **起点**
白马山露营地（White Horse Hill Campground）

◆ **难度**
初级

◆ **建议游览时间**
全年开放，夏季路况较好（每年 11 月至次年 4 月），冬季需要带雪板或雪鞋

库克山国家公园覆盖了南阿尔卑斯山脉（Southern Alps）约 60 千米长的一片区域，有着新西兰境内最高的几座山峰。公园里超过 40% 的面积由 72 座冰川所覆盖，其中塔斯曼冰川（Tasman Glacier）是新西兰最大的冰川。这条步道往返 10 千米，难度不高，起点位于高山纪念碑（Alpine Memorial）附近。这座纪念碑时刻警醒着人们，这片山区美丽而严酷，在这里徒步切不可掉以轻心。

步道穿过开阔的草地，南阿尔卑斯山脉和山上的冰川在眼前逐帧推进，直到全景展开。步道蜿蜒经过穆勒湖（Mueller Lake）的湖岸，然后爬升到胡克湖（Hooker Lake）。从这里便可以将新西兰最高峰，即海拔 3724 米的库克山（Mount Cook）一览无余。库克山在毛利语里也叫奥拉基山（Aoraki），其南翼上流淌的就是塔斯曼冰川。

下图：南阿尔卑斯山脉的风景，美到让人词穷

**493**

## 奥利维尔山
**库克山国家公园**
新西兰

库克山的顶峰还是留给经验丰富的专业登山者吧，其登顶路线难度系数较高，存在很大的落石、坠冰和雪崩等风险，还有深不见底的冰隙，以及变幻莫测的天气。相比之下，奥利维尔山（Mount Ollivier）要友好得多。登上海拔 1933 米的峰顶，可以俯瞰胡克谷、远眺库克山。这条登顶路线往返 11.6 千米，海拔爬升 1150 米，可以在 1 天内完成，也可以在海拔 1800 米的穆勒徒步驿站（Mueller Hut）住上一晚。

左图：胡克谷步道（Hooker Valley Track）被公认为新西兰最佳单日步道

## 494

### 蓝湖步道
**阿斯帕林山国家公园**
新西兰

在蓝河（Blue River）和马卡罗拉河（Makarora River）的交汇处，有几处相邻的蓝色水潭，纯净而梦幻。这些水潭里都是冰川融水，从山上带着细沙般的颗粒物流入水潭，在阳光的照射下，显现不同明度的蓝色。这条休闲步道往返1.5千米，穿过茂盛的山毛榉林，有两座横跨在马卡罗拉河上的吊桥。面对桥下河水的诱惑，胆大的人可能直接从桥上纵身一跃，而更加安全的方法是在桥上欣赏水潭和上游峡谷的美景，然后从岸边下水，在清澈的水潭里享受清凉。

## 495

### 钻石湖和洛基山
**阿斯帕林山国家公园**
新西兰

阿斯帕林山（Mount Aspiring）海拔3033米，其锥形的峰顶下面是连续几千米的崎岖地形，极具挑战。相比之下，海拔775米的洛基山（Rocky Mountain）可以看到同样壮观的景色，而登顶的难度却大大降低。这条登顶步道环线长7.1千米，海拔爬升490米。建议东线上山，西线下山，途中还经过钻石湖（Diamond Lake）。登顶后视野十分开阔，东面是令人惊艳的瓦纳卡湖（Lake Wānaka）和哈威亚湖（Lake Hawea），北面是阿斯帕林山，西面和南面则是壮观的峡湾国家公园（Fiordland National Park）。

下图：蓝湖中可以游泳，但是冰川融水十分冰冷

## 496

### 米尔福德步道
**峡湾国家公园**
新西兰

　　峡湾国家公园（Fiordland National Park）是新西兰最大的国家公园，位于南岛的最南端，占地 12607 平方千米。在最后一次大冰河期，冰川从达伦山脉（Darran Mountains）平均海拔 2400 米的高峰上俯冲而下，在山顶和海边之间挖出了 14 座深邃的峡湾。冰川消退后，留下了这里的峡湾、冰川谷等壮观的地貌。

　　这座国家公园里有 3 条新西兰十大步道，分别是米尔福德步道（Milford Track）、开普勒步道（Kepler Track）和路特本步道（Routeburn Track），其中要数米尔福德步道最为著名。步道全长 53.1 千米，耗时 4 天。起点位于蒂阿瑙湖（Lake Te Anau），穿越雨林和湿地，翻过麦金农山口（Mackinnon Pass），最后下降到深邃而紧凑的米尔福德峡湾（Milford Sound）。

## 497

### 米尔福德滩口步道
**峡湾国家公园**
新西兰

　　米尔福德峡湾是新西兰最受欢迎的景点，在毛利语里叫作"皮奥皮奥塔希"（Piopiotahi），用来纪念一种已经灭绝的鸟类。这条休闲步道环线长约 1 千米，游览米尔福德峡湾的滩口，这里也是克莱多河（Cleddau River）的入海口。峡湾里栖息着海豹、海豚、企鹅等多种海洋生物，座头鲸和南露脊鲸有时也会在这里出没。

下图：米尔福德滩口步道非常热门，需要提前几个月预约

## 498

### 塔沃罗瀑布
**波玛国家公园**
斐济

塔韦乌尼岛（Taveuni Island）是斐济的第三大岛，也是一座已经沉寂的盾状火山，山顶有数十个火山锥，其中包括乌卢伊加劳山（Uluigalau），海拔1241米，是斐济的第二高峰。波玛国家公园（Bouma National Park）覆盖了塔韦乌尼岛近80%的面积，有着肥沃的火山土壤和较大的海拔落差，物种多样性十分丰富。这条步道全长6千米，经过3座塔沃罗瀑布（Tavoro Waterfalls），其中第一座瀑布最高，出发后10分钟即可到达。

上图：塔沃罗瀑布步道上的第一座瀑布高24米，是3座瀑布中最高的一座

## 499

### 沙丘徒步
**辛加托卡沙丘国家公园**
斐济

这座国家公园占地约2.5平方千米，几乎是世界上最小的国家公园。辛加托卡沙丘（Sigatoka Sand Dunes）是一座抛物线状沙丘，高约60米，位于辛加托卡河（Sigatoka River）的河口。从第一次发现这片沙丘到现在已有几千年的历史，这里曾经出土2600年前的陶器以及古老的人类尸骸。由于沙丘一直在变化着，所以并没有固定的徒步路线。可以沿着沙丘的顶部前往河边，往返约1千米。

**500**

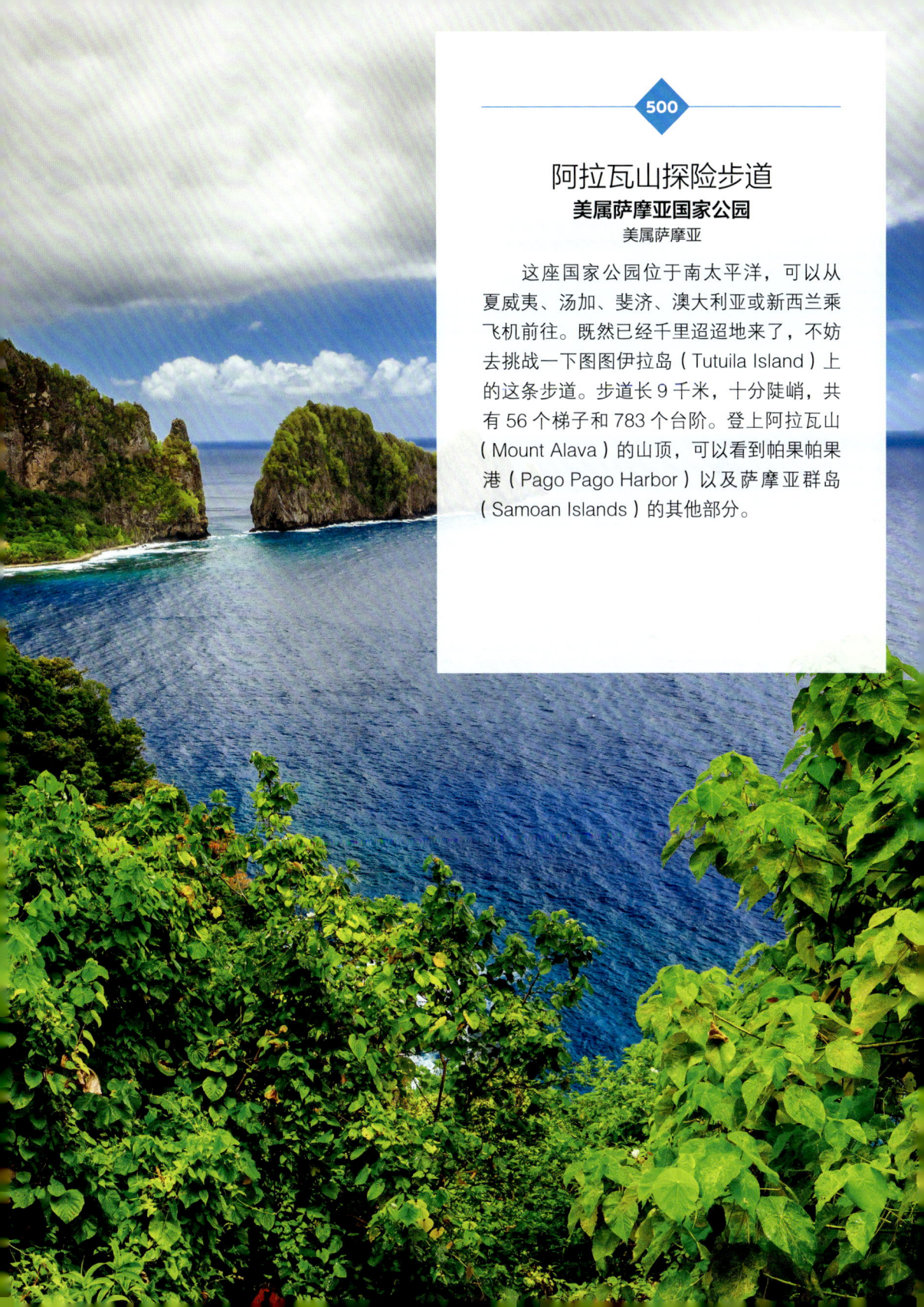

# 阿拉瓦山探险步道
## 美属萨摩亚国家公园
美属萨摩亚

这座国家公园位于南太平洋，可以从夏威夷、汤加、斐济、澳大利亚或新西兰乘飞机前往。既然已经千里迢迢地来了，不妨去挑战一下图图伊拉岛（Tutuila Island）上的这条步道。步道长9千米，十分陡峭，共有56个梯子和783个台阶。登上阿拉瓦山（Mount Alava）的山顶，可以看到帕果帕果港（Pago Pago Harbor）以及萨摩亚群岛（Samoan Islands）的其他部分。

# 索 引

## A

**Albania** 阿尔巴尼亚
- Balkans Peace Park 巴尔干和平公园 238–239
- Butrint National Park 布特林特国家公园 239
- Cape of Stillo 斯蒂洛角 239
- Valbona Pass 瓦尔博纳山口 238–239
- Valbona Valley National Park 瓦尔博纳山谷国家公园 238–239

**Algeria** 阿尔及利亚
- Gouraya National Park 古拉亚国家公园 272
- Oued Djerat Gorge 杰拉特干河峡谷 272–273
- Tassili n'Ajjer National Park 阿杰尔高原国家公园 272–273
- Yemma Gouraya 耶玛古拉亚山 272

**American Samoa** 美属萨摩亚
- Mount Alava Adventure Trail 阿拉瓦山探险步道 393
- National Park of American Samoa 美属萨摩亚国家公园 393

**Angola** 安哥拉
- Beach Walk 海滩徒步 290
- Kissama National Park 基萨马国家公园 290

**Argentina** 阿根廷
- Cerro Guanaco Summit Trail 瓜纳科山峰顶步道 146
- Costera Trail 海岸步道 147
- Fitz Roy Trail 非兹罗伊峰步道 149
- Los Glaciares National Park 冰川国家公园 148–149
- Nahuel Huapi National Park 讷韦尔·瓦皮国家公园 145–146
- Perito Moreno Glacier Trail 佩里托·莫雷诺冰川步道 148
- Refugio Frey 弗雷营地 146
- Tierra del Fuego National Park 火地岛国家公园 146–147

**Aruba** 阿鲁巴
- Arikok National Park 阿里科克国家公园 107
- Rooi Tambu 鲁伊塔姆布步道 107

**Australia** 澳大利亚
- Alligator Gorge 鳄鱼峡谷 366
- Australian Alps Walking Track 澳大利亚山脉徒步 371
- Blue Fish Trail 蓝鱼步道 370
- Blue Mountains National Park 蓝山国家公园 370
- Cape to Cape Track 海角步道 363
- Cathedral Gorge Trail 教堂峡谷步道 358
- Coorong National Park 库荣国家公园 369
- Cradle Mountain–Lake St. Clair National Park 摇篮山—圣克莱尔湖国家公园 373–375
- Daintree National Park 丹翠国家公园 359
- Devils Kitchen 魔鬼厨房 379
- Devils Thumb 魔鬼拇指山 359
- Enchanted Forest 魔法森林 373
- Flinders Chase National Park 弗林德斯·蔡斯国家公园 368–369
- Freycinet National Park 菲欣纳国家公园 376
- Govetts Leap Lookout 戈维特瀑观景台 370
- Great Ocean Walk 大洋路步道 372–373
- Great Otway Walk 大奥特韦公园步道 372–373
- Hazards Beach and Wineglass Bay 哈泽德海滩和酒杯湾 376
- Hinchinbrook Island National Park 欣钦布鲁克岛国家公园 360–361
- Jack Point Pelican Observatory Walk 杰克角鹈鹕观赏步道 369
- Jatbula Trail 纪特布拉古道 359
- Jim Jim Falls Plunge Pool 吉姆吉姆瀑布 357
- Kakadu National Park 卡卡杜国家公园 356–357
- Kangaroo Island 袋鼠岛 368–369
- Kosciuszko National Park 科修斯科国家公园 371
- Leeuwin-Naturaliste National Park 露纹—纳多鲁列斯国家公园 363
- Marion's Lookout 马里昂观景台 374
- Mossman Gorge Rainforest Circuit 莫斯曼峡谷雨林环线 359
- Mount Amos 阿莫斯山 376
- Mount Remarkable National Park 卓越山国家公园 366–367
- Mount Remarkable Summit Loop 卓越山登顶环线 367
- Nambung National Park 南邦国家公园 362
- Nitmiluk National Park 尼特米鲁克国家公园 359
- Overland Track 摇圣徒步道 374–375
- Passage Peak 帕斯吉峰 362
- Pinnacles Outlook Track 尖峰石阵观景步道 362
- Purnululu National Park 波奴鲁鲁国家公园 358
- Remarkable Cave Track 非凡洞穴步道 377
- Sydney Harbour National Park 悉尼海港国家公园 370
- Tasman National Park 塔斯曼国家公园 377–379
- Thorsborne Trail 索斯伯恩步道 360–361
- Three Capes Track 三海角步道 378
- Ubirr Aboriginal Art Gallery 乌比尔原住民艺术画廊 357
- Uluru Base Walk 乌鲁鲁巨石步道 364–365
- Uluru-Kata Tjuta National Park 乌鲁鲁—卡塔丘塔国家公园 364–365
- Valley of the Winds 风之谷步道 365
- Whitehaven Beach 白天堂海滩 361
- Whitsunday Islands National Park 圣灵群岛国家公园 361–362

**Austria** 奥地利
- Celts, Sumpters, and Romans Path 凯罗古道 226–227
- Grossglockner Peak 大格洛克纳山 228
- High Tauern National Park 高地陶恩国家公园 226–228
- Kalkalpen National Park 卡尔卡尔卑斯国家公园 229
- Krimml Waterfalls and Old Tauern Trail 克里姆尔瀑布和陶恩古道 228
- Merkersdorf and Umlaufberg 梅克斯多夫镇和大回环山 229
- Thayatal National Park 塔亚谷国家公园 229
- Wurbauerkogel Loops 乌尔鲍尔科格尔观景台环线步道 229

## B

**Bolivia** 玻利维亚
- Cotopata National Park 科塔帕塔国家公园 140–141
- El Choro Trek 埃尔乔罗步道 140–141
- Pomerape Volcano 珀木拉普火山 140
- Sajama National Park 萨帕马国家公园 140
- Torotoro Canyon 托罗托罗峡谷 141
- Torotoro National Park 托罗托罗国家公园 141

**Bosnia and Herzegovina** 波黑
- Štrbački Buk 斯特巴奇布克瀑布 236
- Sutjeska National Park 苏杰斯卡国家公园 236
- Una National Park 乌纳国家公园 236
- Via Dinarica 狄那里克步道群 236

**Botswana** 博茨瓦纳
- Chobe National Park 乔贝国家公园 292
- San Walking Safari 萨恩族徒步游猎 292

**Brazil** 巴西
- Aparados da Serra National Park 阿帕拉多斯山脉国家公园 138–139
- Black Needles 黑针峰 136–137
- Boi River Trail 博伊河步道 139
- Cachoeira da Fumaça 烟雾瀑布 137
- Chapada Diamantina National Park 查帕达迪亚曼蒂纳国家公园 136–137
- Cotovelo Trail 科托维罗步道 138
- Dolphin Bay 海豚湾 135
- Dunes Trek 沙丘步道 134–135
- Fernando de Noronha National Marine Park 费尔南多·迪诺罗尼亚国家海洋公园 135
- Gruta do Lapão 拉庞岩洞 136
- Iguazú Falls 伊瓜苏瀑布 138
- Iguazú National Park 伊瓜苏国家公园 138
- Itatiaia National Park 伊塔蒂艾亚国家公园 136–137
- Jericoacoara National Park 杰里科科拉国家公园 134
- Lençóis Maranhenses National Park 拉克伊斯马拉赫斯国家公园 134–135
- Lighthouse Trail 灯塔步道 135
- Pedra Furada Trail 拱石步道 134

**Bulgaria** 保加利亚
- Central Balkan National Park 中巴尔干国家公园 252
- Musala Peak 穆萨拉峰 252
- Raiskoto Praskalo Waterfall 赖斯科托·普拉斯卡洛瀑布 252
- Rila National Park 里拉国家公园 252–253
- Seven Rila Lakes 里拉七湖 253

## C

**Cambodia** 柬埔寨
- Kbal Spean 高布斯滨 342
- Phnom Kulen National Park 荔枝山国家公园 342

**Canada** 加拿大
- Astotin Lakeview Trail 阿斯托汀湖景步道 13
- Acadian Trail 阿卡迪亚步道 26
- Banff National Park 班夫国家公园 16–17
- Bear's Hump Trail 熊背山步道 18–19
- Beausoleil Island Trail 博索莱伊岛步道 21
- Bruce Peninsula National Park 布鲁斯半岛国家公园 21
- Cape Breton Highlands National Park 布雷顿角高地国家公园 26
- Coastal Trail, Fundy National Park 海滨步道，芬迪国家公园 24–25
- Continental Divide Trail 大陆分水岭国家步道 20–21
- Elk Island National Park 麋鹿岛国家公园 13
- Forillon National Park 佛里昂国家公园 22–23
- Fundy Footpath 芬迪步道 24–25
- Fundy National Park 芬迪国家公园 24–25
- Gaspé Point Trail 加斯佩角步道 22

Georgian Bay Islands National Park 乔治亚湾群岛国家公园 21
Georgian Bay Marr Lake Trail 乔治亚湾马尔湖步道 21
Green Gardens Trail 绿色花园步道 26
Gros Morne National Park 格罗莫讷国家公园 26–27
Iceline Trail 冰线步道 11
International Appalachian Trail 阿巴拉契亚多国步道 22–23
Jasper National Park 贾斯珀国家公园 14–15
Kejimkujik National Park 克吉姆库吉克国家公园 25
King's Throne Peak Trail 王座峰步道 10
Kluane National Park and Reserve 克卢恩国家公园和自然保护区 10
Lake Louise Lakefront Trail 路易丝湖滨步道 17
Long Range Traverse 长距离穿越步道 26–27
Merrymakedge Beach 梅里麦克奇海滩 25
Pacific Rim National Park and Reserve 环太平洋国家公园和自然保护区 10–11
Rainforest Figure Eight 雨林8字步道 10
Salt Pan Lake Trail 盐田湖步道 18
Skyline Trail 天际线步道 14
Terra Nova Coastal Trail 特拉诺瓦海滨步道 27
Terra Nova National Park 特拉诺瓦国家公园 27
Tunnel Mountain Trail 隧道山步道 17
Valley of the Five Lakes Loop 五湖谷环线步道 14
Walcott Quarry 沃尔科特化石群 12–13
Waterton Lakes National Park 沃特顿湖群国家公园 18–21
Wood Buffalo National Park 伍德布法罗国家公园 18
Yoho National Park 幽鹤国家公园 11–12

Canary Islands 加那利群岛
Caldera de Taburiente National Park 塔武连特山国家公园 266
Chinyero Volcano Loop 钦耶罗火山环线步道 264
El Golfo 埃尔海湾 266
Mirador de los Brecitos a Barranco 洛斯布雷西托斯 - 巴兰科观景台 266
Mount Teide 泰德山 264–265
Teide National Park 泰德国家公园 264–265
Timanfaya National Park 蒂曼法亚国家公园 266

Chile 智利
Desolation Pass 荒凉山口 144–145
Lauca National Park 劳卡国家公园 140
Monte Terevaka Volcano 特雷瓦卡火山 142
Petrohué Waterfalls 佩特罗韦瀑布 143
Pomerape Volcano 珀木拉普火山 140
Rano Raraku via Aro o Te Moai 拉诺拉拉库火山（途经摩艾石像）142
Rapa Nui National Park 拉帕努伊国家公园 142
Torres del Paine National Park 百内国家公园 145
Vicente Pérez Rosales Nationa lPark 维森特·佩雷斯·罗萨莱斯国家公园 143–145
W, O, and Q Circuits W/O/Q 环线 145

China 中国
Badaling National Park 八达岭国家森林公园 316
Celestial and Lotus Peaks 天都峰和莲花峰 322
Five-Color Pond 五彩池 317
Golden Whip Stream 金鞭溪 320
Great Wall 长城 316
Guilin and Lijiang River National Park 桂林漓江风景名胜区 323
Huangshan National Park 黄山国家森林公园 322

Jade Dragon Snow Mountain National Park 玉龙雪山国家地质公园 320–321
Jiuzhaigou Valley National Park 九寨沟国家公园 317–318
Leaping Tiger Gorge 虎跳峡 320–321
Mount Qixing 七星山 324–325
Mysterious Valley Trail 神秘谷步道 325
Nine Dragons Waterfall 九龙瀑 322
Pearl Shoal Waterfall 珍珠滩瀑布 318
Rainbow Rocks 七彩丹霞景区 316
Reed Flute Cave Trail 芦笛岩步道 323
Taroko National Park 太鲁阁公园 325
Thousand Layer Trail 龙脊梯田步道 323
Yangmingshan National Park 阳明山公园 324–325
Yangmingshan Trail 阳明山步道 324
Yuanjiajie Mountain 袁家界山 319
Zhangjiajie National Forest Park 张家界国家森林公园 319–320
Zhangye Danxia National Geopark 张掖丹霞国家地质公园 316
Zhuilu Old Trail 锥麓古道 325

Colombia 哥伦比亚
Cabo San Juan 圣胡安角 124
El Cocuy National Park 埃尔科科奎国家公园 125
Nine Stones Trail 九石步道 124
Ritacuba 里塔库巴峰 125
Tayrona National Park 泰罗那国家公园 124

Costa Rica 哥斯达黎加
Arenal 1968 Volcano Trail 阿雷纳1968火山熔岩步道 114–115
Arenal Volcano National Park 阿雷纳火山国家公园 114–115
Corcovado National Park 科尔科瓦杜国家公园 113
La Leona Madrigal Trail 拉莱昂纳 - 马德里加尔步道 113
La Trampa 陷阱步道 113
Manuel Antonio National Park 曼努埃尔安东尼奥国家公园 113
Poás Volcano National Park 波阿斯火山国家公园 114
Poás Volcano Trail 波阿斯火山步道 114
Río Celeste Trail 塞莱斯特河步道 113
Tenorio Volcano National Park 特诺里奥火山国家公园 113

Croatia 克罗地亚
Krka National Park 克尔卡国家公园 233
Plitvice Lakes Loop 普利特维采湖群环线步道 234–235
Plitvice Lakes National Park 普利特维采湖群国家公园 234–235
Risnjak National Park 里斯尼亚克国家公园 232
Roški Waterfall 罗斯基瀑布 233
Trail A, Plitvice Lakes 路线A，普利特维采湖 234
Veliki Risnjak 里斯尼亚克山 232

Czech Republic 捷克
Bohemian Switzerland National Park 波希米亚瑞士国家公园 224–225
Cave of Fairies 仙女洞 224
Plechý 普莱希山 224
Prebisch Gate 普雷比施门 225
Šumava National Park 舒马瓦国家公园 224

D

Democratic Republic of the Congo 刚果（金）
Bekalikali 贝卡利卡利 275
Gorilla Trek 猩猩步道 277
Mount Nyiragongo 尼拉贡戈火山 276
Nyiragongo National Park 维龙加国家公园 276–277
Salonga National Park 萨隆加国家公园 275

Denmark 丹麦
Kirkeby Forest 柯克比森林 188
North Sea Trail 北海步道 188–189

Thy National Park 曲半岛国家公园 188–189
Wadden Sea National Park 瓦登海国家公园 188

Dominica 多米尼克
Boiling Lake 沸湖 104–105
Cabrits National Park 羚羊国家公园 105–107
Douglas Bay Battery Trail 道格拉斯湾巴特里步道 105
Morne Trois Pitons National Park 毛恩特鲁瓦皮顿山国家公园 104–105
Waitukubuli Trail 瓦图布库里步道 106–107

E

Ecuador 厄瓜多尔
Cotopaxi National Park 科托帕希国家公园 128–129
Darwin Bay 达尔文湾 130–131
Galápagos National Park 加拉帕戈斯国家公园 130–131
Limpiopungo Lagoon 林皮奥庞戈湖 129
Refugio Route 阿塞尔瓦斯营地路线 128–129
Sierra Negra Volcano Trail 内格拉火山步道 131

Egypt 埃及
Chicken and Mushroom Trail "蘑菇伞下的母鸡"步道 274
Sahara Desert Hike 撒哈拉沙漠徒步 274
White Desert National Park 白色沙漠国家公园 274

Estonia 爱沙尼亚
Karula National Park 卡鲁拉国家公园 240
Rebäse Landscape Trail 雷贝斯景观步道 240

Ethiopia 埃塞俄比亚
Geech Camp to Chenek 基奇营地 — 切内克 275
Simien Mountains National Park 塞米恩山脉国家公园 275

F

Fiji 斐济
Bouma National Park 波玛国家公园 392
Sand Dunes Hike 沙丘徒步 392
Sigatoka Sand Dunes National Park 辛加托卡沙丘国家公园 392
Tavoro Waterfalls 塔沃罗瀑布 392

Finland 芬兰
Iisakkipää Fell 伊萨基帕山 187
Little Bear's Ring 小熊环线步道 186
Oulanka National Park 奥兰卡国家公园 186
Rautalampi Hiking Trail 劳塔兰皮步道 186
Urho Kekkonen National Park 乌尔霍·凯科宁国家公园 186–187

France 法国
Black and White Glaciers 黑白冰川 204–205
Calanques de Port-Miou, Port-Pin, and d'En-Vau 米欧港 — 庞港 — 恩沃峡湾 202
Calanques de Sugiton and Morgiou 苏吉顿峡湾和茂尔吉乌峡湾 202
Calanques National Park 卡朗格峡湾国家公园 202
Cascades du Pont d'Espagne Trail 西班牙桥瀑布步道 200
Écrins National Park 埃克兰国家公园 204–205
Grand Tour, Vanoise National Park 壮游步道 203
Lac du Saut to Lac de la Sassière 索特湖 — 萨西耶尔湖 203
Lacs des Millefonts Trail 米勒丰特湖步道 205
Lauvitel Lake 劳维特尔湖 204
Mercantour National Park 梅康图尔国家公园 205
Pyrénéan Way Trail 比利牛斯山步道 200–201
Pyrénées National Park 比利牛斯山国家公园 200–201
Vanoise National Park 瓦娜色国家公园 203

## G

Germany 德国
  Bastei Bridge 棱堡桥 208–209
  Berchtesgaden National Park 贝希特斯加登国家公园 210–212
  Black Forest National Park 黑森林国家公园 206–207
  Elbe River Canyon 易北河峡谷 207
  Königssee to Kärlingerhaus am Funtensee 国王湖 — 丰滕湖畔卡林格斯驿站 212
  Lothar Path 洛塔尔步道 206
  Malerwinkel 画家采风点 212
  Saxon Switzerland National Park 萨克森小瑞士国家公园 207–209
  Schrammsteine 施拉姆岩 209
  Watzmann Peak 瓦茨曼山 210–211
  Westweg 西路步道 206
Greece 希腊
  Mount Olympus 奥林匹斯山 256
  Mount Olympus National Park 奥林匹斯山国家公园 255–256
  Orlias Waterfalls 奥尔利亚斯瀑布 255
  Oxya Viewpoint 奥克西亚观景点 255
  Pindus Horseshoe 品都斯马蹄步道 257
  Pindus National Park 品都斯国家公园 257
  Samariá Gorge National Park 萨马利亚峡谷国家公园 254
  Samariá Gorge Trail 萨马利亚峡谷 254
  Vikos-Aoös National Park 维科斯 — 奥斯国家公园 254–255
  Vikos Gorge Trail 维科斯峡谷步道 254
Guatemala 危地马拉
  Causeways 水利管线步道 110
  Pacaya Volcano 帕卡亚火山 111
  Pacaya Volcano National Park 帕卡亚火山国家公园 111
  Tikal National Park 蒂卡尔国家公园 110
Guyana 圭亚那
  Kaieteur Falls 凯尔图尔瀑布 127
  Kaieteur National Park 凯尔图尔国家公园 127

## H

Honduras 洪都拉斯
  Jeannette Kawas National Park 珍妮特·卡瓦斯国家公园 111
  Jeannette Kawas Trail 珍妮特·卡瓦斯步道 111
  Pico Bonito National Park 皮哥波尼多国家公园 111
  Unbelievable Falls 奇迹瀑布 111
Hungary 匈牙利
  Aggtelek National Park 阿格泰列克国家公园 250–251
  Baradla Cave 巴拉德拉溶洞 250–251
  Bükk National Park 比克国家公园 250
  Bükk Plateau 比克高原 250
  Fertő-Hanság National Park 费尔特洪沙格国家公园 250
  Hany Istók Nature Trail 哈尼伊斯托克自然步道 250
  Hortobágy National Park 霍尔托巴吉国家公园 250
  Lake Tisza 提萨湖 250

## I

Iceland 冰岛
  Falljökull Glacier 旁支冰川 157
  Jökulsárlón Glacier Lagoon 杰古沙龙冰河湖 158
  Kirkjufellsfoss 教会山瀑布 153
  Laugavegur Trail 洛加维格步道 159
  Nautastígur Trail 公牛步道 152–153
  Öxarárfoss Waterfall 斧溪瀑布 154–155
  Snæfellsjökull National Park 斯奈山冰川国家公园 152–153
  Svartifoss Waterfall 斯瓦蒂瀑布 156–157
  Thingvellir National Park 辛格维利尔国家公园 154–155
  Vatnajökull National Park 瓦特纳冰川国家公园 156–159
  Vatnshellir Cave 瓦汀舍利尔洞穴 153
India 印度
  Corbett Waterfall 科比特瀑布 337
  Hemis National Park 荷米斯国家公园 336
  Horton Plains National Park 霍顿平原国家公园 337
  Jim Corbett National Park 吉姆科比特国家公园 337
  Markha Valley Trek 马尔卡山谷徒步 336
  Ranthambore Fort 兰坦波尔堡 336–337
  Ranthambore National Park 兰坦波尔国家公园 336–337
  Valley of Flowers 花谷 338–339
  Valley of Flowers National Park 花谷国家公园 338–339
  World's End "世界尽头" 339
Indonesia 印度尼西亚
  Bromo Tengger Semeru National Park 婆罗摩 - 登格尔 - 塞梅鲁国家公园 351
  Camp Leakey Orangutan Trek 利基营地红大猩猩徒步 350
  Kelimutu National Park 克里穆图国家公园 352
  Komodo National Park 科莫多国家公园 351
  Mount Kelimutu 克里穆图山 352
  Mount Semeru 塞梅鲁火山 351
  Pulau Padar 帕达尔岛 351
  Tanjung Puting National Park 丹戎普丁国家公园 350
Ireland 爱尔兰
  Burren National Park 巴伦国家公园 160–161
  Cliffs of Moher Coastal Walk 莫赫悬崖海岸步道 160–161
  Connemara National Park 康尼玛拉国家公园 161
  Devil's Ladder 魔鬼之梯 162
  Diamond Hill Loop 钻石山环线步道 161
  Killarney National Park 基拉尼国家公园 162–163
  Lough Ouler Loop 奥勒湖环线步道 163
  Torc Waterfall Walk 托克瀑布步道 163
  Wicklow Mountains National Park 威克洛山脉国家公园 163
Israel 以色列
  Beach Trail 海滩步道 302–303
  Caesarea National Park 凯撒利亚国家公园 302–303
  Masada National Park 马萨达国家公园 302
  Snake Path 蛇形步道 302
Italy 意大利
  Abruzzo, Lazio, and Molise National Park 阿布鲁佐 - 拉齐奥 - 莫利塞国家公园 220–221
  Alta Via Dei Monzoni 蒙佐尼高山步道 216
  Arcipelago de La Maddalena National Park 马达莱纳群岛国家公园 223
  Aspromonte National Park 阿斯普罗蒙特国家公园 222–223
  Blue Trail 蓝色步道 218–219
  Cala Napoletana 那不勒斯湾 223
  Cinque Terre National Park 五渔村国家公园 218–219
  Dolomites Bellunesi National Park 贝卢诺多洛米蒂国家公园 216–217
  Gran Paradiso National Park 大帕拉迪索国家公园 214–215
  High Paths of the Dolomites 多洛米蒂山高山步道 216
  Jorio Refuge 约里奥动物保护区 220–221
  Montalto Mountain 蒙塔尔托山 222
  Mount Lagazuoi 拉加佐伊山 216
  Pietra Cappa to Saint Peter's Rocks 卡帕岩石到圣彼得石 223
  Riomaggiore Ring Trail 里奥马焦雷环线步道 219
  Valnontey River Trail 瓦农泰河步道 214–215
  Vittorio Sella Refuge 维托里奥·塞拉登山驿站 214

## J

Japan 日本
  Akame 48 Waterfalls Trail 赤目四十八瀑步道 329
  Akan-Mashū National Park 阿寒摩周国立公园 331
  Fuji-Hakone-Izu National Park 富士箱根伊豆国立公园 328–329
  Karikomi Trail 猎场步道 332
  Lake Mashū and Mount Mashū 摩周湖和摩周山 331
  Mount Fuji 富士山 328–329
  Mount Rausu 罗白岳 330
  Muro-Akame-Aoyama Quasi-National Park 室生赤目青山国立公园 329
  Nikkō National Park 日光国立公园 332
  Shiretoko National Park 知床国立公园 330
  Valley of the Dragon King 龙王谷 332

## K

Kazakhstan 哈萨克斯坦
  Altyn-Emel National Park 阿尔金 — 埃梅尔国家公园 310–311
  Singing Dunes 鸣沙山 310–311
Kenya 肯尼亚
  Central Tower Trail 中央塔步道 282
  Hell's Gate National Park 地狱之门国家公园 282
  Maasai Mara National Park 马赛马拉国家公园 283
  Maasai Mara Walking Safari 马赛马拉徒步游猎 283
  Mount Kenya National Park 肯尼亚山国家公园 284
  Mount Kenya via Sirimon Route 肯尼亚山步道西里蒙线 284
  Mount Longonot 隆戈诺特山 284
  Mount Longonot National Park 隆戈诺特山国家公园 284
  Nairobi National Park 内罗毕国家公园 285
  Nairobi Safari Walk 内罗毕徒步游猎 285
  Ol Njorowa Gorge 奥尔恩约罗瓦峡谷 282

## L

Latvia 拉脱维亚
  Gauja National Park 戈雅国家公园 240
  Great Ķemeri Bog Boardwalk 大凯迈里沼泽栈道 241
  Ķemeri National Park 凯迈里国家公园 241
  Turaida Castle Museum Reserve Loop 图拉伊达城堡露天博物馆 240

## M

Madagascar 马达加斯加
  Andasibe-Mantadia National Park 安达西贝 — 曼塔迪亚国家公园 299
  Andringitra National Park 安德林吉特拉国家公园 300
  Isalo National Park 伊萨鲁国家公园 300
  Pic Boby 布比峰 300
  Piscine Naturelle 天然泳池 300
  Sacred Waterfall Circuit 神圣瀑布环线步道 299
Malaysia 马来西亚
  Bukit Teresek 特里瑟克山 347
  Canopy Walk 空中步道 346
  Kepayang Besar Caves 甲巴央大溶洞 348–349
  Monkey Beach Lighthouse 猴滩灯塔 346
  Penang National Park 槟城国家公园 346
  Taman Negara National Park 塔曼尼加拉国家公园 347–349
Mexico 墨西哥

Basaseachic Falls 巴萨赛奇瀑布 109
Basaseachic Falls National Park 巴萨赛奇瀑布国家公园 109
Tulum National Park 图卢姆国家公园 108
Walled City 石墙之城 108

Mongolia 蒙古
Eagle Valley 老鹰谷 314
Gobi Gurvan Saikhan National Park 戈壁古尔班赛汗国家公园 314–315
Khongoryn Els Singing Dunes 干葛恩沙丘 315
Khövsgöl Nuur National Park 库苏古尔湖国家公园 312–313
Mother Sea 母亲海 312–313

Montenegro 黑山
Bobotov Kuk 博博托夫库克山 237
Durmitor Ice Cave 杜米托尔冰洞 237
Durmitor National Park 杜米托尔国家公园 237

Morocco 摩洛哥
Akchour Cascades and Bridge of God 阿库尔瀑布和上帝之桥 271
Forgotten Forest Loop 遗忘森林环线步道 267
Haut Atlas Oriental National Park 上阿特拉斯山东方国家公园 268–269
Ifrane National Park 伊夫兰国家公园 267
Kasbah du Toubkal 图卜卡勒堡 270
Monkey Trail 猕猴步道 267
Mount Lakraa 拉克拉山 271
Talassemtane National Park 塔拉西姆塔内国家公园 268, 271
Tislit and Isli Lakes 蒂斯利特湖和伊斯利湖 268–269
Toubkal Circuit 图卜卡勒环线 270
Toubkal National Park 图卜卡勒国家公园 270

## N

Namibia 纳米比亚
Namib-Naukluft National Park 纳米布 - 诺克卢福国家公园 290–291
Olive Trail 橄榄步道 290
Waterkloof Trail 沃特克鲁夫步道 291

Nepal 尼泊尔
Chitwan National Park 奇特旺国家公园 335
Chitwan Safari Loop 奇特旺徒步游猎环线步道 335
Gokyo Lakes 瑯其尔湖 334–335
Langtang National Park 朗塘国家公园 332
Langtang Valley 朗塘谷 332
Sagarmatha National Park 萨加玛塔国家公园 332–335
Tengboche 汤伯崎镇 332–333

Netherlands 荷兰
Drentsche Aa National Park 德伦特河国家公园 190
Hoge Veluwe National Park 高费吕韦国家公园 191
Hoge Veluwe Rondje Bezoekerscentrum Trail 高费吕韦游客中心环线步道 191
Meinweg National Park 梅因维格国家公园 190
Pieterpad 彼得步道 190
Waalsberg-Meinvennen 瓦尔斯堡步道 — 梅恩义嫩步道环线 190

New Zealand 新西兰
Abel Tasman Coast Track 亚伯塔斯曼滨海步道 382
Abel Tasman National Park 亚伯塔斯曼国家公园 382
Aoraki Mount Cook National Park 库克山国家公园 388–389
Arthur's Pass National Park 亚瑟山口国家公园 384–385
Blue Pools Track 蓝湖步道 390
Devils Punchbowl "恶魔酒碗"瀑布 385
Diamond Lake and Rocky Mountain 钻石湖和洛基山 390

Fiordland National Park 峡湾国家公园 391
Heaphy Track 希菲步道 383
Hooker Valley Track 胡克谷步道 388–389
Kahurangi National Park 卡胡朗吉国家公园 383
Milford Foreshore Walk 米尔福德滩口步道 391
Milford Track 米尔福德步道 391
Mount Aspiring National Park 阿斯帕林山国家公园 390
Mount Ollivier 奥利维尔山 389
Mount Robert Circuit 罗伯特山环线步道 383
Nelson Lakes National Park 尼尔森湖国家公园 383
Paparoa National Park 帕帕罗瓦国家公园 385
Punakaiki Pancake Rocks 普纳凯基千层岩 384–385
Roberts Point Track 罗伯茨角步道 386–387
Ruapehu's Crater Lake 鲁阿佩胡山火山湖 381
Tongariro Alpine Crossing 汤加里罗高山穿越 380–381
Tongariro National Park 汤加里罗国家公园 380–381
Wainui Falls Track 怀努伊瀑布步道 382
Welcome Flat Hut "欢迎公寓"徒步驿站 387
Westland Tai Poutini National Park 西部泰普提尼国家公园 386–387

Nicaragua 尼加拉瓜
Crater Hike 火山口徒步 112
Masaya Volcano National Park 马萨亚火山国家公园 112

Norway 挪威
Besseggen Ridge 贝斯山脊 181
Hardangervidda and Mannevasstoppen 哈当厄尔高原和曼尼瓦斯峰 182
Hardangervidda National Park 哈当厄尔高原国家公园 182
Husedalen Waterfalls 胡塞达伦瀑布 182
Jostedalsbreen National Park 约斯特达尔冰川国家公园 180–181
Jotunheimen National Park 尤通黑门国家公园 181
Mount Skåla 斯卡拉山 180
Nigardsbreen Glacier 尼加斯布林冰川 180

## P

Panama 巴拿马
Bastimentos Island National Park 巴斯蒂门多斯岛国家公园 116–117
Darién National Park 达连国家公园 120–121
Pirre Mountain Trail 皮雷山步道 120–121
Quetzal Trail 绿咬鹃步道 118–119
Volcán Barú 巴鲁火山 117
Volcán Barú National Park 巴鲁火山国家公园 117–119
Wizard Beach 巫师海滩 116–117

Peru 秘鲁
Huascarán National Park 瓦斯卡兰国家公园 131
Laguna 69 69号湖 131
Lake Otorongo 美洲豹湖 132–133
Manú National Park 玛努国家公园 132–133
Santa Cruz Trek 圣克鲁斯步道 131

Philippines 菲律宾
Puerto Princesa Subterranean River National Park 普林塞萨港地下河国家公园 353
Underground River 地下河 353

Poland 波兰
Białowieża Forest National Park 比亚沃维耶扎森林国家公园 242
Kościeliska Valley 考斯切利斯卡山谷 244
Morskie Oko 海洋之眼 245
Obszar Ochrony Ścisłej 比亚沃维耶扎森林保护区 242
Pieniny National Park 皮耶尼内国家公园 243

Słowiński National Park 斯沃温斯基国家公园 242–243
Tatra National Park 塔特拉山国家公园 244–245
Three Crowns 三冠山 243
Wydma Łącka 瓦茨卡沙丘 242–243

Portugal 葡萄牙
Geira Roman Road 盖拉罗马古道 199
Pedra Bela Trail 妙石步道 198–199
Peneda-Gerês National Park 佩内达 — 格雷斯国家公园 198–199

## R

Réunion Island 法属留尼汪岛
Cap Noir and Roche Verre Bouteille Circuit 黑色角和玻璃瓶环线 301
Peak of the Furnace 熔炉峰 301
Réunion National Park 留尼汪国家公园 301

Romania 罗马尼亚
Cheile Nerei-Beușnița National Park 内拉峡谷 — 贝乌什尼察国家公园 252
Ochiul Beiului 贝伊湖 252

Russia 俄罗斯
Alpine Meadows and Medvezhiy Waterfall 高山草甸和梅德韦日瀑布 306
Great Baikal Trail 大贝加尔湖步道 310
Land of the Leopard National Park 豹之乡国家公园 310
Losiny Ostrov National Park 驼鹿岛国家公园 306
Mount Markova 马尔科娃山 308–309
Mount Zyuratkul 久拉特库尔山 307
Pribaikalsky National Park 前贝加尔国家公园 310
Semivyorstka Trail 谢米韦尔斯特卡步道 310
Sochi National Park 索契国家公园 306–307
White Rocks Canyon 白岩峡谷 307
Yauza River 亚乌扎河 306
Zabaikalsky National Park 后贝加尔国家公园 308–309
Zyuratkul National Park 久拉特库尔国家公园 307

## S

Senegal 塞内加尔
Gandiol Lighthouse 甘迪奥尔灯塔 271
Langue de Barbarie National Park 巴巴里半岛国家公园 271

Slovakia 斯洛伐克
Dry White Gorge 干白峡谷 246
Ďumbier and Chopok Peaks Loop 杜姆比尔峰 — 乔波克峰环线 249
Green Lake 绿湖 247
High Tatras National Park 高塔特拉山国家公园 246–247
Low Tatras National Park 低塔特拉山国家公园 249
Priečne Sedlo Loop 横山口环线步道 244
Slovak Karst National Park 斯洛伐克喀斯特山脉国家公园 248–249
Slovak Paradise National Park 斯洛伐克天堂国家公园 246
Štrbské Lake to Popradské Lake 什特尔布斯凯湖 — 波普拉茨基湖 246–247
Tatranská Magistrála 塔特拉高山步道 247
Zádielska Valley 扎迪尔斯卡山谷 248–249

Slovenia 斯洛文尼亚
Mostnica Gorge 莫斯特尼察峡谷 230–231
Mount Triglav 特里格拉夫山 232
Triglavski National Park 特里格拉夫斯基国家公园 230–232
Valley of the Seven Lakes 七湖谷 232
Vintgar Gorge Loop 文特加峡谷环线 230

South Africa 南非
Addo Elephant National Park 阿多大象国家公园 294–295
Alexandria Hiking Trail 亚历山大步道 294–295
Garden Route National Park 花园大道国家公

索引 **397**

园 296–297
Kruger National Park 克鲁格国家公园 299
Olifants Wilderness Trail 奥勒芬兹荒野步道 299
Otter Trail 水獭步道 296
Skeleton Gorge Trail 骷髅峡谷步道 298–299
Table Mountain National Park 桌山国家公园 298–299
Woody Cape Nature Reserve 伍迪角自然保护区 294
Zuurberg Trail 祖尔贝格步道 295
South Korea 韩国
　Bukhansan National Park 北汉山国立公园 327
　Bukhansan Peak 北汉山 327
　Naejangsan National Park 内藏山国立公园 326
　Naejangsan Ridge 内藏山山脊步道 326
　Seoraksan Castle 权金城 326
　Seoraksan National Park 雪岳山国立公园 326
Spain 西班牙
　Atlantic Islands of Galicia National Park 加利西亚大西洋群岛国家公园 194–195
　Cahorros de Monachil 莫纳奇尔步道 196–197
　Cares River Trail 卡雷斯河步道 192
　Castle of Monfragüe 蒙弗拉古城堡 196–197
　Covadonga Lakes Trail 科瓦东加湖步道 192–193
　Faja de las Flores 花带步道 195
　Hunter's Trail 猎人步道 194
　Monfragüe National Park 蒙弗拉古国家公园 196–197
　Mulhacén 穆拉森山 197
　Ons Island Lighthouse and Castle Route 昂斯岛灯塔和城堡步道 194
　Ordesa y Monte Perdido National Park 奥尔德萨和佩尔迪多山国家公园 194–195
　Picos de Europa National Park 欧罗巴山国家公园 192–193
　Sierra Nevada National Park 内华达山脉国家公园 196–197
Sweden 瑞典
　Abisko National Park 阿比斯库国家公园 182–185
　Aurora Sky Station Loop 极光天空站环线步道 182–183
　King's Trail 国王步道 184–185
　Sarek Circular Trail 萨勒克环线步道 184
　Sarek National Park 萨勒克国家公园 184
Switzerland 瑞士
　Swiss National Park 瑞士国家公园 213
　Val Trupchun 特鲁普春山谷 213

T

Tanzania 坦桑尼亚
　Arusha National Park 阿鲁沙国家公园 287–289
　Kilimanjaro National Park 乞力马扎罗山国家公园 286–287
　Lake Tanganyika 坦噶尼喀湖 285
　Lumemo Trail 卢梅莫步道 289
　Mahale Mountains National Park 马哈勒山脉国家公园 285
　Mount Kilimanjaro 乞力马扎罗山 286–287
　Mount Meru 梅鲁山 288–289
　Mount Meru Waterfall Loop 梅鲁山瀑布环线 287
　Sanje Waterfall 桑杰瀑布 288
　Serengeti National Park 塞伦盖蒂国家公园 287
　Udzungwa Mountains National Park 乌德宗瓦山脉国家公园 288–289
　Walking Safari 徒步游猎 287
Thailand 泰国
　Buddha's Footprint Trail 佛陀足迹步道 340
　Doi Suthep-Pui National Park 素帖—雪伊国家公园 340
　Erawan Falls 爱侣湾瀑布 341
　Erawan National Park 爱侣湾国家公园 341
　Khao Lak-Lam Ru National Park 拷叻—拉姆鲁国家公园 341
　Khao Sok National Park 考索国家公园 340
　Little White Sandy Beach 小白沙海滩 341
　Ton Kiol Waterfall 汤基奥尔瀑布 340
Tunisia 突尼斯
　Ichkeul National Park 伊其克乌尔国家公园 271
　Lake Ichkeul 伊其克乌尔湖 271
Turkey 土耳其
　Beydağlari Coastal National Park 贝达拉里海岸国家公园 260
　Göreme National Park 格雷梅国家公园 258–259
　Köprülü Canyon 克普吕律峡谷 261
　Köprülü Canyon National Park 克普吕律峡谷国家公园 261
　Lycian Way 利西亚之路 260
　Mount Nemrut 内姆鲁特山 260
　Nemrut Daği National Park 内姆鲁特山国家公园 260
　Rose and Red Valleys 玫瑰谷和赤谷 259
　Zemi Valley Loop 泽米谷环线步道 258–259

U

Uganda 乌干达
　Bwindi Impenetrable National Park 布恩迪国家公园 277
　Chimpanzee Trek 黑猩猩步道 278
　Ivy River Trail 艾薇河步道 277
　Kibale National Park 基巴莱国家公园 278
　Kitum Cave 基图姆洞 281
　Mount Elgon National Park 埃尔贡山国家公园 280–281
　Murchison Falls 默奇森瀑布 279
　Murchison Falls National Park 默奇森瀑布国家公园 279
　Rwenzori National Park 鲁文佐里山国家公园 277
　Sipi Falls 西皮瀑布 280–281
　Weissman's Peak 魏斯曼峰 277
United Arab Emirates 阿联酋
　Wadi Wurayah National Park 瓦迪乌拉亚国家公园 302
　Wadi Wurayah Trail 瓦迪乌拉亚步道 302
United Kingdom 英国
　Catbells, Maiden Moor, and High Spy 猫栖山—少女山—瞭望山 169
　Coast to Coast Trail 两岸穿越步道 169
　Aberglaslyn Gorge 阿伯格拉斯林峡谷 178–179
　Ben Macdui 麦克杜伊山 165
　Bracklinn Falls Circuit 布拉克林瀑布环线 166
　Cairngorms National Park 凯恩戈姆国家公园 164–165
　Dartmoor National Park 达特穆尔国家公园 172–173
　Glen Clova Mayar and Driesh 克洛瓦山谷—玛雅尔峰和杜里舒峰 165
　Lairig Ghru 格鲁山口 164
　Lake District National Park 湖区国家公园 168–169
　Llyn Idwal Trail 林惥·艾德沃尔步道 178
　Loch Lomond & the Trossachs National Park 洛蒙德湖—特罗萨克斯国家公园 166–167
　Long Man of Wilmington 威尔明顿巨人 172
　Mallyan Spout 玛丽安瀑布 170
　Mam Tor 母亲山 171
　North York Moors National Park 北约克郡湿地国家公园 169–170
　Peak District National Park 峰区国家公园 171
　Pembrokeshire Coast National Park 彭布罗克郡海岸国家公园 174–175
　Pembrokeshire Coast Path 彭布罗克郡海岸步道 174
　Ptarmigan Ridge Path 普塔米甘岭步道 166
　Roseberry Topping 罗塞贝利托普林山 170
　Saddle Tor to Hound Tor 马鞍岩—猎犬岩步道 173
　Scafell Pike 斯科费尔峰 168
　Snowdon via Watkin Path 斯诺登—沃特金步道 176–177
　Snowdonia National Park 斯诺登尼亚国家公园 176–179
　South Downs National Park 南唐斯国家公园 172
　South Downs Way 南唐斯步道 172
　St. David's Peninsula Circular Walk 圣大卫半岛环线步道 175
　Welsh 3000s 威尔士 3000 步道 178
　West Highland Way 苏格兰西部高地徒步 166–167
　Wistman's Wood 威斯特曼森林 172
　Yorkshire Dales National Park 约克郡山谷国家公园 169
United States 美国
　49 Palms Oasis Trail 49 棵棕榈树绿洲步道 58–59
　Acadia National Park 阿卡迪亚国家公园 98
　Alkali Flat Trail 碱平地步道 67
　Angel's Landing 天使降临岩 67
　Anhinga Trail 蛇鸟步道 100–101
　Appalachian Trail 阿巴拉契亚步道 98
　Arches National Park 拱门国家公园 72–73
　Arizona National Scenic Trail 亚利桑那州国家风景步道 77
　Badlands National Park 恶地国家公园 90
　Badwater Basin Salt Flats Trail 恶水盆地盐滩步道 56
　Bartlett Cove to Point Gustavus Beach Trail 巴特利特湾—古斯塔夫斯角海滨步道 35
　Bechler Canyon 贝希勒峡谷 85
　Beneath Your Feet Tour and Sinkhole Trail 洞穴地面游和沉洞步道 96
　Big Bend National Park 大弯国家公园 86–87
　Big Room Trail 巨室步道 85
　Biscayne National Park 比斯坎国家公园 102–103
　Black Canyon of the Gunnison National Park 甘尼森布莱克峡谷国家公园 82–83
　Blind Ash Bay Trail 盲灰湾步道 91
　Blue Lake Trail 蓝湖步道 39
　Boardwalk Loop Trail 栈道环线步道 100
　Boucher Trail to Hermit Trail Loop 布歇步道—隐士步道环线 76
　Brandywine Gorge Trail 布兰迪万峡谷步道 97
　Bright Angel Point Trail 光明天使观景台步道 77
　Bright Angel Trail to Three-Mile Resthouse 光明天使步道—三英里客栈 75–76
　Bristlecone Pine Glacier Trail 狐尾松冰川步道 60–61
　Brooks Fall 布鲁克斯瀑布 32
　Bryce Canyon National Park 布莱斯峡谷国家公园 68
　Buckeye Trail 巴克艾步道 97
　Bumpass Hell Trail 浜帕斯地狱步道 46
　Cadillac Mountain South Ridge Trail Loop 凯迪拉克山南脊环线步道 98
　Canyonlands National Park 峡谷区国家公园 68–69
　Capitol Reef National Park 圆顶礁国家公园 70–71
　Caprock Coulee Loop 卡普洛克古力环线 88–89
　Carlsbad Caverns National Park 卡尔斯巴德洞窟国家公园 85
　Cascade Canyon Trail 喀斯喀特峡谷步道 64
　Cascade Pass Trail 蓝湖步道 39
　Cassidy Arch Trail 卡西迪拱门步道 70
　Cathedral Lakes Trail 教堂湖步道 50
　Cavern Point Loop Trail 洞穴角环线步道 56–57
　Channel Islands National Park 海峡群岛国家公园 56–57
　Chasm Lake 深坑湖 80–81
　Chesler Park Loop Trail 切斯勒公园环线步

道 69
Cleetwood Cove Trail 克利特伍德湾步道 42–43
Clouds Rest 云栖峰 48–49
Condor Gulch Trail to High Peaks Trail Loop 秃鹰峡谷等多步道环线 47
Congaree National Park 康加里国家公园 100
Congress Trail 国会步道 52
Cowles Bog Trail 考尔斯沼泽步道 95
Crater Lake National Park 火山口湖国家公园 42–43
Cuyahoga Valley National Park 凯霍加山谷国家公园 97
Death Valley National Park 死亡谷国家公园 54–56
Delicate Arch Trail 精致拱门步道 73
Denali National Park and Preserve 迪纳利国家公园和自然保护区 30–31
Devils Garden Loop Trail 魔鬼花园环线步道 72–73
Dry Tortugas National Park 海龟国家公园 103
Everglades National Park 大沼泽地国家公园 100–101
Fairyland Loop Trail 仙境环线步道 68
Fort Jefferson Loop 杰斐逊堡环线步道 103
Garfield Peak Trail 加菲尔德峰步道 42
Gates of the Arctic National Park and Preserve 北极之门国家公园和自然保护区 28–29
Glacier Bay National Park and Preserve 冰川湾国家公园和自然保护区 35
Glacier National Park 冰川国家公园 61
Grand Canyon National Park 大峡谷国家公园 74–77
Grand Palace Tour of Lehman Caves 雷曼溶洞"华殿"之旅 61
Grand Promenade 格兰大道 93
Grand Teton National Park 大提顿国家公园 64–65
Grand View Point Trail 盛景台步道 69
Great Basin National Park 大盆地国家公园 60–61
Great Sand Dunes National Park and Preserve 大沙丘国家公园和自然保护区 83
Great Smoky Mountains National Park 大烟山国家公园 100
Greenstone Ridge Trail 绿石山脊步道 94
Guadalupe Mountains National Park 瓜达卢普山国家公园 86
Guadalupe Peak Trail 瓜达卢普峰步道 86
Haleakalā National Park 哈莱阿卡拉国家公园 37
Halls Creek Narrows 霍尔斯溪深谷 70–71
Harding Ice Field Trail 哈丁冰原步道 34–35
Hawai'i Volcanoes National Park 夏威夷火山国家公园 36–37
Hidden Valley Nature Trail 隐谷自然步道 58–59
High Sierra Trail 高山步道 52
Highline Trail 高线步道 61
Hoh River Trail to Blue Glacier 蓝色冰川霍河步道 38–39
Horseshoe Lake Trail 马蹄湖步道 30
Hot Springs National Park 温泉国家公园 92–93
Indiana Dunes National Park 印第安纳沙丘国家公园 95
Isle Royale National Park 罗亚尔岛国家公园 94
John Muir Trail 约翰·缪尔步道 51

Joshua Tree National Park 约书亚树国家公园 58–59
Katmai National Park 卡特迈国家公园和自然保护区 32–33
Kenai Fjords National Park 基奈峡湾国家公园 34–35
King Canyon Wash Trail 国王峡谷河床步道 78–79
Kings Canyon National Park 国王峡谷国家公园 52–53
Koyukuk River Route 考友库克河徒步 28–29
Lady Bird Johnson Grove Trail 伯德·约翰逊夫人纪念林步道 44–45
Lassen Peak Trail 拉森峰步道 46
Lassen Volcanic National Park 拉森火山国家公园 46
Long Logs Trail and Agate House Trail Loop 长原木步道和玛瑙屋步道环线 79
Long Point 长点步道 98
Longs Peak via the Keyhole 朗斯峰 80
Lost Mine Trail 迷失矿山步道 87
Lower Yosemite Falls Trail 下优胜美地瀑布步道 50
Maah Daah Hey Trail 马达黑步道 88–89
Mammoth Cave National Park 马默斯洞穴国家公园 95–96
Mammoth Hot Springs Trail 猛犸象温泉步道 63
McKittrick Canyon Trail 麦基特里克峡谷步道 86
Mesa Verde National Park 弗德台地国家公园 81
Mist Falls 雾首步道 52–53
Mount Healy Overlook Trail 希利山步道 31
Mount Rainier National Park 雷尼尔山国家公园 39–41
Narrows 纳罗斯水道 66
Natural Entrance Trail 天然入口步道 85
New River Gorge National Park 新河峡谷国家公园 98
North Cascades National Park 蓝湖步道 39
North Vista Trail to Exclamation Point 北隙步道至惊叹观景台 82
Notch Trail 凹槽步道 86
Observation Point 观景台步道 66
Observatory Trail to Mauna Loa 莫纳罗亚观测站步道 36–37
Old Rag Mountain Loop 老布山环线步道 99
Olympic National Park 奥林匹克国家公园 38–39
Panorama Point 蓝湖步道 39
Petrified Forest National Park 石化林国家公园 79
Petroglyph Point Trail 81 岩画观景台步道 81
Pinnacles National Park 石峰国家公园 47
Pipiwai Trail 皮皮崴步道 37
Pu'u Loa Petroglyphs 普乌络阿岩画 37
Ramsey Cascades Trail 拉姆西瀑布步道 100
Redwood Creek Trail 红杉溪步道 45
Redwood National Park 红杉树国家公园 44–45
Rim Trail 缘边步道 74–75
Rocky Mountains National Park 落基山国家公园 80–81
Rose River Trail 玫瑰河步道 99
Saguaro National Park 巨人柱国家公园 78–79
Santa Elena Canyon Trail 圣埃伦娜峡谷步道 86–87
Savage Alpine Trail 萨维奇高山步道 30–31

Scoville Point Loop 斯科维尔角环线步道 94
Sequoia National Park 美洲杉国家公园 52
Seven Pass Route 七山口步道 35
Shark Valley Trail 鲨鱼谷步道 100–101
Shenandoah National Park 谢南多厄国家公园 98–99
Spite Highway and Maritime Heritage Trail 恶意公路和水下遗迹之路 102–103
Star Dune 星沙丘 83
String Lake Trail 斯特林湖步道 64
Subway 地下通道 67
Sunset Point to Sunrise Point 日落观景点到日出观景点步道 68
Sunset to Hot Springs Mountain Loop 日落步道—温泉山步道环线 92
Telescope Peak Trail 望远镜峰步道 54–55
Teton Crest Trail 提顿峰山脊步道 64–65
Theodore Roosevelt National Park 西奥多·罗斯福国家公园 88–89
Trail of the Cedars 雪松步道 61
Valley of Ten Thousand Smokes 万烟谷步道 33
Violet City Lantern Tour 紫罗兰城马灯洞穴游 95
Voyageurs National Park 樵夫国家公园 91
Wasson Peak 瓦森峰 79
West Thumb Geyser Basin Trail 西拇指间歇泉盆地步道 62–63
White Sands National Park 白沙国家公园 84
Wind Cave National Park 风洞国家公园 90
Wind Cave Tour 风洞之旅 90
Wonderland Trail 奇境步道 40–41
Wrangell-Saint Elias National Park and Preserve 兰格尔—圣伊莱亚斯国家公园和自然保护区 35
Yellowstone National Park 黄石国家公园 62–64
Yosemite National Park 优胜美地国家公园 48–51
Zabriskie Point 扎布里斯基角 54–55
Zion National Park 锡安国家公园 66–67

V

Venezuela 委内瑞拉
  Angel Falls 安赫尔瀑布 126–127
  Canaima National Park 卡奈马国家公园 125–127
  Mount Roraima 罗赖马山 125
Vietnam 越南
  Cát Bà National Park 吉婆国家公园 345
  Cát Tiên National Park 吉仙国家公园 344–345
  Crocodile Lake 鳄鱼湖 344–345
  Hoàng Liên National Park 黄连国家公园 345
  Kim Giao 长叶竹柏林 345
  Mount Fansipan 番西邦峰 345
  Paradise, Dark, and Hang Én Caves 天堂洞、黑暗洞和杭恩洞 342–343
  Phong Nha-Kẻ Bàng National Park 风牙者榜国家公园 342–343
Virgin Islands 美属维尔京群岛
  Honeymoon Beach 蜜月海滩 105
  Petroglyph Trail 岩画步道 105
  Virgin Islands National Park 维尔京群岛国家公园 105

Z

Zimbabwe 津巴布韦
  Boiling Point "沸腾锅"步道 293
  Victoria Falls National Park 维多利亚瀑布国家公园 293
  Zambezi River Walk 赞比西河步道 293

索引 **399**

# 图片致谢

*t = top, b = bottom, l = left, r = right*

**Alamy:** GERAULT Gregory / Hemis 10; Mari Omori / All Canada Photos 12; John Sylvester 18–9; Andreas Prott 22; Dan Leeth 23; Mike Grandmaison / All Canada Photos 26–7; Carl Johnson / Design Pics Inc 28–9; Joe Eldridge 52–3; darekm101 / RooM the Agency 81; Jim Brandenburg / Minden Pictures 94; BRUSINI Aurélien / Hemis 104; RIEGER Bertrand / Hemis *t* 107; Dipak Pankhania 111; Ida Pap 116; Panama Landscapes by Oyvind Martinsen 120; Michael Nolan / robertharding 130; Pulsar Imagens 136; Christian Kapteyn / imageBROKER 147; Realimage 177; PearlBucknall 178–9; Markus Thomenius 187; Willi Rolfes / Premium Stock Photography GmbH 191; Andrés Benitez / Westend61 GmbH 194; Dolores Giraldez Alonso *t* 196–7; Ken Welsh 214–5; Random Lights Photography *b* 219; Martin Siepmann / imageBROKER 229; Katerina Parahina 241; Sergey Dzyuba 244; Richard Nebesky / robertharding 247; Zadielska dolina, Slovakia 248; Hercules Milas 254; Ioannis Mantas 257; David Keith Jones / Images of Africa Photobank 275; Bella Falk 276; MikeAlpha01 280; RZAF_Images 282; Konrad Wothe / Image Professionals GmbH 285; Andreas Strauss / Image Professionals GmbH 290; Bert de Ruiter 291; Michael Valigore 300; Sergey Fomin / Russian Look Ltd. 306; DPK-Photo 307; John White Photos 312; Paul Quayle 325; travel Photo/a.collectionRF / amana images inc. 330; Graham Prentice 336–7; HIRA PUNJABI 339; H-AB 347; Subodh Agnihotri 351; Frommenwiler Fredy / Prisma by Dukas Presseagentur GmbH 358; Andrew Watson *b* 369; Andrew Bain 371; Ray Wilson 377; janetteasche / RooM the Agency *t* 379; Matthew Williams-Ellis / robertharding *t* 381; Jon Sparks 383

**Getty:** James Gabbert *t* 13; Anna Gorin 21; Blue Barron Photo 91; John Coletti 141; Delpixart 173; Jedsada Puangsaichai 180; AGF 205; 360cities.net 237; Barcroft Media *t* 279, 343

**Mary Caperton Morton:** 4–5, *b* 7, 11, *b* 13, 25, 38, 42, 43, 46, *t* 49, *b* 49, 50, 51, *t* 54, *b* 54, *t* 58–9, *b* 58–9, 59, 65, 66, 67, 68, 69, *t* 73, *b* 73, *t* 75, *b* 75, 76, 77, 78–9, 82, 83, 84, 85, 86–7, 90, 98, 99, 101, 128, 152–3, 158, *t* 165, *b* 165

**NPS:** NPS Photo *b* 32, 44, 95, *b* 97; Jim Pfeiffenberger 34–5; Kurt Moses 47; Laura Thomas *t* 89; Geoscientists-in-the-Parks *t* 97; Shaun Wolfe 103

**Shutterstock:** f9project 3, 261; Pete Stuart 6–7, 203; Roman Khomlyak 8–9, 41; GUDKOV ANDREY *t* 32; MN Studio 37; Kris Wiktor 45; Bram Reusen *t* 56, 93; Kyle T Perry *b* 56; Sandra Foyt 60; LOUIS-MICHEL DESERT 63; The Steve 71; Sean Xu 80; drew the hobbit *b* 89; Kelly vanDellen 92; Tadas_Jucys *b* 107; Alexander Sviridov 108; Aleksandar Todorovic *t* 110; Diego Grandi *b* 110; Esdelval 115; Einer Garcia 118; Milan Zygmunt 119; makinajp 122–3, 138, Douglas Olivares 126; Vadim Petrakov 127; RPBaiao 132; Jeff Cremer 133; Mapu Fotografia 143; Sabine Hortebusch 144; viktorio 155; Dawid K Photography 162; zkbld 163; Nadine Karel *b* 166; Michael Hilton 168; Muessig 171; Charlesy *b* 174; Travellor70 188–9; Alxcrs 195; pcruciatti 202; Aliaksandr Antanovich *t* 219; ValerioMei 220; Liudmila Parova 221; Marco Barone 223; Nadezda Murmakova 224; Josef Skacel 225; Andrea Cimini 231; DaLiu 233; ollirg 238; EvijaF 240; Majonit 242; Milosz Maslanka 243; Anna Szella 245; Robi-Robertos *t* 251; Tainar *b* 251; MNStudio 255; dinosmichail 256; aquatarkus 258; kataleewan intarachote 260; marketa1982 269; Dmitry Pichugin *t* 273, *b* 273; Oleg Znamenskiy 274; Martin Mecnarowski 278; Cheryl Ramalho *b* 279; Pixeljoy 283; Jake Keeton 294; Noradoa *b* 295; Max Allen *t* 297; Great Stock *b* 297; aphotostory 304–5, 323; Nikitin Victor *t* 309; Katvic *b* 309; Piu_Piu 311; otorongo 314; Kevin Tsang 315; Efired 317; OLOS 319; martinho Smart 320–1; Macro-Man 322; Guitar Photographer 328; CHEN FANGXIANG 331; Daniel Prudek 333; Olga Danylenko 335; riddhi varsani 338; Nattakritta Phromnate 340; SUWIT NGAOKAEW 341; DAIKI.I 342; JamesEHunt *t* 345; Nella *b* 345; Ilya Sviridenko 346; Julian Peters Photography 348; Felineus 349; Christopher Mazmanian 353; Aaron Zimmermann 356; Robirensi 357; Thomas Rattenberger 360; Coral Brunner 361; Matt Deakin 363; Donna Latour 366; masterksy 367; Andrea Izzotti 368; Uwe Bergwitz *t* 369; irisphoto1 370; Olga Kashubin *t* 374; crbellette 376; Blue Planet Studio *b* 379, 391; Maridav *t* 381; Chingfoto 386; Puripat Lertpunyaroj 387; Daniel Huebner 388; Lin4pic 390; Don Mammoser 392; emperorcosar 393

**Unsplash:** Pavel Brodsky 15; Zak Jones 16; Joris Beugels 31; Suresh Ramamoorthy 102; Etienne Delorieux 113; Nate Landy 124; David Emrich 135; Sam Power 142; Sean Wang 156; Michael Hacker 159; Connor Misset 160; Mick Haupt 161; Ilya Ilford *t* 166; Matthew Waring 169; Trevor Pye 170; Matt Gibson 172; Red Hat Factory 181; Dylan Shaw 182–3; Oscar Ekholm Grahn 185; Miriam Eh 186; Ben Berwers 190; Quick PS 193; Sven Vee 206–7; Cezar Sampaio 208; Colin Moldenhauer 211; Joshua Earle *b* 217; Karsten Würth 226; Marek Levák 246; Ralf 262–3, 270; Michal Mrozek 265; Thibault Mokuenko 266; Random Institute 277; Kristoffer Darj 287; Luke Tanis 292; ROMAIN TERPREAU *t* 295; Tom Podmore 298; Jim Molloy 303; Vista Wei 316; Mirko Blicke 326; Karl JK Hedin 327; Tomáš Malík 329; Dimitry B 350; Mohamad Ibrahim *t* 374; Will Turner 389

**Wiki Commons:** Saraedum 112; Yosemite *t* 125; M M from Switzerland *b* 125; Portal dos Canyons 139; Macidiano 146; Dreamy Pixel 150–1, 228; Bryan Ledgard 154; Dave Croker *t* 174; Por los caminos de Málaga *t* 196–7; Razevedo172010 198–9; Jean-Christophe BENOIST 200; Krzysztof Golik 201; Myo at wts Wikivoyage 212; WillYs Fotowerkstatt 213; Terensky 222; Dreamy Pixel 228; Se90 232; Nacionalni park Una 236; Tobias Klenze 239; Giuseppe Milo 252; Anthony Ganev 252–3; Noumenon 259; Reda Abouakil 267; Nicholas Gosse 271; Jyotkanwal S. Bhambra 284; Ferdinand Reus 293; Sylvain JORIS 301; Jakub Michankow 354–5, 362; Hector Garcia 382; Christian Michel 384–5

**Also:** Adam Lint 4; Rica Dearman 109, *t* 235, *b* 235; Daniel Rainwater 149; c Kiki Deere *t* 217, 289; Jeremy Scott @jeremyscott007 318, *b* 365, *t* 373, *b* 373; Michael Nelson, Parks Australia *t* 365

虽然已经尽了一切努力来致谢摄影师，但我们仍对出现的任何遗漏或错误表示歉意，并十分愿意在本书重印时进行适当更正。